食品微生物

主编　迟晓君　部建雯

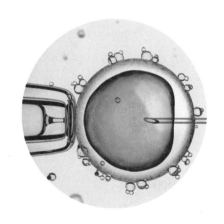

山东城市出版传媒集团·济南出版社

图书在版编目(CIP)数据

食品微生物／迟晓君，部建雯主编. —济南：济南出版社，
2018.8

ISBN 978 - 7 - 5488 - 3309 - 3

Ⅰ.①食… Ⅱ.①迟… ②部… Ⅲ.①食品微生物—中等
专业学校—教材 Ⅳ.①TS201.3

中国版本图书馆 CIP 数据核字（2018）第 148066 号

出　版　人　崔　　刚
责任编辑　苗静娴
封面设计　胡大伟
出版发行　济南出版社
地　　　址　济南市二环南路 1 号（250002）
编辑热线　0531 - 86131722
发行热线　0531 - 86131728　86922073　86131701
印　　　刷　济南龙玺印刷有限公司
版　　　次　2019 年 1 月第 1 版
印　　　次　2019 年 1 月第 1 次印刷
成品尺寸　185mm×260mm　16 开
印　　　张　16.25
字　　　数　280 千
印　　　数　1—3000 册
定　　　价　48.00 元

编 委 会

主　编　迟晓君　部建雯

副主编　毕文慧　程媛媛　李　丹　回学宽

目　录

项目一 微生物营养与培养

【知识目标】

1. 掌握微生物的概念及主要类群，了解微生物学发展史，熟悉食品微生物学的研究内容。

2. 掌握细菌、放线菌、酵母菌以及霉菌的形态结构、菌落特征以及繁殖方式。

3. 掌握病毒及噬菌体的形态结构和化学组成，熟悉噬菌体的增殖过程，了解噬菌体效价的测定方法。

4. 掌握微生物所需的营养物质及其功能，熟悉微生物的营养类型，掌握培养基的种类和应用，熟悉营养物质进出细胞的方式。

5. 掌握微生物的生长规律以及生长的测定方法。

【技能目标】

1. 学会识别常见的细菌、放线菌、酵母菌、霉菌的形态。

2. 掌握微生物培养基的设计及配制。

3. 能够运用微生物生长量的相关理论知识完成微生物生长量的测定。

任务一　微生物及食品微生物学

一、微生物及其生物学特点

（一）微生物的概念及其主要类群

微生物是一类个体微小、结构简单，肉眼看不见或看不清的微小生物的总称。由于划分微生物的标准仅为其形态大小，故其类群十分庞杂，包括属于原核生物的细菌、放线菌、蓝细菌、支原体、立克次氏体、衣原体，属于真核类的真菌（酵母菌、霉菌和蕈菌）、原生动物和显微藻类，以及属于非细胞类的病毒和亚病毒因子（类病毒、拟病毒、朊病毒）。其中，与食品工业有密切关系的主要是细菌、放线菌、酵母菌、霉菌和部分专门侵害微生物的病毒（噬菌体），这些微小生物虽然种类不同，形态和大小各异，但是它们的生物学特性比较接近，所以人们赋予其一个共同的名称——微生物。表解如下：

微生物
- 小（个体微小）
  - μm（微米）级：光学显微镜下可见（细胞）
  - nm（纳米）级：电子显微镜下可见（细胞器，病毒）
- 简（构造简单）
  - 单细胞
  - 简单多细胞
  - 非细胞（即"分子生物"）
- 低（进化地位低）
  - 原核类：细菌（真细菌、古生菌）、放线菌、蓝细菌、立克次氏体、衣原体、支原体等
  - 真核类：真菌（酵母菌、霉菌、蕈菌）、原生动物、显微藻类
  - 非细胞类：病毒、亚病毒因子（类病毒、拟病毒、朊病毒）

（二）微生物在生物分类中的地位

微生物这一概念不是一个生物分类学名称。在生物发展的历史上，人们曾将所有生物分为动物界和植物界两大类，后来发现把自然界中存在的个体微小、结构简单的低等生物笼统地归入动物界和植物界是不恰当的。于是，1866年，海克尔提出区别于

植物界与动物界的原生生物界，其中包括藻类、原生动物、真菌和细菌。

到 20 世纪 50 年代，随着电子显微镜和超显微结构研究技术的应用，人们发现了生物的细胞核有两种类型：一种没有真正的核结构，细胞核没有核膜包裹，称为原核；另一种具有由核膜、核仁和染色体组成的真正核结构，称为真核。因此把属于原核结构的细菌和具有真核结构的真菌等统归入原生生物界显然是不合适的。1969 年，维塔克提出五界分类系统，将生物分为原核生物界、原生生物界、真菌界、动物界和植物界。随着对病毒研究的深入，1977 年，我国微生物学家王大耜提出把病毒列为一界，即病毒界，因此在五界分类系统的基础上形成了六界分类系统。根据微生物的定义，我们可以看出，在生物六界分类系统中，微生物包括四界。

20 世纪 70 年代末，基于马古利斯提出的"内共生假说"以及生物 16S rRNA 的同源性水平比较，来自美国伊利诺斯大学的伍斯等人提出了一种新的分类系统——三域学说，即细菌域、古生菌域和真核生物域。

综上可见，自然界生物系的划分，与微生物的不断发现和对微生物研究的不断深入密切相关，这充分显示了微生物在生物领域的重要地位。

（三）微生物的生物学特点

微生物除了具有生物的共性外，还有其独特的特点，即个体小、比面值大，繁殖快、代谢力强，适应性强、易变异，种类多、分布广。

1. 个体小、比面值大

微生物个体极其微小，单位体积所占有的表面积，即比面值（表面积/体积）巨大。微小的个体和巨大的比面值赋予了微生物不同于一切大生物的特点，因为一个小体积、大面积系统，必然有一个巨大的营养物质吸收面、代谢废物的排泄面和环境信息的交换面，从而产生微生物的其他生物学特点。

2. 繁殖快、代谢力强

微生物具有极高的生长和繁殖速度。大肠杆菌在适宜的条件下，每 20 min 分裂一次，24 h 即可分裂 72 次，由一个细胞可繁殖到 4.7×10^{23} 个后代，如果将这些新生菌体排列起来，可绕地球一周有余。微生物生长繁殖的速度如此之快，是因为其代谢能力很强。基于微生物个体微小，比表面积相对很大，有利于细胞内外的物质交换，细胞内的代谢反应较快。正因为微生物具有生长快、代谢能力强的特点，微生物才能够成为发酵工业的产业大军，在工、农、医等战线上发挥巨大作用；加之微生物的种类繁多，代谢类型多种多样，其在地球上的物质转化（如 C、N 等的物质循环）中起重要作用。如果没有微生物，动植物尸体将不能分解腐烂，以致堆积如山；也正是由于上述特性，微生物也随时都有可能给人类带来极大的损失或疫病灾难。

3. 适应性强、易变异

微生物有极强的适应性，这是高等动植物所无法比拟的。为了适应多变的环境条件，微生物在其长期的进化过程中产生了许多灵活的代谢调控机制，并有很多种类的诱导酶。

微生物的个体一般都是单细胞、简单多细胞或非细胞。它们通常都是单倍体，加之繁殖快、数量多和与外界直接接触等原因，即使其变异频率十分低（约为 10^{-6}），也可以在短时间内产生大量变异后代。最常见的变异形式是基因突变，它可以涉及任何形状，诸如形态构造、代谢途径、生理类型以及代谢产物的质或量的变异。

人们利用微生物易变异的特点进行菌种选育，可以在短时间内获得优良菌种，提高产品质量。这在工业上已有许多成功的例子。但若保存不当，菌种的优良特性易发生退化，这种易变异的特点又是微生物应用中不可忽视的。

由于微生物具有生物的一般特性，又具有其他生物所没有的特点，因而微生物也成了许多生物学基本问题研究最理想的实验材料。

4. 种类多、分布广

微生物的种类极其繁多，目前已发现的微生物达 10 万种以上，并且每年都有大量新的微生物菌种被发现，微生物的多样性已在全球范围内对人类产生巨大影响。微生物为人类创造了巨大的物质财富，目前所使用的抗生素药物，绝大多数是微生物发酵产生的，微生物发酵工业为工、农、医等领域提供各种产品。微生物分布非常广泛，可以说微生物无处不在，凡是有高等生物生存的地方，都有微生物存在；某些没有其他生物生存的地方，也有微生物存在，例如在冰川、温泉、火山口等极端环境条件下也有大量微生物分布。

二、食品微生物学及其任务

（一）微生物学的形成和发展

1. 史前期人类对微生物的认识与利用

因为微生物个体微小，构造简单，人们充分认识它并将其发展为一门科学，相对于其他学科是很晚的。在人们还没有看到微生物的时候，就已经在实际生产与日常生活中凭经验利用其进行有益活动了。我国劳动人民很早就认识到微生物的存在和作用，也是最早应用微生物的少数国家之一。据考古学推测，我国在 8000 年前已经出现了曲蘖酿酒，4000 多年前我国酿酒已十分普遍。2500 年前我国人民发明了酿酱、醋。公元6 世纪（北魏时期），贾思勰的巨著《齐民要术》详细地记载了制曲、酿酒、制酱和酿醋等工艺。在农业上，人们虽然还不知道根瘤菌的固氮作用，但已经利用豆科植物轮作提高土壤肥力。这些事实说明，尽管人们还不知道微生物的存在，但是已经在同微生物打交道了。在应用有益微生物的同时，人们还对有害微生物引起的危害和疾病进行预防和治疗，如为防止食物变质，采用盐渍、糖渍、干燥等方法；在明朝隆庆年间，人们就开始用人痘预防天花，这种方法先后传到俄国、日本、朝鲜、土耳其及英国。1798 年，英国医生琴纳提出用牛痘预防天花。

2. 微生物形态描述阶段

17 世纪 80 年代，荷兰学者列文虎克用自制的简易显微镜（图 1 - 1）观察牙垢、雨水、井水以及各种有机质的浸出液，发现了许多微小生物，并在《安东·列文虎克所发现的自然界秘密》一书中对其进行了详细的描述。这是人类首次对微生物形态和个体的观察和记载。随后，其他研究者凭借显微镜对其他微生物类群进行了观察和记载，充实和扩

图 1 - 1　列文虎克像以及其自制的单式显微镜

大了人类对微生物类群形态观察和研究的视野。但是在其后相当长的时间内，人们对于微生物作用的规律仍一无所知。这个时期也称微生物学的创始期。

3. 微生物生理生化水平研究阶段

19 世纪 60 年代初，法国的巴斯德和德国的柯赫等一批杰出的科学家将微生物的研究从形态描述推进到生理水平研究阶段。他们揭开了造成腐败发酵和人畜疾病的原因，并建立了分离、培养、接种以及灭菌等一系列独特的微生物研究方法，从而奠定了微生物学的基础，同时还建立起医学微生物学和工业微生物学等分支学科。

巴斯德对微生物学贡献巨大，他彻底否定了生命起源的"自然发生说"；证实了发酵是由微生物引起的；探索了蚕病、牛羊炭疽病、鸡霍乱和狂犬病等传染病的病因以及建立免疫接种，为人类防病、治病做出了巨大贡献；同时还建立了巴氏消毒法等一系列微生物学实验技术，是微生物学的奠基人。

柯赫是著名的细菌学家，也是细菌学的奠基人。他证实了炭疽杆菌是炭疽病的病原菌，发现了肺结核病的病原菌，提出了证明某种微生物是否为某种疾病病原体的基本原则——柯赫原则。另外，柯赫在微生物基本操作技术方面的贡献更是为微生物学

的发展奠定了技术基础，他创立了固体培养基分离纯化微生物的技术、细菌的染色观察和显微摄影以及流动蒸汽灭菌技术。

这一时期，英国学者布赫纳在1897年研究了磨碎酵母菌的发酵作用，将酵母的生命活动与酶化学联系起来，推动了微生物学从生理水平向生物化学水平的发展。

4. 微生物分子生物学发展阶段

20世纪50年代初，随着电镜技术和其他高新技术的出现，沃森和克里克在1953年发现了DNA双螺旋结构，标志着微生物学研究进入到分子生物学水平阶段。

在这一时期，人们广泛运用分子生物学理论和现代研究方法，深刻揭示微生物的生命活动规律；以基因工程为主导，把传统的工业发酵提高到发酵工程新水平；微生物学的基础理论和独特实验技术推动了生命科学各领域的飞速发展。这些研究使微生物学研究进入到一个崭新的时期。

（二）微生物学及其主要分支学科

微生物学是研究微生物及其生命活动规律的科学，即研究微生物在特定条件下的形态结构、生理生化、遗传变异和微生物的进化、分类、生态等生命活动规律及其与其他微生物、动植物、外界环境理化因素之间的相互关系，以及微生物在自然界各种元素的生物地球化学循环中的作用，微生物在工业、农业、医疗卫生、环境保护、食品生产等各个领域中的应用，等等。

微生物学的不断发展，已形成了基础微生物学和应用微生物学，又可根据研究的侧重点和层次不同而分为许多不同的分支学科，并还在不断地形成新的学科和研究领域。其主要分支学科见图1-2。由图可以看出，微生物学既是一门基础理论学科，又是一门实践性很强的应用学科，各分支学科相互配合、相互促进，以达到发掘、利用、改造和保护有益微生物和控制、消灭和改造有害微生物的目的。

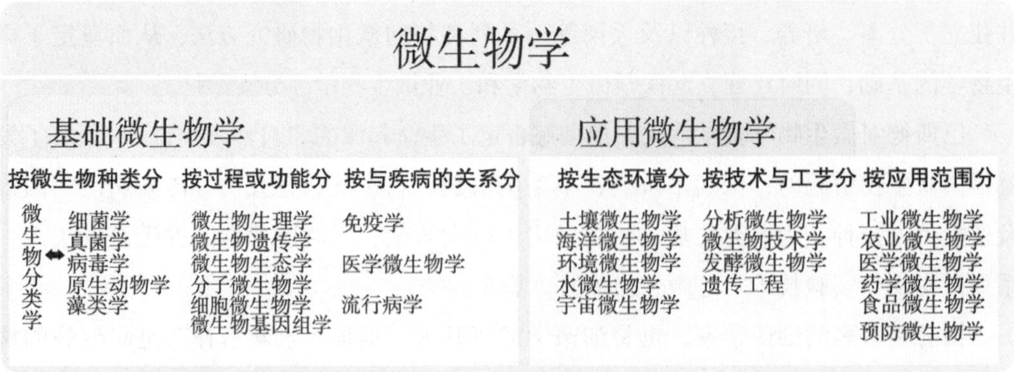

微生物学					
基础微生物学			应用微生物学		
按微生物种类分	按过程或功能分	按与疾病的关系分	按生态环境分	按技术与工艺分	按应用范围分
微生物分类学 → 细菌学 真菌学 病毒学 原生动物学 藻类学	微生物生理学 微生物遗传学 微生物生态学 分子微生物学 细胞微生物学 微生物基因组学	免疫学 医学微生物学 流行病学	土壤微生物学 海洋微生物学 环境微生物学 水微生物学 宇宙微生物学	分析微生物学 微生物技术学 发酵微生物学 遗传工程	工业微生物学 农业微生物学 医学微生物学 药学微生物学 食品微生物学 预防微生物学

图1-2　微生物学的主要分支学科

（三）食品微生物学及其研究内容

食品微生物学是专门研究微生物与食品之间的相互关系的一门科学。它是微生物学的一个重要分支，是一门综合性的学科，融合了普通微生物学、工业微生物学、医学微生物学、农业微生物学和食品有关的部分，同时又渗透了生物化学、机械学和化学工程的有关内容。食品微生物学是食品专业的一门专业基础课，开设这门课程的目的是使食品专业的学生打下牢固的微生物学基础和掌握熟练的食品微生物学技能。

食品微生物学所研究的内容包括：

1. 与食品有关的微生物的活动规律；

2. 如何利用有益微生物为人类制造食品；

3. 如何控制有害微生物，防止食品发生腐败变质；

4. 检测食品中微生物的方法，制订食品中微生物的指标，从而为判断食品的卫生质量提供科学依据。

（四）食品微生物学的研究任务

微生物在自然界广泛存在，食品原料和大多数食品上都存在着微生物。但是，不同的食品上或不同的条件下，微生物的种类、数量和作用亦不相同。食品微生物学研究的内容包括与食品有关的微生物的特征、微生物与食品的相互关系及其生态条件等，所以从事食品工作的人员应该了解微生物与食品的关系。一般来说，微生物既可在食品制造中起到有益作用，又可通过食品给人类带来危害。

1. 有益微生物在食品制造中的应用

早在古代，人们就采食野生菌类，利用微生物酿酒、制酱，但当时并不知道微生物的作用。随着对微生物与食品关系的认识日益深刻，人们逐步阐明了微生物的种类及其机理，也逐步扩大了微生物在食品制造中的应用范围。概括起来，微生物在食品中的应用有 3 种方式：①微生物菌体的应用。食用菌就是受人们欢迎的食品，乳酸菌可用于蔬菜和乳类及其他多种食品的发酵，所以，人们在食用酸牛奶和酸泡菜时也食用了大量的乳酸菌；单细胞蛋白（SCP）就是从微生物体中所获得的蛋白质，也是人们对微生物菌体的利用。②微生物代谢产物的应用。人们食用的食品有的是经过微生物发酵作用的代谢产物，如酒类、食醋、氨基酸、有机酸、维生素等。③微生物酶的应用，如豆腐乳、酱油。酱类是利用微生物产生的酶将原料中的成分分解而制成的食品。微生物酶制剂在食品及其他工业中的应用日益广泛。

我国幅员辽阔，微生物资源丰富，开发微生物资源，并利用生物工程手段改造微生物菌种，使其更好地发挥有益作用，为人类提供更多更好的食品，是食品微生物学的重要任务之一。

2. 有害微生物对食品的危害及控制

微生物对食品的有害因素主要是引起食品的腐败变质，从而使食品的营养价值降低或完全丧失。有的微生物是使人类致病的病原菌，有的微生物可产生毒素。食用含有大量病原菌或含有毒素的食物，会引起食物中毒，危害人体健康，甚至危及生命。所以食品微生物学工作者应该设法控制或消除微生物对人类的这些有害作用，采用现代的检测手段，对食品中的微生物进行检测，以保证食品安全性，这也是食品微生物学的任务之一。

总之，食品微生物学肩负着提高食品的数量与质量，保证食品卫生品质的光荣任务，因此，食品微生物学将在食品工业中发挥重要作用，具有广阔的发展前景。

任务二 微生物的形态

自然界中的微生物种类繁多、形态各异，根据其有无细胞结构，可分为细胞型和非细胞型微生物。非细胞型微生物是指不具有细胞结构的微生物，如病毒和亚病毒因子；细胞型微生物又可根据其细胞核的构造以及进化水平上的差异，分为原核微生物和真核微生物两大类。原核微生物与真核微生物的主要区别见表1-1。

表1-1 原核微生物与真核微生物的比较

比较项目		原核微生物	真核微生物
系统发育群		细菌（包括放线菌、蓝细菌和支原体、衣原体、立克次氏体等）、古生菌	藻类、真菌、原生动物、植物、动物
大小		普遍小，通常直径小于2 μm	普遍大，直径2~100 μm
细胞壁		大部分有，通常化学组成复杂并含肽聚糖	植物、藻类和真菌有壁，化学组成简单，不含肽聚糖，通常由纤维素、几丁质等多糖构成
细胞器	细胞膜	通常无甾醇	有甾醇
	线粒体	无	有
	叶绿体	无	有
	内质网	无	有
	高尔基体	无	有
	核糖体	70S	80S
	溶酶体和过氧化物酶体	无	有
	微管	无或很少	有
	细胞骨架	可能无	有
	内生孢子	有	无
	气泡	有	无
	磁小体	有些有	很少有

（续表）

比较项目		原核微生物	真核微生物
遗传物质结构	真正的膜界定的细胞核	无	有
	DNA 与组蛋白结合	不结合	结合
	染色体数目	1	2 个以上
	基因内的内含子	几乎没有	常见
	核仁	无	有
	分裂方式	二分裂，不进行有丝分裂	有丝分裂
运动性	鞭毛	细而简单	粗，9＋2 结构
	鞭毛运动方式	旋转	鞭毛或纤毛在一个平面上进行摆动
	非鞭毛运动	滑行游动；气泡传递	细胞质流动和阿米巴样运动；滑行
基因重组		部分的、单向的 DNA 转移（转化、转导、接合）	减数分裂及配子融合（有性杂交、准性杂交）
呼吸系统		细胞质膜	在线粒体，在特定的无氧呼吸中利用氢化酶
光合作用色素		在细胞内膜或绿色体中，无叶绿体	在叶绿体中
含有微管的细胞骨架		无	有，微管存在于鞭毛、纤毛、基体、有丝分裂器、中心粒
分化		未分化	组织和器官

原核微生物是指一大类细胞微小、细胞核无核膜包裹（只有称作核区的裸露DNA）、除核糖体外没有明显细胞器的原始单细胞生物。原核微生物主要包括细菌、放线菌、蓝细菌、立克次氏体、支原体、衣原体、古生菌等类群。

真核微生物是一大类细胞核具有核膜，能进行有丝分裂，细胞质中存在线粒体等多种细胞器的生物。与原核微生物相比，其形态更大，结构较为复杂，且具有各种功能专一的细胞器以及核膜包裹的完整细胞核。真核微生物主要包括真菌、显微藻类和原生动物。真菌是最重要的一类真核微生物，主要包括单细胞真菌——酵母菌、丝状真菌——霉菌以及大型子实体真菌——蕈菌等。

微生物与人类的生产、生活息息相关，尤其是细菌、真菌等与食品工业关系密切。因此，本节将重点介绍细菌、放线菌、酵母菌、霉菌以及病毒等微生物的形态、构造、繁殖特性以及菌落特征等。

一、细菌

细菌是一类个体微小、结构简单、细胞壁坚韧、多数以二分裂方式繁殖、水生性较强的单细胞原核生物。细菌在自然界中分布广泛，凡温暖、潮湿和富含有机质的地方，都是各种细菌的活动之处，常会散发一股特殊的臭味或酸败味。

细菌与人类生产和生活关系密切，由于细菌的营养和代谢类型多种多样，所以它们在自然界的物质循环中，在食品发酵工业、医药工业、农业及环境保护中都发挥着非常重要的作用，例如用乳酸菌发酵生产酸奶，用醋酸菌发酵酿造食醋与葡萄糖酸，用棒杆菌和短杆菌发酵生产味精，用苏云金芽孢杆菌制造生物杀虫剂，用能够形成菌胶团的细菌净化污水等。同时，有些细菌作为人类和动植物的病原菌，会引起人类和动植物的传染性疾病；有些细菌常引起食物的腐败变质，污染发酵工业，给人类的生产与生活带来较大危害。

（一）细菌的形态与排列方式

细菌是单细胞生物，即一个细胞就是一个细菌个体。虽然细菌种类繁多，但根据其菌体基本形态的不同，可分为球菌、杆菌和螺旋菌三大类（图1–3）。

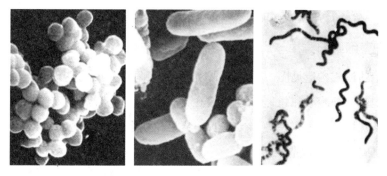

图1–3　细菌的形态 ［球菌（左）、杆菌（中）、螺旋菌（右）］

球菌的菌体呈球形或近似球形，根据细胞分裂的方向及分裂后各子细胞的空间排列状态不同，可将球菌分为单球菌、双球菌、链球菌、四联球菌、八叠球菌、葡萄球菌等。

杆菌的菌体呈杆状或圆柱状，是细菌中种类最多的类型。因菌种不同，培养条件和培养时间不同，菌体细胞的长短、粗细等都有所差异，杆菌可分为长杆菌、短杆菌、梭状杆菌等。杆菌分裂时分裂面与长轴垂直，根据分裂后的排列方式可分为单杆菌、双杆菌、链杆菌等。

螺旋状的细菌称为螺旋菌，根据其菌体弯曲程度的不同可分为弧菌（螺旋不满1环）、螺菌（一般螺旋2~6环）和螺旋体（通常螺旋超过6环）3种类型。

在正常生长条件下，大多数细菌的基本细胞形态是相对恒定的，但当培养时间、培养温度、培养基成分、营养物浓度等培养条件发生变化时，常会引起其形态的改变，有时还会产生异常形态。

（二）细菌细胞的大小与染色

细菌细胞一般很小，必须借助光学显微镜才能看到，细菌的大小通常要使用显微镜中的显微测微尺来测量，量度细菌大小的单位为 μm（微米，即 $10^{-6}m$）。球菌的大小以直径来表示，一般球菌的直径为 $0.5 \sim 1.0\ \mu m$；杆菌和螺旋菌的大小以宽度×长度来表示，一般杆菌为 $(0.5 \sim 1)\ \mu m \times (1 \sim 3)\ \mu m$；螺旋菌的长度是以其自然弯曲状的长度来计算，而不是以其真正的长度来计算的。

一个典型细菌的大小可用大肠杆菌为代表，若把 1500 个大肠杆菌头尾相连仅等于 3 mm，相当于一颗芝麻的长度；120 个细胞肩并肩紧挨在一起仅有 6 μm，与一根人发粗细相似。

细菌细胞既微小又透明，一般要经过染色才能用显微镜观察。细菌染色方法很多，其中以革兰氏染色法最为重要。革兰氏染色法是丹麦病理学家革兰于 1884 年创立的，是细菌学中最重要的鉴别染色法。通过革兰氏染色法，可将所有细菌分为两大类：革兰氏阳性细菌（G^+）和革兰氏阴性细菌（G^-）。

（三）细菌细胞的结构与功能

细菌细胞的模式构造见图 1-4。图中把一般细菌都有的构造称为一般构造，包括细胞壁、细胞膜、细胞质和核区等，把仅在部分细菌中才有的或在特殊环境条件下才形成的称为特殊构造，主要是鞭毛、菌毛、荚膜和芽孢等。

1. 细菌细胞的一般构造

（1）细胞壁

细胞壁是位于细胞最外的一层厚实、坚韧的外被。细胞壁占细胞干重的 10% ~ 25%，不同细菌细胞壁的厚度相差较大，一般在 10 ~ 80 nm 之间。

细胞壁具有保护细胞及维持细胞外形的功能。当细菌失去细胞壁时，细胞一般呈球形。细菌可在一定的低渗溶液中生存，但不致破裂，这与细胞壁具有坚韧

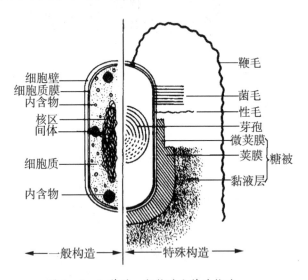

图 1-4　细菌的一般构造和特殊构造

性及弹性有关。细胞壁是细胞生长、分裂和鞭毛运动所必需的，有鞭毛的细菌失去细胞壁后仍可保持其鞭毛，但不能运动，可见细胞壁的存在是鞭毛运动必需的，可能是其能为鞭毛运动提供可靠的支点。细胞壁赋予细菌特定的抗原性以及对抗生素和噬菌

体的敏感性。此外，细胞壁能阻挡某些抗生素和酶蛋白等大分子物质进入细胞，保护细胞免受溶菌酶和消化酶等有害物质的损伤。

绝大多数细菌细胞壁以肽聚糖为基本骨架，G^+菌、G^-细菌的细胞壁各有自己的特点（图1-5和表1-2）。接下来我们对G^+、G^-细菌的细胞壁做一介绍。

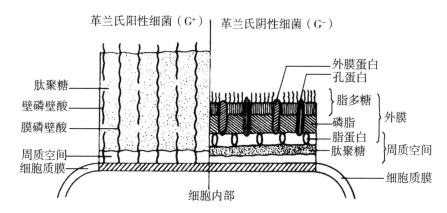

图1-5 革兰氏阳性细菌和革兰氏阴性细菌的细胞壁构造比较

表1-2 G^+细菌与G^-细菌细胞壁结构与成分的比较

	G^+细菌	G^-细菌
结构	单层，厚（20~80 nm），组分简单	多层，薄（10~15 nm），组分复杂
组成	90%肽聚糖（含量高，交联紧密）10%磷壁酸	肽聚糖（含量低，交联疏松）外膜 { 脂多糖 脂质双层 脂蛋白

①G^+细菌的细胞壁

G^+细菌的细胞壁主要由肽聚糖（占60%~95%）和磷壁酸（占10%~30%）构成，其特点为厚度大（20~80 nm），化学成分简单。

肽聚糖单体分子由四肽尾、肽桥以及N-乙酰葡糖胺（用G表示）和N-乙酰胞壁酸（用M表示）共同构成。其中N-乙酰葡糖胺和N-乙酰胞壁酸交替排列，并以β-1,4糖苷键连接成聚糖骨架，聚糖骨架的N-乙酰胞壁酸上连接有四肽尾，四肽尾的氨基酸依次为L-丙氨酸、D-谷氨

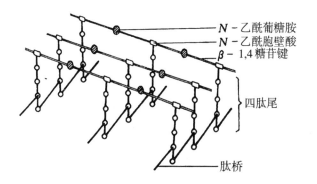

图1-6 G^+细菌肽聚糖的立体结构（片段）

酸、L-赖氨酸、D-丙氨酸；前后两个聚糖骨架上的四肽尾分子通过五肽桥连接在一起，构成肽桥的氨基酸种类较多，由此形成了肽聚糖的多样性。

这种肽聚糖网格状分子交织成一个多层次（几层至25层）致密的网套覆盖在整个细胞上（图1-6）。

磷壁酸是G⁺细菌细胞壁的特有成分，主要成分为甘油磷酸或核糖醇磷酸。甘油磷壁酸的结构如图1-7所示，按结合部位不同，可分为壁磷壁酸和膜磷壁酸，它们分别结合于肽聚糖的N-乙酰胞壁酸和细胞膜的磷脂上。磷壁酸分子带负电荷，因此可在细胞表面浓缩 Mg^{2+} 等阳离子，提高细胞膜上合成酶的活力，并调节细胞内自溶素的活力，防止细胞因自溶而死亡。

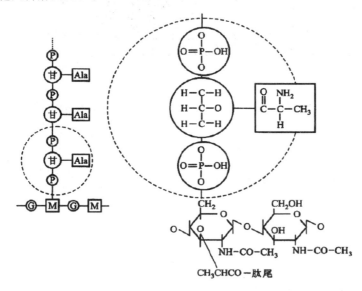

图1-7 甘油磷壁酸的结构模式（左）及单体的分子结构（右）

②G⁻细菌的细胞壁

G⁻细菌的细胞壁主要由肽聚糖层和外膜构成，厚度较G⁺细菌薄，层次较多，化学成分较复杂。

G⁻细菌细胞壁的肽聚糖层较少（1~3层，2~3 nm），肽聚糖单体结构与G⁺细菌基本相同，不同点在于四肽尾的第三个氨基酸L-赖氨酸被二氨基庚二酸（DAP）所代替，相邻四肽尾间没有五肽桥，而是由二氨基庚二酸与相邻四肽尾末端的D-丙氨酸直接相连。因此，G⁻细菌细胞壁的肽聚糖仅能形成单层平面网格结构，结构较疏松，机械强度较弱。

外膜是G⁻细菌细胞壁特有的结构，其质量约占细胞壁干重的80%。由内向外依次是脂蛋白、脂质双层、脂多糖等成分。脂蛋白由磷脂和蛋白质组成，脂质部分连接在磷脂上，蛋白质部分连接在肽聚糖的四肽尾上，使外膜与肽聚糖层构成一个整体。脂质双层与细胞膜脂质双层相似，由磷脂双分子层和其内镶嵌的一些跨膜的孔蛋白质组成。脂多糖由类脂 A、核心多糖、O - 特异性多糖三部分组成，是细菌细胞表面抗原的物质基础，也是许多噬菌体在细胞表面的吸附受体。其中，类脂 A 是细菌内毒素的主要成分。

在 G⁻ 细菌中，外膜与细胞膜间存在明显的周质空间（12 ~ 15 nm），称为周质空间，其中存在多种周质蛋白，包括水解酶类、合成酶类和运输蛋白等。

尽管细菌细胞壁是原核生物的基本构造，但自然界中也存在缺壁细菌，如支原体，其是在长期进化过程中形成的、适应自然生活条件的无细胞壁的原核生物。因它的细胞膜中含有甾醇，所以即使缺乏细胞壁，其细胞膜仍有较高的机械强度。

另外，在实验室中也可通过人工方法获取缺壁细菌。G⁺ 细菌常形成原生质体，而 G⁻ 细菌则形成球形体。原生质体是指在人为条件下，用溶菌酶处理或在含青霉素的培养基中培养而抑制新生细胞壁合成所形成的，仅由一层细胞膜包裹的圆球形；球状体是指还残留了部分细胞壁的原生质体。

（2）细胞膜

细胞膜又称细胞质膜、质膜，是一层紧贴在细胞壁内侧，包围着细胞质的柔软、脆弱、富有弹性的半透性薄膜，厚 7 ~ 8 nm，由磷脂（占 20% ~ 30%）、蛋白质（占 50% ~ 70%）和少量糖类组成。

细胞膜的基本结构为磷脂双分子层，磷脂分子具有亲水性的极性端（磷酸）和高度疏水的非极性端（脂肪酸），因此磷脂分子具有亲水和疏水双重性质，两层磷脂分子整齐对称排列，疏水端的两层脂肪酸链相对排列在内，亲水的两层磷酸基团分别朝向内外两表面，整体呈亲水性，形成磷脂双分子层。

蛋白质镶嵌在磷脂双分子层中，分为外周蛋白和内在蛋白。外周蛋白漂浮在磷脂双分子层外表面，很多具有酶促作用；内在蛋白嵌埋在磷脂双分子内部，一般具有运输功能，有时在其内部存在运输通道，他们在磷脂表层或内层做侧向运动，以执行其相应的生理功能。

细胞膜的生理功能：①选择性地控制细胞内、外营养物质和代谢废物的运送；②膜上含有与氧化磷酸化和光合磷酸化等能量代谢相关的酶系，是细胞的产能基地；③是合成肽聚糖、磷壁酸、LPS 和荚膜多糖等构成细胞壁和荚膜的有关成分的重要场所；④是维持细胞内正常渗透压的结构屏障；⑤是鞭毛基体的着生部位，可提供鞭毛旋转运动所需的能量。

（3）细胞质及内含物

细胞质是指被细胞膜包围的除核区以外的一切半透明，胶体状或颗粒状物质的总称。其含水量约为80%，其中的主要成分为核糖体、贮藏物、酶类、质粒以及各种营养物质等，少数细菌还含有气泡或伴孢晶体等有特定功能的细胞组分。细胞内含物是指细胞质内一些显微镜下可见，形状较大的、有机或无机的颗粒状构造。

①核糖体 游离存在于细胞质中的小颗粒，由RNA（占70%）和蛋白质（占30%）构成。细菌细胞质内的核糖体数目可达几万个，生长繁殖最旺盛的菌体含核糖体最多，mRNA可以将多个核糖体串联成多聚核糖体，是合成蛋白质的场所。

②质粒 游离存在于细胞质内、核区外，具有独立复制能力的小型环状双链DNA分子。质粒上携带有某些核基因组上所缺少的基因，使细菌等原核微生物获得某些特殊性状。

③贮藏物 由不同化学成分累积而成的不溶性颗粒，主要功能为储存营养物，种类较多，如多糖、脂类、多聚磷酸盐等。其中聚β-羟丁酸（PHB）作为脂质类的碳源类贮藏物，在巨大芽孢杆菌及假单胞菌属等的某些菌种中存在。它具有贮藏能量、碳源和降低细胞内渗透压等作用，还具有无毒、可塑和易降解等特点，因此，可作为生产塑料和环保型餐盒等的优质原料。

（4）核区

又称核质体、原核、拟核，指原核生物所特有的无核膜包裹，无固定形态的原始细胞核。其化学成分为大型环状双链DNA分子，一般不含蛋白质。由于细胞分裂之前，细胞核先进行分裂，所以，在生长迅速的细菌细胞中常有2个或4个核。细胞核携带着细菌的绝大多数遗传信息，是细菌新陈代谢和遗传变异的物质基础。

2. 细菌细胞的特殊构造

细菌细胞的特殊结构有鞭毛、荚膜、芽孢等，它们在细菌分类鉴定上具有重要作用。

（1）鞭毛与菌毛

某些细菌从体内伸出的纤细呈波浪状、弯曲的丝状物称为鞭毛（图1-8），其数目为一至十几条，是细菌的"运动器官"。鞭毛长15~20 μm，而直径极微小，仅为10~25 nm，由于已超过普通光学显微镜的可视度，只能用电镜直接观察或经过特殊的染色方法（鞭毛染色）使鞭毛加粗，才可用光学显微镜观察到。另外用悬滴法观察细菌的运动状

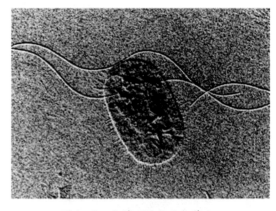

图1-8 电镜下的鞭毛与菌毛

态以及用半固体琼脂穿刺培养，也可以初步判断细菌是否具有鞭毛。

大多数球菌不生鞭毛，约半数杆菌中有鞭毛，弧菌与螺旋菌都有鞭毛。鞭毛着生的位置、数目是菌种鉴定的重要依据，根据鞭毛的数目与位置分为下列几种类型：

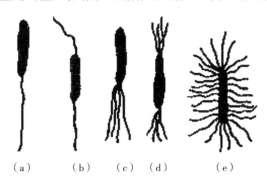

（a）　　　（b）　　　（c）　　（d）　　　　（e）

图1-9　鞭毛的不同类型

①偏端单生鞭毛菌：在菌体的一端长一根鞭毛，如霍乱弧菌［图1-9（a）］；
②两端单生鞭毛菌：在菌体两端各生一根鞭毛，如鼠咬热螺旋体［图1-9（b）］；
③偏端丛生鞭毛菌：在菌体一端丛生鞭毛，如铜绿假单胞杆菌［图1-9（c）］；
④两端丛生鞭毛菌：在菌体两端各丛生鞭毛，如红色螺菌［图1-9（d）］；
⑤周毛菌：菌体周生鞭毛，如大肠杆菌［图1-9（e）］。

在电镜下观察能看到，鞭毛起源于细胞质膜内侧上的颗粒状小体，即基体，自基体长出钩形鞘和鞭毛丝后，穿过细胞壁延伸到细胞外部，其中G^+细菌与G^-细菌鞭毛的构造稍有不同（图1-10）。鞭毛的化学成分主要是鞭毛蛋白，它与角蛋白、肌球蛋白、纤维蛋白属于同类物质，所以鞭毛的运动可能与肌肉收缩相似。细菌可借助鞭毛在液体中运动，其运动方式依鞭毛着生位置与数目的不同而不同。鞭毛单生菌和丛生菌做直线运动，运动速度快，有时可轻微摆动；周生菌常呈不规则运动，而且常伴有活跃的滚动。

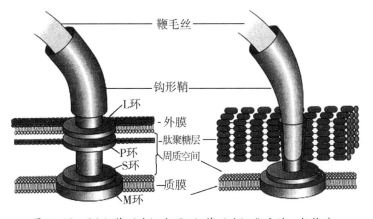

图1-10　G^+细菌（左）与G^-细菌（右）鞭毛的一般构造

有些细菌表面有比鞭毛短而细（直径 3～10 nm）、数量较多的蛋白类附属物，称为菌毛（图1-8）。菌毛具有使菌体附着于物体表面的功能。还有的细菌表面具有类似于菌毛的毛状物，称为性菌毛。性菌毛比菌毛稍长，数量比菌毛少，只有一根或几根。性菌毛在细菌接合交配时起作用。

（2）荚膜

包被于某些细菌细胞壁外的一层厚度不定的透明胶状物质，称为荚膜。根据其厚度和形状不同，可分为以下几种类型：

①大荚膜　较厚（超过 0.2 μm），有明显的边缘和一定形状，相对稳定地位于细胞壁外，与细胞壁结合较紧密。

②微荚膜　较薄（小于 0.2 μm），其他特征同大荚膜。

③黏液层　没有明显边缘，可以扩散到环境中。

④菌胶团　多个细菌的荚膜在一起，其中包含着许多细菌。

荚膜折光率很低，不易着色，必须通过特殊的荚膜染色方法，一般用负染色法，即使背景和菌体着色，而荚膜不着色，使之衬托出来，然后可用光学显微镜观察到。荚膜的化学成分因菌种不同而不同，荚膜含有大量水分，约占90%，还有多糖或多肽聚合物等固形物。荚膜的形成既受遗传特性所影响，又与环境条件有密切关系。

荚膜的主要作用如下：

①保护作用　保护细胞免受干燥的影响，保护致病菌免受宿主吞噬细胞的吞噬，保护细菌免受重金属离子的毒害。

②储藏养料　荚膜是细菌的养料贮藏库，当营养缺乏时荚膜可作为细胞外碳源（或氮源）和能源被细菌利用。

③表面吸附作用　荚膜中的多糖、多肽、脂多糖等具有较强的吸附能力。产生菌胶团的细菌在污水处理过程中具有分解、吸附和沉降有害物质的作用。

④致病性　致病菌的荚膜与致病力有关。

（3）芽孢

某些细菌在生长发育后期，会在细胞内形成一个圆形或椭圆形、厚壁、含水量低、对不良环境条件具有较强的抗性的休眠体，称为芽孢或内生孢子。菌体在未形成芽孢之前称繁殖体或营养体。芽孢有较厚的壁和高度折光性，在显微镜下观察芽孢为透明体。芽孢难以着色，为了便于观察常常采用特殊的染色方法——芽孢染色法。

细菌是否形成芽孢由其遗传性决定，杆菌中形成芽孢的种类较多，球菌和螺旋菌中只有少数菌种可形成芽孢。大多数芽孢杆菌是在营养缺乏、温度较高或代谢产物积累等不良条件下，在衰老的细胞体内形成的。但有的菌种需要在营养丰富、温度适宜的条件下形成芽孢，如苏云金芽孢杆菌。

芽孢形成的位置、形状与大小，是细菌种类鉴定的重要依据。芽孢有的位于细胞的中央，有的位于顶端或中央与顶端之间。芽孢在中央，当其直径大于细菌的宽度时，细胞呈梭状。芽孢在细菌细胞顶端，如芽孢直径大于细菌的宽度，则细胞呈鼓槌状，如破伤风梭菌；芽孢直径如小于细菌细胞宽度则细胞不变形，如常见的枯草杆菌、蜡状芽孢杆菌等。

成熟芽孢具有多层结构，主要有孢外壁、芽孢衣、皮层、核心（图1-11）。芽孢在形成过程中发生了一系列复杂的变化，因此获得了对高温、干燥和辐射等的抵抗能力。有的芽孢在不良的条件下可保持活力数年、数十年，甚至更长的时间。研究证明，芽孢的高度耐热性主要与它的含水量低，含有2,6-吡啶二羧酸（DPA）以及致密的芽孢壁有关。芽孢的存在，增加了食品生产、传染病防治和发酵工业生产中的种种困难。在微生物实验和食品加工生产中，往往以完全杀死所有的芽孢为灭菌标准。

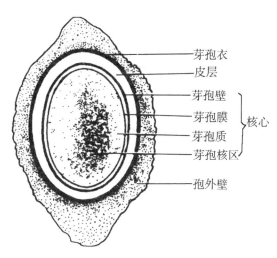

图1-11 芽孢的结构

芽孢是细菌抵抗不良环境条件的一种休眠体。当芽孢遇到合适的条件时开始萌发，如在营养、水分、温度等条件适宜时芽孢即可萌发。萌发时，孢外壁破裂而通过芽孢中部、顶端或斜上方伸出新菌体，此为营养体，此时细胞恢复正常代谢。一个细胞内只形成一个芽孢，一个芽孢萌发也只产生一个营养体。

（四）细菌的繁殖

细菌以无性繁殖为主，无性繁殖的主要方式为裂殖，只有少数种类进行芽殖。其中，细菌裂殖一般采用典型的二分裂方式，即一个细胞通过对称的二分裂，形成两个形态、大小和构造完全相同的子细胞，其主要过程如图1-12所示。

1. 核质分裂：细菌分裂前先进行DNA复制，形成两个原核。随着菌体伸长，原核彼此分开，菌体中部的细胞膜从外向中心作环状推进，然后闭合面形成一个垂直于细胞长轴的细胞隔膜，将细胞质与原核分开，完成核质分裂。

2. 形成横膈：随着细胞膜向内延伸，细胞壁也向内延伸，最后闭合形成横膈壁，

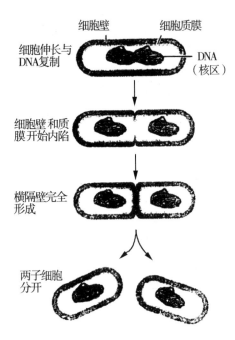

细胞伸长与
DNA复制

细胞壁 细胞质膜
DNA
（核区）

细胞壁和质
膜开始内陷

横隔壁完全
形成

两子细胞
分开

图1-12 细菌的二分裂过程

将细胞质膈膜分成两层，随后细胞壁横膈分为两层。

3. 子细胞分离：前两个阶段完成后，两个子细胞分离形成两个完全独立的菌体。

（五）细菌的菌落特征

1. 固体培养基上（内）的培养特征

单个细菌细胞或一小堆同种细胞接种到固体培养基表面（或内层），在适宜的培养条件下，迅速生长繁殖并形成的肉眼可见的、有一定形态特征的子细胞集团，称为菌落。如果把大量分散的纯种细胞密集地接种在固体培养基的表面上，长出的菌落相互连成一片，便称之为菌苔。

不同菌种的菌落特征不同，同一菌种在不同的培养基或不同培养条件下，菌落形态也不尽相同，但同一菌种在相同培养条件下的菌落一般都具有稳定的特征。因此，菌落形态可作为对细菌分类、鉴定的依据之一。另外，菌落还可用于微生物的纯化、计数、选种和育种等工作。

菌落的特征包括菌落的大小、形态（圆形、丝状、不规则形、假根状）、表面状态（光滑、皱褶、龟裂状、同心环状）、侧面隆起程度（扁平、突起、脐突状、脐凹状）、边缘（完整、波状、锯齿状等）、表面光泽（闪光、无光泽、金属光泽）、质地（黏、油脂状、膜状等）、颜色及透明度等。

细菌的菌落一般呈现湿润、较光滑、较透明、较黏稠、易挑取、质地均匀以及菌落正反面或边缘与中央部位颜色一致等特点。细菌细胞的个体（细胞）形态与群体（菌落）形态之间存在明显相关性。例如，长有鞭毛、运动能力强的细菌一般形成大而平坦、边缘多缺刻（甚至成假根状）、不规则形的菌落；有荚膜的细菌，会长出大型、透明、蛋清状的菌落；有芽孢的细菌往往长出外观粗糙、干燥、不透明且表面多褶的菌落等。

2. 半固体培养基上（内）的培养特征

用穿刺接种技术将细菌接种在半固体培养基中培养，可根据细菌的生长状态和是否扩散判断细菌的需氧特性和运动能力（图1-13），也可通过接种在明胶半固体培养基上，通过明胶柱液化层的不同形状判断细菌是否有产蛋白酶属性（图1-14）。

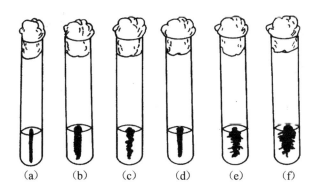

图 1-13　细菌在琼脂培养基中穿刺培养的生长特征
(a)丝状　(b)有小刺　(c)念珠状　(d)绒毛状　(e)假根状　(f)树状

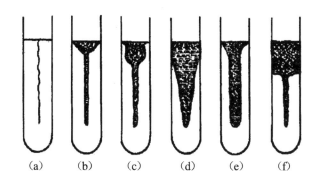

图 1-14　细菌在明胶培养基中穿刺培养并液化明胶的特征
(a)不液化　(b)火山口状　(c)芜菁状　(d)漏斗状　(e)袋状　(f)层状

3. 液体培养基上（内）的培养特征

细菌在液体培养基中生长时，因细胞特征、相对密度、运动能力和需氧状况不同，而形成不同的群体形态。好氧性细菌在液体培养基表面大量生长，形成有特征性的菌膜、菌环、菌醭，多数细菌使液体变浑浊，部分表现为沉淀。

（六）食品中常见的细菌

在日常生活中，食品经常受到细菌的污染，从而变质，同时人们也常常利用有益细菌进行食品发酵生产，现简要介绍食品中常见的细菌类群。

1. 醋酸杆菌属

醋酸杆菌属细菌细胞成椭圆形杆状，不产芽孢，需氧、运动或不运动；具有较强的氧化能力，能将乙醇氧化为醋酸；可用于食醋生产，也常常造成水果、蔬菜及其制品等变酸。

2. 乳杆菌属

革兰氏阳性无芽孢杆菌，一般不运动，厌氧或兼性厌氧；发酵糖类产生乳酸，广泛分布于牛乳和植物产品中，常用来做乳酸、干酪、酸乳等乳制品的发酵剂，如保加利亚乳杆菌、双歧杆菌等。

3. 埃希氏杆菌属和肠杆菌属

革兰氏阴性无芽孢杆菌，周生鞭毛，运动或不运动，好氧或兼性厌氧，能发酵葡萄糖和乳糖，产酸产气，是食品中的重要腐败菌；存在于人类及牲畜的肠道中，在水、土壤中也极为常见。两个属均归于大肠菌群，是食品卫生学检查的一个重要指标菌，可反映食品被粪便污染的情况。

4. 沙门氏菌属

革兰氏阴性无芽孢杆菌，周生鞭毛，通常可运动。该菌属常污染鱼、肉、禽、蛋、乳等食品，是人类肠道卫生学检查的一个重要指标，误食此菌污染的食品，可引起肠道传染病或食物中毒。

5. 芽孢杆菌属

革兰氏阳性芽孢杆菌，有鞭毛，好氧或兼性厌氧；在自然界分布广泛，土壤和空气中尤为常见，是食品工业中常见的腐败菌。如蜡状芽孢杆菌可污染食品引起食物变质，引起食物中毒；枯草芽孢杆菌常引起面包腐败，但它们有较强的产蛋白酶能力，常用作蛋白酶产生菌。

6. 梭状芽孢杆菌属

革兰氏阳性芽孢杆菌，厌氧，形成芽孢后菌体变形，是引起罐装食品腐败的主要菌。肉毒梭状芽孢杆菌可引起蛋白质食物的变质，并产生很强的毒性，是肉类罐头灭菌的指示菌；解糖嗜热梭状芽孢杆菌可分解糖类，是水果、蔬菜类罐头的腐败菌。

7. 假单胞杆菌属

革兰氏阴性无芽孢杆菌，需氧，端生鞭毛，一般可产生水溶性色素，在自然界中分布广泛，常见于土壤、水及各种动植物体中。菌属中某些菌株有很强的分解脂肪和蛋白质的能力，污染食品后可在食物表面迅速生长，产生色素和黏液，造成食品变质，尤其是本菌属中有些菌可在低温下生长良好，因此常引起冷藏食品的腐败变质。

二、放线菌

放线菌是一类主要呈菌丝生长和以孢子繁殖的，陆生性较强的，具有多核的单细胞原核生物，革兰氏染色阳性。它是原核生物中一类能形成分枝菌丝和分生孢子的特殊类群，因早期发现其菌落呈放射状而得名。绝大多数放线菌为好氧或微好氧，最适生长温度为 $23 \sim 37$ ℃，多数腐生，少数寄生。

放线菌在自然界分布很广，以孢子或菌丝存在，主要存在于含水量较低、中性或偏碱性、有机质丰富的土壤中，在土壤中其数量和种类都是最多的，每克土壤可含 $10^4 \sim 10^6$ 个孢子。多数放线菌因能产生土腥味素而使土壤带有特殊的"泥腥味"。

放线菌与人类的关系十分密切，对人类健康的贡献尤为突出。现已发现由放线菌产生的抗生素近万种，如土霉素、链霉素、庆大霉素、金霉素、卡那霉素、氯霉素和利福霉素等已广泛用于临床；一些放线菌还可用于生产维生素和酶制剂；还有一些放线菌在石油脱蜡、甾体转化、烃类发酵和污水处理等方面有着重要作用。放线菌中只有少数能引起人和动植物病害及食品变质。

（一）放线菌的形态

放线菌种类繁多，形态多样，这里以分布最广、种类最多、形态特征最典型的链霉菌属为例，来介绍放线菌的一般形态、构造和繁殖方式。链霉菌细胞呈丝状分枝，菌丝直径很细（<1 μm），营养生长阶段，菌丝内大多无隔，常被认为是单细胞多核微生物。

放线菌的菌丝根据形态与功能的不同，可分为基内菌丝、气生菌丝和孢子丝（图1-15）。

1. 基内菌丝也称营养菌丝，是紧贴固体培养基表面并向培养基里面生长的菌丝，具有吸收营养和排泄废物的功能，部分能产生色素，培养过程向培养基中扩散可使菌落周围培养基呈现颜色。

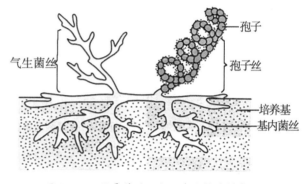

图1-15 链霉菌的一般形态和构造模式图

2. 气生菌丝是基内菌丝伸向培养基外空间的菌丝，气生菌丝体较基内菌丝略粗，产生的色素更深。

3. 孢子丝是气生菌丝生长发育到一定阶段，在其上部分化出的可形成孢子的菌丝。孢子丝的形状和排列方式因种而异，有垂直、弯曲、螺旋、轮生等各种形态（图1-16）。放线菌的分生孢子有球形、椭圆形、瓜子形等各种形态，孢子表面还有不同的纹饰，是链霉菌重要的分类鉴定依据。

图1-16 放线菌的各种孢子丝形态

（二）放线菌的繁殖

放线菌主要通过形成无性孢子的方

23

式进行繁殖，也可靠菌丝片断进行繁殖。

放线菌产生的无性孢子主要有分生孢子、节孢子、孢囊孢子。孢子的形成方式主要为横隔分裂，并通过两种途径进行。一是孢子丝生长到一定阶段，细胞膜内陷，再由外向内逐渐收缩，形成完整的横隔后在此处断裂形成分生孢子（图1－17）。二是孢子丝生长到一定阶段，细胞壁和细胞膜同时内陷，再逐步向内缢缩，最终把孢子丝缢裂成

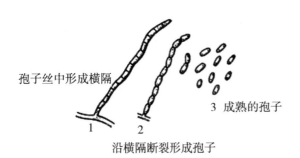

孢子丝中形成横隔

3 成熟的孢子

沿横隔断裂形成孢子

图1－17　放线菌分生孢子的形成过程

一串分生孢子。大部分放线菌的孢子是通过后者形成的，这样形成的孢子一般呈长圆形、椭圆或球形。

（三）放线菌的菌落特征

放线菌的菌落常呈辐射状，菌落周缘有辐射型菌丝。菌落特征介于霉菌与细菌之间。菌落由菌丝体构成，但菌丝较细，生长缓慢，菌丝分枝相互交错缠绕，所以形成的菌落质地致密、干燥、多皱，菌落较小而不广泛延伸。幼龄菌落因气生菌丝尚未分化形成孢子丝，故菌落表面与细菌菌落相似，当形成大量孢子丝及分生孢子布满菌落表面后，就形成表面絮状、粉末状或颗粒状的典型放线菌菌落。此外，放线菌菌丝及孢子常含有色素，使菌落的正面和背面呈现不同颜色。由于营养菌丝生长在培养基内与培养基结合较牢固，所以菌落不易挑起。

另一类型的放线菌，如诺卡氏菌属的菌落，由于不产生大量菌丝体，而结构松散，黏着力差，结构呈粉质状，用针挑取易粉碎。

若将放线菌置于液体培养基中振荡培养，可形成由短菌丝体构成的球状颗粒。

三、酵母菌

酵母菌是一类单细胞真核微生物的通俗名称，泛指能发酵糖类并以芽殖或裂殖来进行无性繁殖的单细胞真菌，极少数种可产生子囊孢子进行有性繁殖。通常认为，酵母菌具有以下5个特点：①个体一般以单细胞非菌丝状态存在；②多数进行出芽繁殖；③能发酵糖类产能；④细胞壁常含甘露聚糖；⑤常生活在含糖量较高、酸度较大的水生环境中。

酵母菌在自然界中分布很广，主要分布在含糖质较高的偏酸性环境中，也称"糖菌"。例如，在水果、蔬菜、叶子、树皮、蜜饯的内部和表面以及在果园土壤中最为常见。由于不少酵母菌可以利用烃类物质，故在石油田和炼油厂附近的土层中也可找到

这类可利用石油的酵母菌。

酵母菌与人类关系密切，在酿造、食品、医药工业等方面占有重要地位。酵母菌作为人类的"第一种家养微生物"，是人类文明史中被应用得最早的微生物。早在四千多年前的殷商时代，我国劳动人民就用酵母菌酿酒。长久以来，酵母菌以发酵果汁、面包、馒头和制造某些美味、营养的食品服务于人类。随着近代科学技术的发展，酵母在发酵工业上的应用愈来愈广，除面包制作、酿酒和饲料加工以外，还可以生产甘油、甘露醇、维生素、各种有机酸和酶制剂等；此外，利用酵母菌体，还可提取核酸、辅酶 A、细胞色素 c、ATP、麦角甾醇、谷胱甘肽等贵重药品。近年来在基因工程中，酵母菌还作为最好的模式真核微生物，而被用作表达外源蛋白功能的优良"工程菌"。

酵母菌也常给人类带来危害。腐生型酵母菌能使食物、纺织品和其他原料腐败变质，少数嗜高渗压酵母菌，如鲁氏酵母、蜂蜜酵母可使蜂蜜、果酱败坏；有的是发酵工业的污染菌，它们消耗酒精，使产量降低或产生不良气味，影响产品质量；某些酵母菌可引起人和植物的病害，例如白色假丝酵母可引起皮肤、黏膜、呼吸道、消化道以及泌尿系统等多种疾病。

（一）酵母菌的形态结构

酵母菌是典型的真核微生物，其细胞的形态通常有球状、卵圆状、椭圆状、柱状、香肠状等。当它们进行一连串的芽殖后，如果长大的子细胞与母细胞并不立即分离，其间仅以极狭小的面积相连，这种藕节状的细胞串就称假菌丝；相反，如果细胞相连，且其间的横隔面积与细胞直径一致，呈竹节状细胞串就称为真菌丝。酵母菌细胞一般比细菌个体大得多，大小约为（2.5 ~ 10）μm ×（5 ~ 20）μm。另外，其细胞大小还与培养方式、菌龄、制片方式有关。

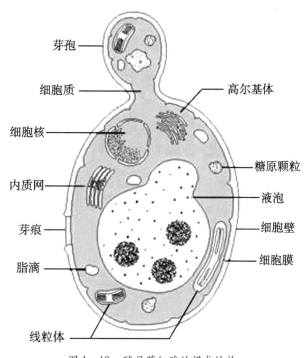

图 1 – 18 酵母菌细胞的模式结构

成熟细胞比幼龄细胞大，菌体在液体培养基中比在固体培养基中大。

酵母菌具有典型的真核细胞结构，有细胞壁、细胞膜、细胞质、细胞核、线粒体以及内含物等（图 1 – 18）。

1. 细胞壁

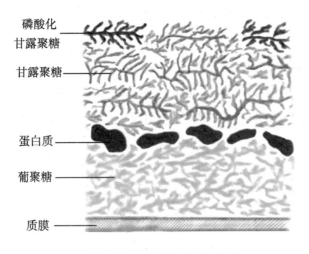

细胞壁厚约 25 nm，约占细胞干重的 25%，呈三明治状——外层为甘露聚糖（占 30% ~ 45%），内层为葡聚糖（占 40% ~ 45%），都是分支状聚合物，其间夹有一层蛋白质（占 5% ~ 10%）分子（图 1-19）。其中，葡聚糖是维持细胞壁机械强度、刚性骨架的主要成分；甘露聚糖决定细胞壁的多孔性；蛋白质中有些是以与细胞壁相结合的酶的形式存在，例如葡聚糖酶、甘聚糖酶、蔗糖酶、碱性磷酸酶和脂酶等。此外，细胞壁上还含有少量类脂和存在于出芽后的芽痕处的几丁质。

图 1-19　酵母菌细胞壁的构造

用玛瑙螺的胃液制得的蜗牛消化酶，内含纤维素酶、甘露聚糖酶、葡糖酸酶、几丁质酶和酯酶等 30 余种酶类，它对酵母菌的细胞壁具有良好的水解作用，因而可用来制备酵母菌的原生质体，也可用来水解酵母菌的子囊壁而获得子囊孢子。

2. 细胞膜

酵母细胞膜结构与细菌基本相同，都是磷脂双分子层中间镶嵌着蛋白质分子，不同的是其上还嵌有原核生物所不具备的物质——甾醇。在酵母细胞膜上所含的各种甾醇中，尤以麦角甾醇居多。酵母菌细胞膜具有调节渗透压，选择性地运入营养物质和排出代谢物，作为部分酶的合成和作用场所的作用。

3. 细胞核

酵母菌具有多孔核膜包起来的定形细胞核——真核。核膜上有许多核孔，是细胞核与细胞质之间交换的选择性通道，可允许大分子和小颗粒通过。细胞核中由 DNA 和组蛋白构成染色体，其中携带酵母菌全部遗传信息，如最常见的啤酒酵母的基因组共由 17 条染色体组成，其全序列已于 1996 年公布，大小为 12.052 Mb，共有 6500 个基因，这是第一个测出的真核生物基因组序列。

除细胞核含 DNA 外，在酵母的线粒体、环状的 "2 μm 质粒" 及少数酵母菌线状质粒中，也含有 DNA。酵母线粒体中的 DNA 是一个环状分子，类似原核生物中的染色体。2 μm 质粒是 1967 年后才在啤酒酵母中发现的，是一个位于细胞核内的闭合环状超螺旋 DNA 分子，长约 2 μm（6 kb）。一般每个细胞含 60 ~ 100 个质粒，可作为外源

DNA 片段的载体，并通过转化而完成组建"工程菌"等重要遗传工程研究。

4. 其他细胞构造

在成熟的酵母菌细胞中，有一个大的液泡，其内含有一些水解酶以及聚磷酸、类脂、中间代谢物和金属离子等。液泡起着营养物和水解酶类的贮藏库的作用，同时还有调节渗透压的功能。

(二) 酵母菌的繁殖方式和生活史

酵母菌的繁殖方式有无性繁殖和有性繁殖，以无性繁殖为主。

1. 酵母菌的繁殖方式

酵母菌的繁殖方式表解如下：

$$
酵母菌的繁殖方式
\begin{cases}
无性繁殖
\begin{cases}
芽殖：各属酵母菌都存在 \\
裂殖：少数酵母菌、裂殖酵母属 \\
产生无性孢子
\begin{cases}
节孢子：地霉属 \\
掷孢子：掷孢酵母属 \\
厚垣孢子：白假丝酵母
\end{cases}
\end{cases} \\
有性繁殖（形成子囊孢子）：酵母属、接合酵母属
\end{cases}
$$

(1) 无性繁殖

①芽殖：酵母菌最常见的繁殖方式。其繁殖过程是，酵母菌在细胞表面形成芽体的部位，通过水解酶分解细胞壁多糖，使细胞壁变薄，大量新细胞物质——核物质（染色体）和细胞质等在芽体起始部位上堆积，使芽体逐步长大（图 1 - 20）。当芽体达到

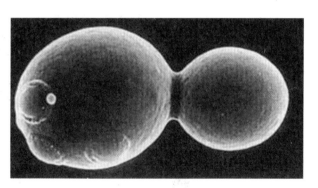

图 1 - 20 酵母菌的出芽生殖

最大体积时，它与母细胞相连部位就会形成一块隔壁。隔壁是由葡聚糖、甘露聚糖和几丁质构成的复合物。最后，母细胞与子细胞在隔壁处分离。于是，在母细胞上就留下一个芽痕，而在子细胞上就相应地留下一个蒂痕。任何细胞上的蒂痕仅一个，而芽痕有一至数十个，根据其数量还可测定该细胞的年龄。

②裂殖：酵母菌的裂殖与细菌的裂殖相似。其过程是细胞伸长，核分裂为二，然后细胞中央出现隔膜，将细胞横分为两个相等大小的、各具有一个核的子细胞。进行裂殖的酵母菌种类很少，例如裂殖酵母属的八孢裂殖酵母等。

③产生无性孢子：掷孢子是掷孢酵母属等少数酵母菌产生的无性孢子，外形呈肾

状。这种孢子成熟后，通过一种特有的喷射机制将孢子射出而进行繁殖。有的酵母，如白色假丝酵母等还能在假菌丝的顶端产生厚垣孢子。还有一些酵母菌，如地霉属则可让成熟菌丝作竹节状断裂，产生大量的节孢子。

（2）有性繁殖

酵母菌是以形成子囊和子囊孢子的方式进行有性繁殖的。它们一般通过邻近的两个性别不同的细胞各自伸出一根管状的原生质突起，随即相互接触，接触处细胞壁溶解，形成结合桥，局部融合，并形成一个通道，再通过质配、核配和减数分裂，形成4个或8个子核，每一个子核与其附近的原生质一起，在其表面形成一层孢子壁后，就形成了一个子囊孢子，而原有营养细胞就成了子囊。

2. 酵母菌的生活史

生活史又称生命周期，指上一代生物个体经一系列生长、发育阶段而产生下一代个体的全部过程。存在有性繁殖的不同酵母菌的生活史可分为以下3类。

（1）单双倍体型

酿酒酵母是这类生活史的典型代表。其特点为：①一般情况下都以营养体状态进行出芽繁殖；②营养体既能以单倍体（n）形式存在，也能以二倍体（2n）形式存在；③在特定的条件下才进行有性繁殖。

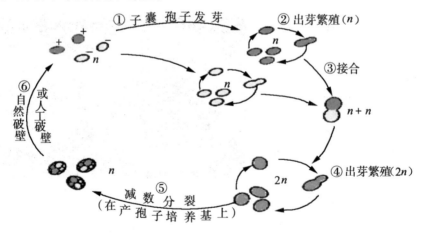

图1-21 酿酒酵母的生活史

从图1-21可见其生活史为：①子囊孢子在合适的条件下发芽产生单倍体营养细胞；②单倍体营养细胞不断地进行出芽繁殖；③两个性别不同的营养细胞彼此接合，在质配后即发生核配，形成二倍体营养细胞；④二倍体营养细胞不进行核分裂，而是不断进行出芽繁殖；⑤在一定条件（如产孢子培养基等培养条件）下，二倍体营养细胞可转变成子囊，这时细胞核才进行减数分裂，并随即形成4个子囊孢子；⑥子囊经自然或人为破壁后，可释放出其中的子囊孢子。

酿酒酵母的二倍体营养细胞因体积大、生活力强，故可广泛用于工业生产、科学研究或遗传工程实践中。

（2）单倍体型

八孢裂殖酵母是这一类型生活史的代表。其特点为：①营养细胞为单倍体；②无性繁殖为裂殖；③二倍体细胞不能独立生活，故此期极短。

其整个生活史可分为 5 个阶段（图 1 - 22）：①单倍体营养细胞借裂殖方式进行无性繁殖；②两个不同性别的营养细胞接触后形成接合管，发生质配后即进行核配，于是两个细胞连成一体；③二倍体的核分裂 3 次，第一次为减数分裂；④形成 8 个单倍体的子囊孢子；⑤子囊破裂，释放子囊孢子。

（3）二倍体型

路德类酵母是这类生活史的典型。其特点为：①营养体为二倍体，不断进行芽殖，此阶段较长；②单倍体阶段仅以子囊孢子的形式存在，不能进行独立生活；③单倍体的子囊孢子在子囊内发生接合。

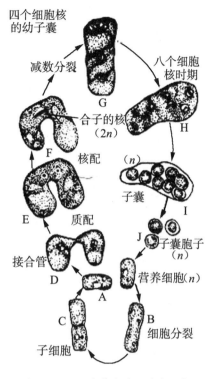

图 1 - 22　八孢裂殖酵母的生活史

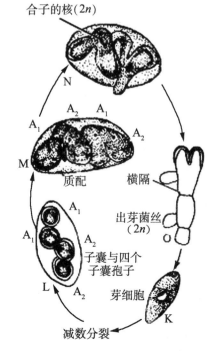

图 1 - 23　路德类酵母的生活史

生活史的具体过程为（图 1 - 23）：①两个不同性别的单倍体子囊孢子质配和核配；②接合后的二倍体细胞萌发，穿破子囊壁；③二倍体的营养细胞可独立生活，通过芽殖方式进行无性繁殖；④在二倍体营养细胞内的核发生减数分裂，故营养细胞成为子囊，其中形成 4 个单倍体子囊孢子。

（三）酵母菌的菌落特征

典型的酵母菌都是单细胞真核微生物，细胞间没有分化。与细菌相比，它们的细胞都是粗短的形状，在固体培养基表面，细胞间充满毛细管水，所以它们在固体培养基上形成的菌落特征也与细菌相似，但其菌落一般比细菌菌落大而厚实。

酵母菌的菌落具有表面湿润、光滑，有一定的透明度，容易挑起；质地均匀；正反面、边缘与中央部位的颜色较一致等特点。酵母菌菌落的颜色比较单调，多数呈乳白色或矿烛色，少数为红色，个别为黑色。另外，凡不产生假菌丝的酵母菌，其菌落更为隆起，边缘圆；会产生假菌丝的酵母菌，则菌落较扁平，表面和边缘较粗糙。培养时间较长的菌落呈皱缩状，并较干燥。此外，酵母菌的菌落，由于存在酒精发酵，一般还会散发出一股悦人的酒香味。

在液体培养基中，酵母菌的培养特征也与细菌相似。有的在培养基底部生长、产生沉淀，有的在培养基中均匀生长，有的在培养基表面生长为菌膜或菌醭。

酵母菌的菌落特征是菌种分类鉴定的重要依据。

（四）食品中常见的酵母菌

1. 酵母菌属

酵母菌属属于子囊菌亚门、半子囊菌纲、内孢霉目、酵母科。这个属的一些菌种具有典型的酵母菌的形态和构造；细胞为圆形、椭圆形或腊肠形；无性繁殖为芽殖，有性繁殖为形成子囊孢子。本属广泛存在于水果、蔬菜、果园的土壤中，有强烈的发酵作用，在发酵、调味品行业中占重要地位。本属最主要的菌种是啤酒酵母和葡萄汁酵母。

2. 裂殖酵母属

裂殖酵母属属于子囊菌亚门、酵母科、裂殖酵母亚科；细胞为椭圆形或圆柱形；无性繁殖为裂殖，有时形成假菌丝；有性繁殖是营养细胞结合形成子囊，子囊内有 1 ~ 4 个或 8 个子囊孢子。八孢裂殖酵母是这一属的重要菌种。

3. 假丝酵母属

假丝酵母属属于半知菌亚门、芽孢菌纲、隐球酵母目、隐球酵母科；细胞为圆形、卵形或长形；无性繁殖为多边芽殖，可形成假菌丝，未发现有性繁殖过程。此属中有许多种具有酒精发酵的能力；有的菌种能利用农副产品或碳氢化合物生产蛋白质，可用于食用或饲料；少数菌能致病。其代表种有产朊假丝酵母，能利用工农业废液生产单细胞蛋白；热带假丝酵母，能利用石油生产饲料酵母。

4. 球拟酵母属

此属与假丝酵母属同属隐球酵母科，细胞为球形、卵形或略长形，生殖方式为多边芽殖；无假菌丝，无色素，对多数糖类有分解作用，能耐高渗透压，因此可在高糖浓度的基质，如蜜饯、蜂蜜等食品上生长，常可导致此类食品的腐败变质。

5. 红酵母属

此属属于隐球酵母科，细胞为圆形、卵形或长形，为多边芽殖，不形成子囊孢子；

多数在食品或培养基上有明显的红色或黄色色素，很多种因形成荚膜而使菌落呈黏质状，如黏红酵母。红酵母菌没有酒精发酵的能力，但能同化某些糖类，有的能产生大量脂肪，少数种类为致病菌，在空气中常有。

6. 毕赤酵母属

细胞形状多样，多边出芽，能形成假菌丝，常有油滴，表面光滑，发酵或不发酵，不同化硝酸盐；能利用正癸烷及十六烷，可发酵石油以生产单细胞蛋白，在酿酒业中为有害菌；代表种为粉状毕赤酵母。

7. 汉逊酵母属

细胞呈圆形、椭圆形、腊肠形，多边芽殖；营养细胞有单倍体或二倍体，发酵或不发酵，可产生乙酸乙酯，同化硝酸盐；也能利用酒精为碳源在饮料表面形成菌膜，为酒类酿造的有害菌；代表种为异常汉逊酵母，因能产生乙酸乙酯，有时可用于食品的增香。

四、霉菌

霉菌是一类丝状真菌的统称，通常指那些菌丝体较发达而又不产生肉质大型子实体结构的真菌。

霉菌在自然界中分布极其广泛，只要存在有机物的地方就有它们的踪迹。霉菌与人们日常生活息息相关，在食品、发酵、酶制剂、农业以及制药等方面都发挥着重要的作用。如工业上的柠檬酸、葡萄糖酸、L-乳酸等有机酸，淀粉酶、蛋白酶等酶制剂，青霉素、头孢霉素、灰黄霉素等抗生素的制造；食品制造方面，如酱油、豆豉、腐乳的酿造和干酪的制造等都离不开霉菌。但在潮湿条件下，霉菌可在有机物上大量生长繁殖，从而引起食物、工农业产品的霉变或动植物的真菌病害。另有少部分霉菌可产生毒性很强的真菌毒素，如黄曲霉毒素等。

（一）霉菌的形态结构

1. 菌丝

霉菌营养体的基本单位是菌丝，菌丝是由细胞壁包被的一种管状细丝，大都无色透明，直径一般为 3~10 μm，比细菌的宽度大几倍到几十倍。霉菌的菌丝分有隔菌丝和无隔菌丝两种类型（图 1-24）。①有隔菌丝：菌丝中有横隔膜将菌丝分隔成多个细胞，在菌丝生长过程中，细胞核的分裂伴随着细胞的分裂，每个细胞含有 1 至多个细胞核。不同霉菌菌丝中的横隔膜平面结构不一样，有的为单孔式，有的为多孔式，还有的为复式。无论哪种类型的横隔膜，都能让相邻两细胞内的物质相互沟通。②无隔菌丝：菌丝中没有横隔膜，整个菌丝就是一个单细胞，菌丝内有许多核，菌丝生长过程中只有核的分裂和原生质的增加，没有细胞数目的增多。前者为曲霉属和青霉属等高等真菌所具有，后者为一些毛菌属和根霉属等低等真菌所具有。

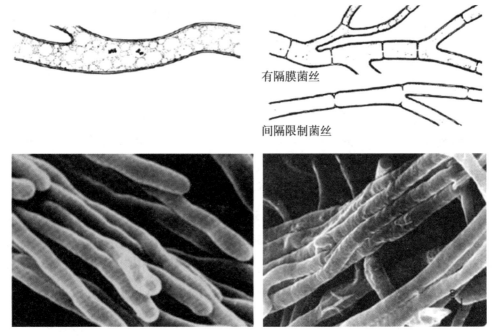

有隔膜菌丝

间隔限制菌丝

图1-24　霉菌的有隔菌丝（右）和无隔菌丝（左）

2. 菌丝体

霉菌孢子落在适宜的基质上后，就发芽生长并产生菌丝。由许多菌丝相互交织而成的一个菌丝集团称菌丝体。菌丝体分为两类：密布在固定营养基质内部，主要执行吸取营养物功能的菌丝体，称营养菌丝体；延伸到空气中的菌丝体，则称气生菌丝体。真菌菌丝体在长期适应不同外界环境条件的过程中，产生了不同类型的特化结构，如营养菌丝体特化为假根、匍匐菌丝、吸器、附着胞、附着枝、菌环、菌网、菌索、菌核等；气生菌丝体特化为分生孢子头、分生孢子盘、子囊果等结构。

（1）匍匐菌丝和假根

毛霉目的霉菌在固体培养基上常形成与表面平行，具有延伸功能的匍匐状菌丝，称为匍匐菌丝。匍匐菌丝蔓延到一定距离后，在培养基内或附着于器壁上形成根状的菌丝，称为假根（图1-25）。匍匐菌丝和假根具有固着、延伸和吸收营养的功能。

（2）吸器

一些专性寄生真菌从菌丝上

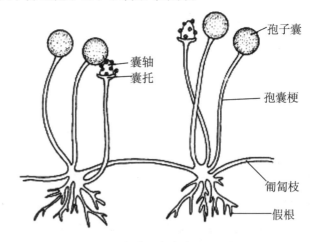

孢子囊

囊轴
囊托

孢囊梗

匍匐枝

假根

图1-25　根霉的匍匐菌丝和假根

分化出来的旁枝，侵入细胞内分化成指状、球状或丝状，用以吸收细胞内的营养，这种吸收器官称为吸器（图1-26）。

（3）菌核

菌核为营养菌丝体的特化，是由菌丝聚集和黏附而形成的一种休眠体，同时它又是糖类和脂类营养物质的储藏体。菌核具有

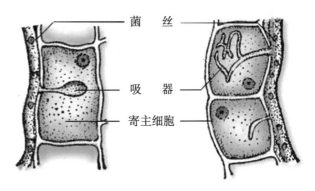

图1-26 霉菌的营养菌丝体特化形态——吸器

各种形态、色泽和大小，如雷丸的菌核可重达15 kg，而有的菌核只有小米粒大小。

（4）子实体

具有一定空间形态结构的、产生孢子的菌丝体的聚集体，是气生菌丝体的特化，也是真菌的繁殖器官，如常见的孢子囊、分生孢子头、子囊果等。青霉和曲霉的分生孢子头的构造见图1-27。

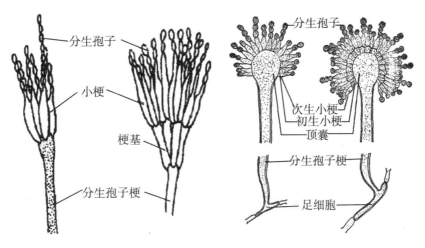

图1-27 青霉（左）和曲霉（右）的分生孢子头

3. 霉菌的细胞结构

霉菌的菌丝细胞与酵母菌的细胞结构十分相似，是由细胞壁、细胞膜、细胞质、细胞核、细胞器和内含物等组成的。

细胞壁厚度为100～250 nm，厚实而坚韧，大多数霉菌的细胞壁主要由几丁质组成，少数水生霉菌主要由纤维素组成。细胞膜厚7～10 nm，其成分和结构与酵母菌细胞膜相似。细胞质中含有线粒体、核糖体、内质网、高尔基体、微体以及异染颗粒、肝糖粒、脂肪粒等，幼龄菌丝细胞质均匀稠密，老龄菌丝细胞质稀薄并出现液泡。菌丝细胞中有一至数个核，细胞核直径为0.7～3 μm，有核膜、核仁、染色体，核膜上有核孔。

（二）霉菌的繁殖

霉菌的繁殖可分为无性繁殖和有性繁殖。

1. 无性孢子繁殖

霉菌主要以形成无性孢子的方式进行繁殖，无性孢子主要有孢囊孢子、分生孢子、节孢子、厚垣孢子（图1－28）。

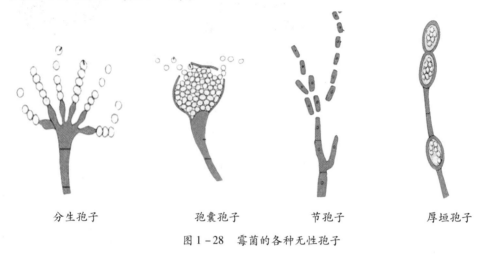

分生孢子　　　　　孢囊孢子　　　　　节孢子　　　　　厚垣孢子

图1－28　霉菌的各种无性孢子

（1）分生孢子

在菌丝顶端或由菌丝分化的分生孢子梗上形成的孢子，称为分生孢子。由于该孢子生在菌丝细胞外，所以称为外生孢子。它是多细胞霉菌中最常见的一类无性孢子。分生孢子着生于已分化的分生孢子梗或具有一定形状的小梗上，也有些真菌的分生孢子着生在菌丝的顶端。

（2）孢囊孢子

霉菌的气生菌丝成熟后，菌丝顶端膨大，形成孢子囊，其内有许多细胞核，核外分别再包被细胞质和外膜，随后成熟为大量的孢囊孢子。孢子囊成熟后破裂，孢囊孢子扩散出来，遇适宜条件即可萌发成新个体。

（3）节孢子

由菌丝断裂而成。其形成过程是：菌丝生长到一定阶段，菌丝上出现许多横隔，然后从横隔处断裂，产生许多形如短柱状、筒状或两端呈钝圆形的节孢子。

（4）厚垣孢子

又称厚壁孢子，是由菌丝中间或顶端的个别细胞膨大，原生质浓缩和细胞壁变厚而形成的休眠孢子。厚垣孢子呈圆形、纺锤形或长方形，是霉菌度过不良环境的一种休眠细胞，菌丝体死亡后，上面的厚垣孢子还活着，一旦环境条件好转，就能萌发成菌丝体。

2. 有性繁殖

在霉菌中，有性繁殖不及无性繁殖普遍，仅发生于特定条件下，而且在一般培养基上不常出现。霉菌有性繁殖可通过形成有性孢子进行，真菌有性孢子是经过两个性细胞的结合而形成的，一般经过质配、核配和减数分裂 3 个阶段。常见的霉菌有性孢子有卵孢子、接合孢子、子囊孢子等。与食品工业有关的主要是接合孢子和子囊孢子。

（1）卵孢子

卵孢子由两个大小不同的配子囊结合发育而成。小型配囊称为雄器，大型配子囊称藏卵器。霉菌卵孢子的形态和构造见图 1 - 29。藏卵器中的原生质与雄器配合以前，收缩成一个或数个原生质团，称卵球。当雄器与藏卵器配合时，雄器中的细胞质和细胞核通过受精管进入藏卵器与卵球配合，此后卵球生出外壁即成为卵孢子。卵孢子的数量取决于卵球的数量。

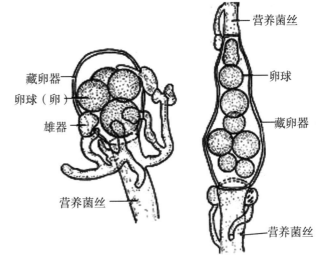

图 1 - 29 霉菌的卵孢子

（2）接合孢子

接合孢子由菌丝生出的形态相同或略有不同的配子囊接合而成。其形成过程是：性别不同的两个相邻菌丝接触，细胞壁溶解，两菌丝的核和细胞质融合，形成接合孢子。在适宜的条件下，接合孢子可萌发成新的菌丝体。

（3）子囊孢子

子囊孢子由菌丝分化形成形态、大小、性别都不同的配子囊（雄器和产囊器）相结合而形成。大型配子囊称为产囊器，小型配子囊称为雄器。形成子囊孢子是子囊菌的主要特征。

（三）霉菌的菌落特征

霉菌菌落有明显的特征，外观上很易辨认。它们的菌落形态较大，质地疏松，外观干燥，不透明，呈现或松或紧的蛛网状、绒毛状、棉絮状或毡状；菌落与培养基间的连接紧密，不易挑取，菌落正面与反面的颜色、构造，以及边缘与中心的颜色、构造常不一致。由于放线菌和霉菌的细胞大多呈丝状，故它们的菌落形态较接近。

同一种霉菌在不同成分的培养基上形成的菌落特征可能有区别，但各种霉菌在一定的培养基上形成的菌落大小、形状、颜色等相对是比较一致的。因此，菌落特征也是霉菌鉴定的主要依据之一。

（四）食品中常见的霉菌

1. 毛霉属

毛霉是接合菌亚门中的重要类群，属接合菌纲、毛霉目、毛霉科。毛霉的菌丝体发达，呈棉絮状，由许多分枝的菌丝构成。菌丝无隔，有多个细胞核。其无性繁殖为孢囊孢子，有性繁殖产生接合孢子。

毛霉种类较多，在自然界分布广泛，尤其在土壤、空气中经常发现，是食品工业的重要微生物。毛霉具有很强的水解淀粉能力，在酿酒工业上多用作淀粉质原料酿酒的糖化菌；毛霉还能产生蛋白酶，有分解大豆蛋白质的能力，多用于制作豆腐乳和豆豉。常用于食品工业的毛霉属微生物有总状毛霉、鲁氏毛霉、高大毛霉等。

2. 根霉属

根霉与毛霉同科异属，菌丝体呈白色，无隔膜，单细胞，气生性强，在培养基上交织成疏松的絮状菌落，生长迅速，可蔓延覆盖整个表面。其形态特征、分布与作用都与毛霉类似。主要区别在于，根霉有假根和匍匐菌丝，这是根霉的重要特征。其有性繁殖产生接合孢子，无性繁殖形成孢囊孢子。

根霉产淀粉酶、糖化酶能力强，是发酵工业有名的生产菌种，用途很广。我国酿酒工业中，用根霉作糖化菌种已有悠久的历史，同时它也是家用甜酒曲的主要菌种。近年来，根霉在甾体激素转化、有机酸（如延胡索酸、乳酸）的生产中也被广泛利用。它也常出现于淀粉质食品上，引起馒头、面包、甘薯等发霉变质，或造成水果蔬菜腐烂。

常见的根霉有匍枝根霉（即黑根霉，俗称面包霉）、米根霉等。

3. 曲霉属

曲霉菌丝有隔膜，为多细胞霉菌。分生孢子梗作为气生菌丝的特化形态，顶端膨大成为顶囊，顶囊表面长满一层或两层辐射状小梗（初生小梗与次生小梗）。小梗顶端生出分生孢子。曲霉属中的大多数仅发现了无性繁殖阶段，极少数可形成子囊孢子，产生子囊果。曲霉广泛分布在谷物、空气、土壤和各种有机物品上。

曲霉可产生淀粉酶、蛋白酶和果胶酶等，因此，在食品发酵中广泛用于制酱、酿酒；也可用于生产葡萄糖氧化酶、糖化酶和蛋白酶等酶制剂。其中黑曲霉产生的淀粉酶可用于糖化和液化淀粉，产生的果胶酶可用来澄清果汁；米曲霉可用来生产酱油和酱类；有些曲霉可引起水果、蔬菜、粮食的霉腐；黄曲霉的某些菌种可产生黄曲霉毒素，具有很强的致癌、致畸作用。

4. 青霉属

青霉菌菌丝与曲霉相似，分生孢子梗顶端不膨大，无顶囊，经多次分枝，产生几轮对称或不对称小梗，小梗顶端产生成串的青色分生孢子。分生孢子头形如扫帚。

青霉属是产生青霉素的重要菌种，广泛分布于空气、土壤和各种物品上，常生长在腐烂的柑橘皮上，使柑橘皮呈青绿色。目前已发现几百种青霉菌，其中黄青霉、点青霉等都能大量产生青霉素。青霉素的发现和大规模生产、应用，对抗生素工业的发展起了巨大的推动作用。此外，有的青霉菌还用于生产灰黄霉素及磷酸二酯酶、纤维素酶等酶制剂、有机酸。

五、病毒

病毒是一种由核酸和蛋白质等少数几种成分组成的超显微"非细胞生物体"。其结构简单，并具有侵染性。

病毒的基本特性有：①形体极其微小，一般都能通过细菌滤器，故必须在电镜下才能观察；②没有细胞构造，主要成分仅为核酸和蛋白质两种；③每种病毒只含一种核酸，DNA或者RNA；④既无产能酶系，也无蛋白质和核酸合成酶系，只能利用宿主活细胞内已有代谢系统合成自身的核酸和蛋白质组分；⑤以核酸和蛋白质等"元件"的装配实现大量繁殖；⑥在离体条件下，能以无生命的生物大分子状态存在，并可长期保持侵染活力；⑦对一般抗生素不敏感，但对干扰素敏感。

现已发现的各种病毒有3600多种，它们广泛分布在自然界中，无论是人类还是其他动植物都可受到病毒的侵害。例如由微生物引起的人类传染性疾病就有80%是由病毒引起的。因此，掌握病毒的特性，认识病毒的传染和发病特点，对控制病毒带给人类的危害，防止病毒对食品造成污染，以及减少发酵食品生产中因噬菌体污染而造成的损失具有重要的意义。

（一）病毒的形态、构造

1. 病毒的形态与大小

病毒的基本形态有球形、卵圆形、砖形、杆形、丝状、蝌蚪状等（图1-30）。动物病毒多呈球形，如脊髓灰质炎病毒、腺病毒等；植物病毒大多呈杆状，如烟草花叶病毒等；微生物病毒多呈蝌蚪状，如噬菌体。

病毒的大小悬殊，直径在10~300 nm。较大的病毒，如痘类病毒约为(250~300) nm × (50~200) nm，比最小的细菌支原体（直径200~250 nm）还大。最小的病毒如菜豆畸矮病毒，粒子大小仅为9~11 nm，比血清蛋白分子（直径22 nm）还小，因此不能用简单的光学显微镜来观察其形态，只能借助电子显微镜观察。

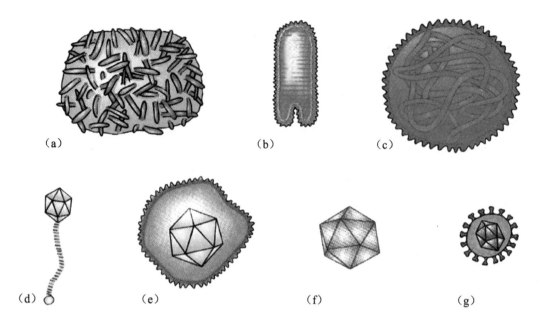

图 1-30　几种病毒的形态

（a）痘病毒（b）弹状病毒（c）腮腺炎病毒（d）噬菌体

（e）疱疹病毒（f）乳头瘤状病毒（g）艾滋病毒

2. 病毒的构造

（1）典型病毒粒的构造

病毒是不具有细胞结构的生物体，所以单个病毒不能称为单细胞，而只能称为病毒粒或病毒体。病毒粒有时也称病毒颗粒或病毒粒子，专指成熟的、结构完整的，并且有感染性的单个病毒。

病毒粒主要由核心和衣壳两部分构成，核心和衣壳合称核衣壳。其中核心的主要成分是核酸，是病毒粒中最重要的成分，是遗传信息的载体和传递体。病毒核酸的种类很多，其中动物病毒以线状的 dsDNA 和 ssRNA 为多；植物病毒通常含有 ssRNA；噬菌体通常为 dsDNA，但也有一些噬菌体为 ssDNA 或 ssRNA。

衣壳包围在核心周围，由衣壳粒构成。衣壳粒的主要化学成分是蛋白质。有些较复杂的病毒（如流感病毒），其核衣壳外

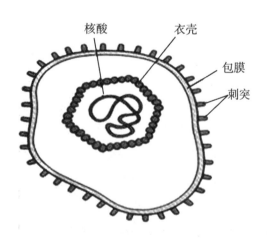

图 1-31　病毒的基本结构

还被一层含蛋白质或糖蛋白的类脂双层膜覆盖，这层膜称为包膜。有的包膜上还长有

刺突等附属物。包膜的有无及其性质与该病毒的宿主专一性和侵入等功能有关。

（2）病毒粒的对称体制及其代表

病毒粒的对称体制只有两种，即螺旋对称和二十面体对称（等轴对称）。另一些结构复杂的病毒，实质上是上述两种对称相结合的结果，故称作复合对称。

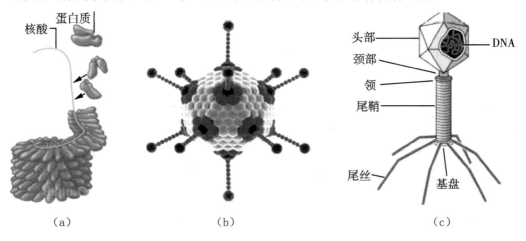

图1-32　病毒衣壳的三种对称体制
（a）螺旋对称　（b）二十面体对称　（c）复合对称

①螺旋对称及其代表：具有螺旋对称结构的病毒多数是单链RNA病毒，其粒子形态为线状（如大肠杆菌噬菌体f1）、直杆状（如烟草花叶病毒）或弯曲杆状（如马铃薯X病毒）。这类病毒的壳体由衣壳粒一个挨一个地呈螺旋对称排列而成，核酸位于壳体的螺旋状结构中。烟草花叶病毒具有典型的螺旋对称结构，其杆状壳体由2130个皮鞋状衣壳粒逆时针螺旋状排列而成，约有130个螺旋，壳体全长约300 nm，其核酸ssRNA由6390个核苷酸构成［图1-32（a）］。

②二十面体对称及其代表：有些病毒外形像球，实际上是个多面体。它们的衣壳是由不同数量的壳粒按一定方式排列而成的立方对称体。壳体一般为二十面体。腺病毒是二十面体对称结构的典型代表，衣壳有20个等边三角形面、12个顶角，包括12个五邻体（分布在12个顶角上的衣壳粒）和240个六邻体（分布在棱上和面上的非顶角衣壳粒）。其中五邻体上突出一根末端带有顶球的蛋白纤维，称为刺突。核心为线状双链DNA，核酸分子以高度卷曲的状态存在于衣壳内［图1-32（b）］。

③复合对称及其代表：这类病毒的壳体是由两种结构组成的，既有螺旋对称部分，又有二十面体对称部分，故称复合对称，如大肠杆菌T_4噬菌体。T_4噬菌体如蝌蚪状，其头部外壳由8种蛋白质组成椭圆形二十面体，含212个壳粒；线状dsDNA折叠盘绕于头部的核心；尾部为螺旋对称结构，由144个壳粒组成并排成棒状，尾部中央为尾管，中空，是注射核酸的通道。除此之外，T_4噬菌体还有颈圈、基片、刺突和尾丝等附属结构［图1-32（c）］。

（二）病毒的分类

目前已发现3600多种病毒。很多病毒学家对病毒的分类做了不懈的努力，探索了很多的途径，提出了大量的方案，但目前还不成熟。人们根据病毒对宿主感染的专一性，按宿主的不同将病毒分为微生物病毒、植物病毒、脊椎动物病毒和昆虫病毒。其中微生物病毒中，将细菌作为宿主的病毒，我们称之为噬菌体。接下来我们将主要介绍噬菌体的增殖、生长规律以及效价测定。

噬菌体作为侵染细菌、放线菌等原核生物的微生物病毒（侵染真菌的病毒称噬真菌体）广泛分布于自然界中。噬菌体的遗传物质可以是DNA，也可以是RNA，已知的大部分噬菌体的遗传物质是dsDNA。其形态有蝌蚪形、球形和丝状等，其中大多数噬菌体为蝌蚪形。目前主要依据其形态和核酸特性对噬菌体进行分类，可分为六类（A－F型）（图1－33）。

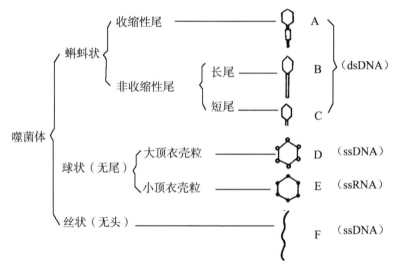

图1－33　常见噬菌体的形态及核酸特性

1. 噬菌体的增殖

与细胞型微生物不同，噬菌体和一切病毒粒并不存在个体的生长过程，而只有两种基本成分的合成和进一步的装配过程，所以同种病毒粒间并没有年龄和大小之分。

我们将能在短时间内连续完成吸附、侵入、增殖、装配和裂解（释放）这5个阶段而完成其增殖的噬菌体，称为烈性噬菌体。烈性噬菌体所经历的繁殖过程，称为裂解性周期。大肠杆菌T_4噬菌体是一种典型的烈性噬菌体，它是双链DNA病毒，由二十面体的头部和一个可收缩的尾部组成，尾部由中空的尾管和可收缩的蛋白质尾鞘组成，尾端有6根尾丝。现以大肠杆菌的T_4噬菌体为代表对烈性噬菌体的增殖过程加以介绍（图1－34）。

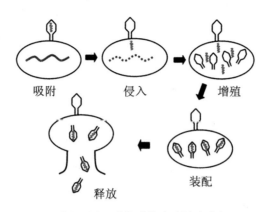

图 1-34 烈性噬菌体的增殖过程

（1）吸附

噬菌体与敏感的寄主细胞接触，识别寄主细胞的特异性受体并与之结合。T₄噬菌体以尾丝末端与宿主细胞表面的特异性受体接触，尾丝散开附着在受体上，继而将刺突、基板固着在细胞表面。

（2）侵入

噬菌体吸附在细菌细胞壁特异性受体上后，通过收缩尾鞘，推出尾管将其插入细胞壁和细胞膜中，从而将核酸注入宿主细胞中，蛋白质壳体留在外面。从吸附到侵入的时间间隔很短，只有几秒到几分钟。

（3）增殖

此过程包括核酸的复制和蛋白质的合成。噬菌体核酸进入寄主细胞后，通过操纵寄主细胞的代谢系统合成噬菌体所特有的组分和部件，大量复制噬菌体核酸，并合成病毒衣壳蛋白。

如：大肠杆菌的 T₄ 噬菌体按照早期、中期、晚期的顺序进行转录、翻译、复制，整个过程存在着强烈的时序性（图 1-35）。

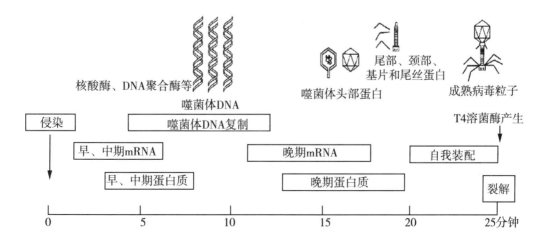

图 1-35 大肠杆菌 T₄ 噬菌体的增殖过程

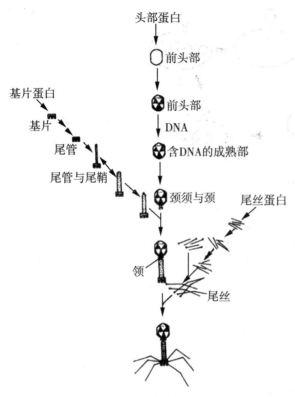

图1-36 T₄噬菌体的装配过程

（4）粒子成熟（装配）

T₄噬菌体的装配是一个极为复杂的自我装配的过程，大致分为4个独立的途径：①头部壳体装入DNA形成成熟的头部；②由基板、尾管、尾鞘组装成无尾丝的尾部；③头部与尾部自发结合；④装上尾丝，从而组装成完整的噬菌体粒子（图1-36）。

（5）寄主细胞的裂解（释放）

噬菌体粒子成熟，引起寄主细胞的裂解，释放出病毒粒子。包膜病毒一般在释放核衣壳的同时，细胞膜以出芽的形式形成病毒包膜。平均一个宿主细胞裂解后产生的子代噬菌体数称为裂解量。噬菌体的裂解量因种类不同

而有所不同，一个寄主细胞可释放10~10000个噬菌体粒子。

2. 噬菌体效价的测定

在涂布有敏感宿主细胞的固体培养基表面，若接种上相应噬菌体的稀释液，其中每个噬菌体粒子由于先侵染和裂解一个细胞，然后以此为中心，再反复侵染和裂解周围大量的细胞，结果就会在菌苔上形成一个具有一定形状大小、边缘和透明度的噬菌斑。因每种噬菌体的噬菌斑有一定的形态，故可用作该噬菌斑的鉴定指标，也可用于纯种分离和计数。因在一定条件下，每个噬菌体可产生一个噬菌斑，所以在科学研究或发酵工业生产中，常通过测定噬菌斑来检查噬菌体的存在与否以及数量的多少。

噬菌体的效价表示每毫升试样中所含有的具侵染性的噬菌体粒子数，又称噬菌斑形成单位数或感染中心数。测定效价的方法很多，如液体稀释法、玻片快速测定法和单层平板法等，较常用且较精确的方法为双层平板法。

双层平板法 { 底层平板（2%琼脂培养基7~8 mL） / 上层平板 { 上层培养基（0.6%琼脂培养基3 mL） 宿主菌悬液（对数期菌液0.2 mL） 噬菌体试样（合适稀释液0.1 mL） } 混匀 } —37℃/10余小时→ 计数噬菌斑

双层平板法测定效价的主要操作步骤为：预先分别配制含 2% 和 0.6% 琼脂的底层培养基和上层培养基；先用底层培养基在培养皿上浇一层平板，待凝固后，再把预先融化并冷却到 45 ℃以下，加入 0.2 mL 较浓的敏感宿主菌液和 0.1 mL 待测噬菌体样品的上层培养基，在试管中摇匀后，立即倒在底层培养基上铺平待凝，然后在 37 ℃下培养。一般经 10 余小时后即可对噬菌斑计数。

效价（单位/ mL）＝ 平板培养基中噬菌斑平均数 × 样品稀释倍数/0.1 mL

此法有许多优点，如加了底层培养基后，可弥补培养皿底部不平的缺陷；可使所有的噬菌斑都位于近乎同一平面上，因而大小一致、边缘清晰且无重叠现象；又因上层培养基中琼脂较稀，故可形成形态较大、特征较明显以及便于观察和计数的噬菌斑（图 1 - 37）。

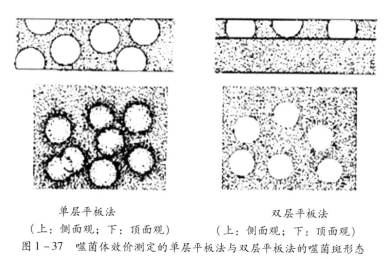

单层平板法　　　　　　　　　双层平板法
（上：侧面观；下：顶面观）　（上：侧面观；下：顶面观）
图 1 - 37　噬菌体效价测定的单层平板法与双层平板法的噬菌斑形态

用双层平板法计算出来的噬菌体效价总是比用电镜直接计数得到的效价低。这是因为前者是计有感染力的噬菌体粒子，后者是计噬菌体的总数（包括有或无感染力的全部个体）。

3. 噬菌体的一步生长曲线

定量描述烈性噬菌体生长规律的实验曲线，称为一步生长曲线。一步生长曲线的基本实验方法为：用噬菌体的稀释液去感染高浓度的宿主细胞，以保证每个细胞所吸附的噬菌体至多只有一个。经数分钟吸附后，在混合液中加入适量的相应抗血清，借以中和尚未吸附的噬菌体。然后用保温的培养液稀释此混合液，同时终止抗血清的作用，随即置于适宜的温度下培养。其间每隔数分钟取样，连续测定其效价，再把结果绘制成图即可（图 1 - 38）。

（1）潜伏期

噬菌体的核酸侵入宿主细胞后至第一个成熟噬菌体粒子释放前的一段时间。它又可分为两段：①隐晦期，指在潜伏期前期人为裂解宿主细胞后，此裂解液仍无侵染性的一段时间，这时细胞内正处于复制噬菌体核酸和合成其蛋白质衣壳的阶段；②胞内累积期，即潜伏后期，指在隐晦期后，若人为裂解细胞，其裂解液已呈现侵染性的一段时间，这意味着细胞内已开始装配噬菌体粒子，并可用电镜观察到。

（2）裂解期

紧接在潜伏期后的宿主细胞迅速裂解，溶液中噬菌体粒子急剧增多的一段时间。噬菌体或其他病毒粒只有个体装配而不存在个体生长，再加上其宿主细胞裂解具有突发性，因此，从理论上来分析，其裂解期应是瞬间出现的。但事实上因为宿主群体中各个细胞的裂解不可能是同步的，故出现了较长的裂解期。

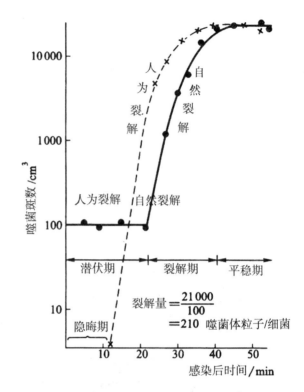

图1-38 T_4 噬菌体的一步生长曲线

（3）平稳期

感染后的宿主细胞已全部裂解，溶液中噬菌体效价达到最高点的时期。

一步生长曲线可反映每种噬菌体的3个最重要的特征参数——潜伏期和裂解期的长短以及裂解量的大小，这是噬菌体重要的特征参数。

4. 温和噬菌体与溶源性

有一些噬菌体侵染宿主细胞后，并不立即在侵染的细胞内增殖，而是将侵入的核酸整合到宿主细胞的基因组中，与其一起同步复制，这种不导致宿主细胞裂解的噬菌体称为温和噬菌体。温和噬菌体不使宿主细胞裂解的现象称为溶源性。含有温和噬菌体的宿主菌称为溶源菌，已整合到宿主基因组上的噬菌体称为前噬菌体。

溶源性是遗传的，溶源性细菌的后代也是具有溶源性的。溶源菌发生自发裂解的几率很低，只有极少数溶源菌（发生率约为 10^{-6}）中温和噬菌体能从宿主基因组上脱离，恢复复制能力而导致细菌裂解。因此温和噬菌体在涂布其敏感细菌的固体培养基上长出的噬菌斑是中央为溶源菌菌落，周边为透明裂解圈的特殊噬菌斑（图1-39）。

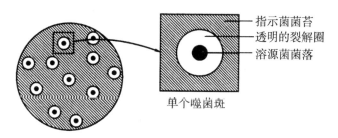

图 1-39 溶源菌及其独特噬菌斑的形态（模式图）

5. 噬菌体的应用

（1）用于细菌鉴定和分型

由于噬菌体的作用具有高度的种、型特异性，即一种噬菌体只能裂解和它相应的该种细菌的某一型，因此可用于细菌鉴定。目前已利用噬菌体将金黄色葡萄球菌分为132 型，将伤寒杆菌分为 72 型。

（2）用于诊断和治疗疾病

噬菌体感染相应细菌后，迅速繁殖并产生噬菌体子代。利用这一特性可将已知噬菌体加入被检材料中，如出现噬菌体效价增长，就证明材料中有相应细菌存在。在疾病治疗中可使用噬菌体来裂解细菌，特别是有些细菌对抗生素产生抗药性，最好的办法就是采用相应噬菌体来治疗。

（3）用作分子生物学研究的实验工具

由于噬菌体的基因数目少，噬菌体变异或遗传性缺陷株又容易辨认、选择和进行遗传性分析，因此可以通过物理的或化学的方法诱变使其产生多种噬菌体的蚀斑型突变株和条件致死突变株，然后利用这些突变株的基因重组试验，来研究噬菌体个别基因的排列顺序和功能。在生物技术方面，噬菌体可作为载体，将核酸片段传递到另一细胞中，改变细胞的遗传特性。

6. 噬菌体与发酵工业

噬菌体对发酵工业危害很大，可能会污染生产菌种，造成菌体裂解，无法累积发酵产物，引起倒罐事件，损失极其严重。

（1）噬菌体对发酵工业的危害

①抗生素发酵与噬菌体污染。灰色链霉菌发酵生产链霉素，由于噬菌体污染出现溶菌现象，菌体减少，培养液变黑，抗生素效价不上升。

②食品工业上的噬菌体污染。食品工业上采用乳酸菌、醋酸菌、棒状杆菌等进行发酵，生产各种不同的产品，如果生产过程中受到相应的噬菌体感染，发酵作用就会

减慢，周期明显延长，甚至停止；还会造成发酵液变清，不积累发酵产物，菌体很快消失，整个发酵生产被破坏。

（2）噬菌体的防治

在发酵工业中，必须采取一定的预防措施以减少噬菌体造成的损失。预防的措施主要如下：

①绝不可使用可疑菌种。认真检查摇瓶、斜面及种子罐所使用的菌种，坚决废弃可疑菌种。这是因为几乎所有的菌种都可能是溶源性的，都有感染噬菌体的可能性。所以要严防因菌种本身不纯而携带或混有噬菌体的情况。

②严格保持环境卫生。由于噬菌体广泛分布于自然界，凡有细菌的地方几乎都有噬菌体，因此，保持发酵工厂的内外环境卫生是消除或减少噬菌体和杂菌污染的基本措施之一。

③绝不排放或丢弃活菌液。需对活菌液进行严格消毒或灭菌后才能排放。

④注意通气质量。空气过滤器要保证质量并经常灭菌，空气压缩机的取风口应设在 30 ~ 40 m 的高空。

⑤加强管道和发酵罐的灭菌。

⑥不断筛选抗性菌种，并经常轮换生产菌种。

一旦发现噬菌体污染，要及时采取以下措施：

①尽快提取产品。若污染时发酵液中的代谢产物含量较高，应及时提取或补加营养并接种抗噬菌体菌种继续发酵，以减少损失。

②使用药物抑制。在谷氨酸的发酵中，加入金属螯合剂，如加 0.3% ~ 0.5% 草酸盐、柠檬酸铵等可抑制噬菌体的吸附和侵入，加入 1 ~ 2 μg/mL 金霉素、四环素和氯霉素等抗生素或加入 0.1% ~ 0.2% 的吐温 60、吐温 20 或聚氧乙烷基醚等表面活性剂均可抑制噬菌体的增殖或吸附。

③及时改用抗噬菌体的生产菌株。

（三）亚病毒

前面所述的病毒都同时含有核酸成分和蛋白质成分。我们将只含有蛋白质或核酸其中一种成分的病毒称为亚病毒。亚病毒主要包括类病毒、拟病毒和朊病毒。

1. 类病毒

类病毒是一类只含有闭合环状 RNA 分子，能感染寄主细胞并在其中进行自我复制的分子病原体。类病毒是目前已知的最小可传染的致病因子，只在植物体中发现。马铃薯纺锤形块茎病类病毒是研究得比较清楚的一种类病毒，呈棒状结构，相对分子质量仅有 1.2×10^5。

2. 拟病毒

拟病毒是一类包裹在真病毒粒子中的有缺陷的类病毒。拟病毒极其微小，一般仅由裸露的 RNA 组成。被拟病毒"寄生"的真病毒称为辅助病毒，拟病毒成了它的"卫星"。拟病毒的复制必须依赖辅助病毒的协助。

3. 朊病毒

朊病毒或称蛋白质侵染因子，是一种不含核酸的传染性蛋白质分子。朊病毒是美国学者 S. B. Prusiner 1982 年研究羊的瘙痒病时发现的。它除了引起羊瘙痒病外，还能导致牛的海绵状脑病（即"疯牛病"）和人的库鲁病（发现于新几内亚东部高原的一种中枢神经系统退化症）等。

朊病毒的致病机理尚不完全清楚，初步研究表明，朊病毒借食物进入消化管，再经淋巴系统侵入大脑。

❖❖ 任务三　微生物的培养 ❖❖

一、微生物的营养

（一）微生物细胞的化学组成

1. 细胞中的化学元素

根据对各类微生物细胞化学成分的分析，我们发现微生物细胞的化学组成和其他生物没有本质上的差异，从元素上讲，都含有碳、氢、氧、氮、磷、硫、钾、钙、镁、铁等主要化学元素和钼、锌、锰、硼、钴、碘、镍、钒等微量元素，其中碳、氢、氧、氮是组成有机物质的四大元素，占干物质的 90% ~97%。

表 1 - 3　微生物细胞中几种主要元素的含量

元素	含量（干重,%）		
	细菌	酵母菌	霉菌
碳	50	49.8	47.9
氢	8	6.7	6.7
氧	20	31.1	40.2
氮	15	12.4	5.2
磷	3	—	—
硫	1	—	—

2. 元素在细胞内的存在形式

微生物细胞中含有水分、糖类、蛋白质、核酸、脂肪、维生素、无机盐等物质，其中含水量为 70% ~90%，有机物约占细胞干重的 98%。表 1 - 4 所示为微生物细胞中主要物质的含量。

不同种类的微生物，其化学组成含量有明显差异；同一种微生物，在不同的生长时期及不同的生长条件下，各种元素含量也会有一定的差别。如酵母菌含氮量比霉菌高，幼龄菌含氮量比老龄菌高，海洋微生物细胞中含钠高等。

表 1-4   微生物细胞的化学组成

主要成分/%	细菌	酵母菌	霉菌
水分	75~85	70~80	85~90
蛋白质	50~80	32~75	14~52
碳水化合物	12~28	27~63	7~40
脂肪	5~20	2~15	4~40
核酸	10~20	6~8	1~2
无机盐	2~30	3.8~7	6~12

3. 微生物生长所需的营养物质及其生理功能

微生物生长所需要的营养物质主要是有机物和无机物提供的，小部分由气体物质供给。按营养物质在微生物体中的生理作用可将其分为水、碳源、氮源、无机盐、生长因子五大类营养要素。

（1）水

水分是微生物细胞的主要组成成分，也是生命活动的必需物质，占鲜重的70%~90%。

微生物所含水分以游离水和结合水两种状态存在。结合水一般不能流动，不易蒸发，不冻结，不能作为溶剂，也不能渗透，但可维持生命状态；游离水则与之相反，具有一般水的特性，能流动，可以从细胞中排出，并能作为溶剂，帮助水溶性物质进出细胞。微生物细胞游离水与结合水的平均比大约是4:1。

水在细胞中的生理功能主要有：①是多种物质的溶剂与运输介质，营养物质的吸收与代谢产物的分泌必须以水为介质才能完成；②是热的良好导体，能有效地吸收代谢过程中产生的热并及时将热迅速排出体外，从而有效地控制细胞内温度的变化；③维持蛋白质、核酸等生物大分子稳定的天然构象和酶的活性；④参与细胞内一系列化学反应；⑤充足的水分是细胞维持渗透压以及正常形态的重要因素；⑥水还能提供氢、氧元素。

水是微生物生命活动的必需物质，微生物生长用水一般用自来水、井水、河水等即可，如有特殊要求可用蒸馏水。

（2）碳源

为微生物生长提供碳素营养的物质称为碳源。碳源是构成微生物细胞的重要物质，微生物细胞中大约含碳50%。碳被吸收后，通过细胞内的一系列化学变化，转化为微生物自身的细胞物质及代谢产物，如糖类、脂类、蛋白质等。

自然界中碳源种类很多，从简单的无机物 CO_2 和碳酸盐到各类天然含碳有机化合物都可以作为微生物的碳源，但不同的微生物利用含碳物质具有选择性，利用能力有差异。

糖类是微生物较易利用的良好碳源和能源物质，在实验室中，葡萄糖最常用，其次是各种有机酸、醇和脂类；在微生物发酵工业中，常利用各种农副产物做廉价碳源，如玉米粉、米糠、麦麸、马铃薯、甘薯以及各种野生植物的淀粉等，这类碳源往往还包含了其他几种营养要素；现代开展了以纤维素、石油、二氧化碳为碳源的发酵研究工作。

表 1-5 微生物的碳源谱

类型	元素水平	化合物水平	培养基原料水平
有机碳	C·H·O·N·X	复杂蛋白质、核酸等	牛肉膏、蛋白胨、花生饼粉等
	C·H·O·N	多数氨基酸、简单蛋白质等	一般氨基酸、明胶等
	C·H·O	糖、有机酸、醇、脂类等	葡萄糖、蔗糖、各种淀粉、糖蜜等
	C·H	烃类	天然气、石油及其不同馏分、石蜡油等
无机碳	C	—	—
	C·O	CO_2	CO_2
	C·O·X	$NaHCO_3$	$NaHCO_3$、$CaCO_3$、白垩等

（3）氮源

凡是可以为微生物提供氮素营养的物质通称为氮源。氮源对微生物的生长发育有着重要的意义，微生物细胞中含氮量为 5%～13%。

微生物营养要求的氮素物质可以分为三个类型：

①分子态氮 只有少数具有固氮能力的微生物（如自生固氮菌、根瘤菌）能利用。

②无机氮化合物 如铵态氮（NH_4^+）、硝态氮（NO_3^-），绝大多数微生物可以利用。

③有机氮化合物 大多数寄生性微生物和一部分腐生性微生物需以有机氮化合物蛋白质、氨基酸为必需的氮素营养。尿素要经微生物先分解成 NH_4^+ 以后再加以利用。氨基酸能被微生物直接加以吸收利用。蛋白质等复杂的有机氮化合物则需先经微生物分泌的胞外蛋白酶水解成氨基酸等简单小分子化合物（胨、肽、氨基酸、嘌呤、嘧啶、脲、酰胺、氰化物等）后才能吸收利用。

氮源的主要生理功能：微生物利用它合成细胞成分，以及含氮的代谢产物。无机的氮源物质一般不提供能量，只有极少数的化能自养型细菌，如硝化细菌可利用铵态氮和硝态氮作为氮源和能源。

微生物对氮源的利用具有选择性，如玉米浆相对于豆饼粉，NH_4^+ 相对于 NO_3^- 为速效氮源。铵盐作为氮源时会导致培养基 pH 下降，称为生理酸性盐；而以硝酸盐作为氮源时培养基 pH 会升高，称为生理碱性盐。

在实验室中，我们常常以铵盐、硝酸盐、牛肉膏、蛋白胨、酵母粉为氮源，称为速效性氮源，其有利于菌体的生长；发酵工业生产中常以鱼粉、血粉、蚕蛹粉、豆饼粉、花生饼粉作为微生物的氮源，称为迟效性氮源，其有利于代谢产物的形成。

表 1 - 6　微生物的氮源谱

类型	元素水平	化合物水平	培养基原料水平
有机氮	N·C·H·O·X	复杂蛋白质、核酸等	牛肉膏、酵母膏、饼粕粉、蚕蛹粉等
	N·C·H·O	尿素、一般氨基酸、简单蛋白质等	尿素、蛋白胨、明胶等
无机氮	N·H	NH_3、铵盐等	$(NH_4)_2SO_4$ 等
	N·O	硝酸盐等	KNO_3 等
	N	N_2	空气

（4）无机盐

无机盐旧称矿物质，是微生物生长必不可少的一类营养物质，占微生物干重的3% ~ 10%。根据微生物对矿质元素需求量的不同，分为常量元素和微量元素。

常量矿质元素有磷、硫、钾、钠、钙、镁、铁等。磷、硫的需要量很大，磷是微生物细胞中许多含磷细胞成分，如核酸、核蛋白、磷脂、三磷酸腺苷（ATP）、辅酶的重要元素；硫是细胞中含硫氨基酸及生物素、硫胺素等辅酶的重要组分。钾、钠、镁是细胞中某些酶的活性基团，并具有调节和控制细胞质的胶体状态、细胞质膜的通透性和细胞代谢活动的功能。无机盐的具体功能见表 1 - 7。

微量元素有钼、锌、锰、钴、铜、硼、碘、镍、溴、钒等，一般在培养基中含有0.1 mg/L 或更少就可以满足需要。

微生物生长所需的无机盐一般有磷酸盐、硫酸盐、氯化物以及含有钠、钾、钙、镁、铁等金属元素的化合物。在制作培养基时，使用天然水，如井水、河水或自来水以及其他的天然营养物质时，其中微量元素的含量已经足够，无须添加，过量的微量元素反而对微生物起到毒害作用。

表1-7 无机盐及其生理功能

元素	化合物形式（常用）	生理功能
磷	KH_2PO_4、K_2HPO_4	核酸、核蛋白、磷脂、辅酶等成分
硫	$(NH_4)_2SO_4$、$MgSO_4$	含硫氨基酸、维生素的成分
镁	$MgSO_4$	己糖磷酸化酶、异柠檬酸脱氢酶、核酸聚合酶等活性中心组分，固氮酶的辅助因子，叶绿素和细菌叶绿素成分
钙	$CaCl_2$、$Ca(NO_3)_2$	某些酶的辅助因子，维持酶（如蛋白酶）的稳定性，芽孢和某些孢子形成所需，建立细菌感受态所需
钠	$NaCl$	细胞运输系统组分，维持细胞渗透压，维持某些酶的稳定性，某些细菌和蓝细菌生长所需
钾	KH_2PO_4	某些酶的辅助因子，维持电位差，维持细胞渗透压
钴	$CoSO_4$	维生素B_{12}复合物的成分，肽酶的辅助因子
锰	$MnSO_4$	某些酶的辅助因子
铜	$CuSO_4$	氧化酶、酪氨酸酶的辅助因子
锌	$ZnSO_4$	碱性磷酸酶、脱氢酶、肽酶、脱羧酶的辅助因子
铁	$FeSO_4$	细胞色素及某些酶的组分，某些铁细菌的能源物质，合成叶绿素、白喉毒素和氯高铁血红素所需

（5）生长因子

生长因子是指微生物生长必需但需要量很少，微生物自身不能合成或合成量不能满足机体生长需要的有机化合物。缺少生长因子会影响各种酶的活力，新陈代谢就不能正常进行。

根据生长因子的化学结构和它们在机体中生理功能的不同，可将生长因子分为维生素、氨基酸、嘌呤与嘧啶三大类。狭义的生长因子仅指维生素（主要指 B 族维生素）。

生长因子的主要生理功能：①维生素主要是作为酶的辅基或辅酶参与新陈代谢；②有些微生物自身缺乏合成某些氨基酸的能力，因此必须在培养基中补完这些氨基酸或含有这些氨基酸的小肽类物质，微生物才能正常生长；③嘌呤与嘧啶作为生长因子在微生物机体内的作用主要是作为酶的辅酶或辅基，以及用来合成核苷、核苷酸和核酸。

在实验室或实际生产中，培养基中一般不需要添加生长因子，因为通常使用的培养基如牛肉膏、酵母膏、马铃薯、玉米浆等天然培养基中含有足够的生长因子供微生物生长需要。

（二）微生物对营养物质的吸收

微生物对营养的吸收和动植物不一样，它们没有专门的摄食器官，它们对营养物质的吸收和代谢物的排出，是通过细胞的表面来完成的。

影响营养物质通过细胞表面进入细胞的因素主要有三个：

一是营养物质本身的性质。相对分子质量、溶解性、电负性、极性等都影响营养物质进入细胞的难易程度。

二是微生物所处的环境。温度、细胞内外物质的浓度、pH 等都会影响营养物质的吸收。

三是微生物细胞的透过屏障。所有微生物都具有一种保护机体且能限制物质进出细胞的透过屏障。透过屏障主要由细胞膜、细胞壁、荚膜及黏液层等组成，其中细胞膜在控制物质进入细胞的过程中起着更为重要的作用，它为半透性膜，对跨膜运输的物质具有选择性。

根据物质跨膜运输过程的特点，可将物质的运输方式分为单纯扩散、促进扩散、主动运输、基团转位等。

1. 单纯扩散

单纯扩散也称被动运输，是营养物质通过细胞膜上的小孔，由高浓度环境向低浓度环境进行扩散的过程。此过程为纯粹的物理过程，在扩散过程中不消耗能量，不能逆浓度梯度运输，物质扩散的动力是膜内外的浓度差。单纯扩散是细胞内外物质交换的一种简单方式。通过单纯扩散进入细胞的物质主要是一些小分子物质，如一些气体（O_2、CO_2）、水、某些无机离子及一些水溶性小分子如甘油、乙醇等。

2. 促进扩散

促进扩散也称帮助扩散，是营养物质与细胞质膜上的特异性载体蛋白结合，从高浓度环境进入低浓度环境的物质运输过程。此过程同样不需消耗能量，不能逆浓度梯度运输，物质扩散的动力是膜内外的浓度差，但需载体蛋白参与。特异性载体蛋白具有较高的专一性，与被运输物质存在一种亲和力，而且这种亲和力胞外大胞内小；通过被运输物质与相应载体之间亲和力的大小变化，使该物质与载体发生可逆性的结合与分离，导致物质穿过原生质膜进入细胞。被运输物质与载体之间亲和力大小的变化是通过载体分子的构象变化而实现的。参与促进扩散的载体蛋白虽能促进物质进行跨膜运输，但自身在这个过程中不发生化学变化，而且在促进扩散中载体只影响物质的运输速率，并不改变该物质在膜内外形成的动态平衡状态，这些性质都类似酶的作用特征，因此载体蛋白也称为渗透酶。渗透酶大多是诱导酶，只有在环境中存在机体生长所需的营养物质时，相应的渗透酶才合成，从而提高物质的运送速度。通过促进扩散吸收的物质主要有各种单糖、氨基酸、维生素、无机盐等。

3. 主动运输

主动运输是广泛存在于微生物中的一种主要的物质运输方式。其特点是需要消耗能量，在能量的推动下与细胞质膜上的特异蛋白结合，逆浓度梯度运输。主动运输与促进扩散的类似之处在于物质运输过程中都需要载体蛋白，载体蛋白通过构象变化而改变与被运输物质间的亲和力大小，使两者之间发生可逆性结合与分离，从而完成相应物质的跨膜运输；区别在于主动运输过程中的载体蛋白构象变化需要消耗能量，可逆浓度梯度运输。主动运输可使微生物在营养缺乏的情况下，积累营养物质。通过主动运输吸收的物质有很多，如离子、糖类、氨基酸类等。

4. 基团转位

基团转位主要存在于厌氧型和兼性厌氧型细菌中，是微生物营养吸收过程中一种特殊的运输方式，主要用于糖的运输，也可运输脂肪酸、核苷、碱基等。在营养物质吸收过程中，不仅需要特异性载体蛋白，消耗能量，还有营养物质发生化学变化，这是与主动运输关键性的区别。如许多糖及其糖的衍生物在运输中由细菌的磷酸转移酶系催化而磷酸化，磷酸基团被转移到它们的分子上，以磷酸糖的形式进入细胞。由于质膜对大多数磷酸化合物无透性，磷酸糖一旦形成便被阻挡在细胞以内了，因此糖浓度远远超过细胞外。

表1-8 微生物对营养的吸收方式

吸收方式	特点	代表物质
单纯扩散	营养物质从高浓度向低浓度扩散，不需要能量和载体	水、某些气体（O_2、CO_2）、某些无机离子、水溶性的小分子物质
促进扩散	营养物质从高浓度向低浓度扩散，不需要能量，需要载体	酵母菌对糖类的吸收
主动运输	营养物质从低浓度向高浓度扩散，需要载体和能量	大肠杆菌对乳糖的吸收
基团转移	除主动运输的特点外，被运输的物质改变其本身性质	葡萄糖、甘露糖、果糖、β-半乳糖苷及嘌呤、嘧啶、乙酸等

（三）微生物的营养类型

微生物种类繁多，营养类型比较复杂。根据微生物所需的碳源、能源及电子供体性质的不同，可将绝大部分微生物分为光能自养型、光能异养型、化能自养型及化能异养型四种类型。

1. 光能自养型

光能自养型也称光能无机自养型，是以光为能源，以 CO_2 为唯一碳源或主要碳源进行生长的微生物。它们能利用无机物如水、硫化氢、硫代硫酸钠或其他无机化合物做供氢体，使 CO_2 固定还原成细胞物质，并且伴随元素氧（硫）的释放。代表性微生物有微藻类、蓝细菌、紫硫细菌、绿硫细菌等，此类微生物细胞内含有光合色素，能利用光能进行光合作用。

2. 光能异养型

光能异养型也称光能有机营养型，这类微生物以光能为能源，利用有机物作为供氢体，还原 CO_2，合成细胞的有机物质。红螺属的一些细菌就是这一营养类型的代表。

3. 化能自养型

化能自养型也称化能无机自养型，这类微生物利用无机物氧化过程中放出的化学能作为它们生长所需的能量，以 CO_2 或碳酸盐作为唯一或主要碳源进行生长。利用电子供体如氢气、硫化氢、二价铁离子或亚硝酸盐等使 CO_2 还原成细胞物质。这一类型的微生物完全可以生活在无机的环境中，分别氧化各自合适的还原态的无机物，从而获得同化 CO_2 所需的能量。这类微生物的代表有硫化细菌、硝化细菌、氢细菌与铁细菌等。

4. 化能异养型

化能异养型也称化能有机营养型，绝大多数的细菌、全部放线菌、全部真菌、原生动物以及病毒都是此类型。

如果化能有机营养型利用的有机物不具有生命活性，则是腐生型，如引起腐败的梭状芽孢杆菌、毛霉、根霉、曲霉等；若是生活在活细胞内从寄生体中获得营养物质，则是寄生型，如病毒、噬菌体、立克次氏体，它们是引起人、其他动物、植物以及微生物病害的病原微生物。

表 1-9　微生物的营养类型

代谢类型	代表	能源	碳源
光能自养型	蓝细菌、藻类	光	CO_2
光能异养型	红螺菌	光	CO_2 和简单有机物
化能自养型	硝化细菌、铁细菌、硫细菌	无机物（氧化）	CO_2
化能异养型	全部真菌和绝大多数细菌	有机物（氧化）	有机物

营养类型的划分并非绝对的。绝大多数异养型微生物也能吸收利用 CO_2，可以把 CO_2 加至丙酮酸上生成草酰乙酸，这是异养生物普遍存在的反应。因此，划分异养型微生物和自养型微生物的标准不在于它们能否利用 CO_2，而在于它们是否能利用 CO_2 作为唯一的碳源或主要碳源。在自养型和异养型之间、光能型和化能型之间还存在一些过

渡类型，例如氢细菌就是兼性自养型微生物类型，它在完全无机的环境中进行自养生活，利用氢气的氧化获得能量，将 CO_2 还原成细胞物质，但当环境中存在有机物质时，它又能直接利用有机物进行异养生活。

二、微生物的培养基

培养基是指人工配制而成的，适合微生物生长繁殖和积累代谢产物的营养基质。无论是研究微生物还是利用微生物，都必须配制适宜微生物生长的培养基，它是微生物学研究和微生物发酵生产的基础。

良好的培养基应含满足微生物生长发育的各种营养源，同时还要注意适宜的酸碱度（pH）、碳氮比及一定的氧化还原电位和合适的渗透压等，可使微生物的生长和代谢达到最佳状态。

培养基配置一般都含有碳水化合物、含氮物质、无机盐（包括微量元素）以及生长因子和水等，这些物质提供微生物生长繁殖所需要的营养物质。

不同微生物，培养基不同；同一种微生物，培养目的不同，对培养基的要求也不同。因此，培养基的种类很多。根据培养基的成分来源、物理状态和用途可将培养基分成多种类型。

1. 根据培养基的成分来源分类

（1）天然培养基

天然培养基是利用天然有机物（动植物）配制而成，化学成分不完全清楚或化学成分不恒定的培养基，也称非化学限定培养基。其优点是取材广泛，营养全面而丰富，制备方便，价格低廉；缺点是成分复杂，每批成分不稳定。

牛肉膏、蛋白胨、麸皮、马铃薯、玉米浆、麦芽汁、豆饼等都属天然培养基原料。

天然培养基除在实验室经常使用外，也适于进行工业上大规模的微生物发酵生产，应用广泛，如牛肉膏蛋白胨培养基。

（2）合成培养基

合成培养基是利用已知成分和数量的化学试剂配制而成的培养基，也称化学限定培养基。此类培养基的优点是成分精确，量易控制；缺点是配制合成培养基时重复性强，微生物生长缓慢，成本较高。

一般用于实验室进行营养代谢、分类鉴定和选育菌种等要求较高的定性、定量测量和研究等工作。高氏一号培养基和查氏培养基就属于此种类型。

（3）半合成培养基

半合成培养基是由部分天然有机物和部分化学试剂配制的培养基。通常该培养基营养物质全面，可根据要求添加一些特别需求的营养物质，能使目的微生物生长良好。

如马铃薯葡萄糖培养基。

2. 根据培养基的物理状态分类

根据培养基中凝固剂的有无及含量的多少，可将培养基划分为液体培养基、固体培养基、半固体培养基三种类型。

（1）液体培养基

液体培养基是将各种营养物质溶于定量的水中配制而成的均匀的营养液。此类培养基有利于微生物的生长和积累代谢产物，常用于大规模工业化生产和实验室内微生物的基础理论和应用方面的研究。

（2）固体培养基

固体培养基是指在液体培养基中加入一定量凝固剂而成为固体状态的培养基。理想的凝固剂应具备以下条件：①不被所培养的微生物分解利用；②在微生物生长的温度范围内保持固体状态（凝固点温度不能太低）；③凝固剂对所培养的微生物无毒害作用；④凝固剂在灭菌过程中不会被破坏；⑤透明度好，黏着力强；⑥配制方便且价格低廉。常用的凝固剂有琼脂、明胶和硅胶。

对绝大多数微生物而言，琼脂是最理想的凝固剂。琼脂是从藻类（海产石花菜）中提取的一种高度分支的复杂多糖。明胶是由胶原蛋白制备得到的产物，是最早用来作为凝固剂的物质，但由于其凝固点太低，而且能被某些细菌和许多真菌产生的非特异性胞外蛋白酶以及梭菌产生的特异性胶原酶液化，目前已较少作为凝固剂。硅胶是无机的硅酸钠（Na_2SiO_3）及硅酸钾（K_2SiO_3）被盐酸及硫酸中和时凝聚而成的胶体，它不含有机物，适合配制分离与培养自养型微生物的培养基。

除在液体培养基中加入凝固剂制备的固体培养基外，一些由天然固体基质制成的培养基也属于固体培养基。由马铃薯块、胡萝卜条、小米、麸皮及米糠等制成的固体状态的培养基就属于此类，如生产酒的酒曲、生产食用菌的棉籽壳培养基。

固体培养基一般是在实验室中，加入 1.5% ~2% 的琼脂或 5% ~12% 的明胶，制成培养微生物的平板或斜面，常用来进行微生物的分离、鉴定、活菌计数及菌种保藏等。

（3）半固体培养基

半固体培养基中凝固剂的含量比固体培养基少，琼脂含量一般为 0.2% ~0.5%。半固体培养基常用来观察微生物的运动特征、分类鉴定及噬菌体效价滴定等。

3. 根据培养基的用途分类

（1）基础培养基

尽管不同微生物的营养需求各不相同，但大多数微生物所需的基本营养物质是相同的。基础培养基是指含有一般微生物生长繁殖所需的基本营养物质的培养基。牛肉膏蛋白胨培养基、高氏一号培养基、马铃薯培养基等都是最常用的基础培养基。基础培养基也可以作为一些特殊培养基的基础成分，再根据某种微生物的特殊营养需求，在培养基中加入所需营养物质。

（2）加富培养基

加富培养基也称营养培养基，是根据微生物特殊营养要求，在基础培养基中加入某些特殊营养物质，利于微生物快速生长的一类营养丰富的培养基。这些特殊营养物质包括血液、血清、酵母浸膏、动植物组织等。如培养百日咳博德氏菌，需要含有血液的加富培养基；培养纤维素分解细菌，需在培养基中加入纤维素粉。加富培养基还可以用来富集和分离某种微生物，这是因为加富培养基含有某种微生物所需的特殊营养物质，该种微生物在这种培养基中较其他微生物生长速度快，并逐渐富集而占优势，逐步淘汰其他微生物，从而容易达到分离该种微生物的目的。

（3）选择培养基

选择培养基是在基础培养基中加入抑制杂菌生长的某种化学物质的培养基。通过抑制杂菌生长，实现目标菌从培养基中分离的目的。该种培养基对某种微生物有严格的选择作用。如强选择性培养基，由于加入胆盐等抑制剂，对沙门菌等肠道致病菌无抑制作用，而对其他肠道细菌有抑制作用；马丁琼脂培养基，加入一定量的链霉素，可抑制土壤中的细菌、放线菌生长，从而选择分离真菌。从某种意义上讲，选择培养基类似加富培养基，两者的区别在于，加富培养基是用来增加所要分离的微生物的数量，使其形成生长优势，从而分离到该种微生物；选择培养基则一般是抑制不需要的微生物的生长，使所需的微生物增殖，从而达到分离所需微生物的目的。

（4）鉴别培养基

在培养基中加入某种特殊化学物质，使微生物在生长过程中产生某种代谢产物与培养基中的特殊化学物质发生特定的化学反应，从而产生明显的特征性变化，根据这种特征性变化，可将该种微生物与其他微生物区分开来。鉴别培养基主要用于微生物的快速分类鉴定，以及分离和筛选产生某种代谢产物的微生物菌种，是常用于鉴别不同类型微生物的培养基。如伊红美蓝培养基用于鉴别食品中的大肠杆菌，如果大肠杆菌存在，其代谢产物会与伊红、美蓝结合，使菌落呈深紫色并带有金属光泽。

（5）生产用培养基

生产用培养基通常分为三种：孢子培养基、种子培养基、发酵培养基。

孢子培养基是用来使菌种产生孢子的培养基。孢子易于保存，不易变异，因此生产上常常需要一些优良孢子。根据适宜孢子生长的条件，孢子培养基一般是固体，营养不能太丰富，尤其是氮源，湿度不宜太大。

种子培养基是使孢了萌发、繁殖，产生大量菌体的培养基，有固体、液体两种。使用培养基是为了获得数量多、质量好的健壮菌体，因此需要其营养丰富、全面，尤其氮源、维生素量要足，易吸收。注意选择适宜菌体生长繁殖的条件。

发酵培养基是生产中能使微生物积累大量代谢产物的培养基，有固体、液体两种。使用该培养基的目的是使微生物快速、最大量地产生代谢产物。发酵培养基要求营养及成分总量较高，碳氮比要适宜，一般还可根据实际需要添加一些特定元素、促进剂、抑制剂等。工业生产中要注意原料成本计算，注意发酵性能和发酵条件的控制。

三、微生物的生长

微生物生长是代谢的结果，当合成代谢超过分解代谢时，单个细胞物质质量的增加表现为个体质量与体积的增加，这就是生长。当个体生长达到一定程度时，细胞开始出现数量的增多，这就是繁殖。可以说生长是繁殖的基础，繁殖则是生长的结果。

（一）微生物生长的概念

微生物生长是细胞物质有规律地、不可逆增加，导致细胞体积增大的生物学过程。这是微生物个体生长的定义。当微生物生长到一定阶段，细胞结构复制与重建并通过特定方式产生新的个体，即引起个体数量的增加，这是微生物的繁殖。微生物的生长是一个逐步发生的量变过程，而繁殖是一个产生新的生命个体的质变过程。在高等生物中生长与繁殖是两个可以分开的过程，而低等生物特别是单细胞生物由于个体微小，生长和繁殖是分不开的。因此在讨论微生物生长时，往往将这两个过程放在一起讨论。微生物生长又可以定义为在一定时间和条件下细胞数量的增加，这是微生物群体生长的定义。

（二）微生物生长量的测定

1. 细胞数目计数法

计数法通常用来测定样品中所含细菌、孢子、酵母菌等单细胞微生物的数量。计数法又分为细胞总数计数法和活菌计数法两类。

（1）细胞总数计数法

①显微直接计数法　利用特定的细菌计数板或血细胞计数板，将一定稀释度的菌悬液加到计数板的计数室内，在显微镜下计算一定容积里菌悬液中微生物的数量。此法的优点是简便、快捷，缺点是不能区分死菌与活菌，所以也称全菌计数法。计数板是一块特制的载玻片，上面有一个特定的面积（1 mm^2）和高（0.1 mm）的计数室，在 1 mm^2 的面积里又刻划出 25 个（或 16 个）中格，每个中格进一步划分成 16 个（或 25 个）小格，计数室都是由 400 个小格组成。

将稀释的样品滴在计数板上，盖上盖玻片，然后在显微镜下计算 4～5 个中格的细菌数，并求出每个小格所含细菌的平均数，再按下面的公式求出每毫升样品所含的细菌数。

每毫升原液所含细菌数 = 每小格平均细菌数 × 400 × 10000 × 稀释倍数

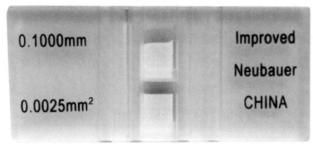

图1-40 血球计数板

②比例计数法 比较粗略，将已知浓度的红细胞与待测浓度的细胞按照一定比例混合，然后镜检，数出一定视野范围内两者的比例，推出待测细胞的浓度。

③比浊法 比浊法的原理是，在一定范围内，菌悬液中细胞浓度与混浊度成正比，即与光密度成正比，因此可以借助分光光度计，在一定波长下，测定菌悬液的光密度，以光密度表示菌量。实验测量时一定要控制在菌浓度与光密度成正比的线性范围内，否则不准确。

（2）活菌计数法

活菌计数法又称平板菌落计数法。将待测样品经一系列10倍稀释，然后选择三个稀释度的菌液，分别取一定量（0.2 mL）接种到琼脂平板培养基上进行培养，长出菌落后，根据长出的菌落数，利用如下公式计算。

每毫升原菌液活菌数 = 同一稀释度三个以上重复平皿菌落平均数 × 稀释倍数/平板菌液接种量

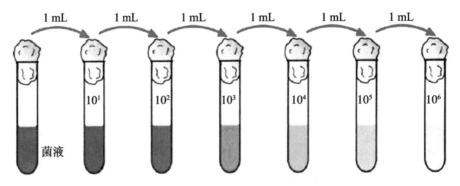

图1-41 稀释菌液操作

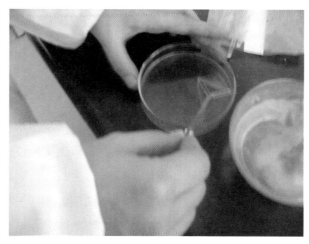

图 1 - 42　涂布操作

2. 生理指标测定法

（1）称重法

称重法是直接称量微生物样品的干重或湿重。一定体积的样品通过离心或过滤将菌体分离出来，经洗涤，再离心后直接称重，即湿重；于 105 ℃ 烘干至恒重，取出放入干燥器内冷却，再称量，即干重。如果是丝状体微生物，过滤后用滤纸吸去菌丝之间的自由水，再称重求出湿重。此法直接可靠，适用于单细胞、多细胞微生物。

（2）测定体积法

比较粗略，常用于简单比较。将待测微生物培养液放入刻度离心管中离心或自然沉降，然后观察微生物细胞沉降体积，一般用于同一种微生物之间的比较。

（3）含氮测量法

含氮测量法是通过测定细胞中的蛋白质含量，反映细胞物质的量。蛋白质是细胞的主要成分，含量也比较稳定，其中氮是蛋白质的重要组成元素。从一定体积的样品中分离出细胞，洗涤后，按凯氏定氮法测出总氮量。蛋白质含氮量为 16%，细菌中蛋白质含量占细菌固形物的 50% ~ 80%，一般以 65% 为代表。因此总含氮量与蛋白质总量之间的关系可按下列公式计算。

蛋白质总量 = 含氮量 × 6.25

细胞总量 = 蛋白质总量 ÷ 65% = 蛋白质总量 × 1.54

此种方法较烦琐，主要用于研究工作。

（4）菌丝长度的测定方法

主要针对丝状真菌，方法有培养基表面菌体生长速率测定法、培养料中菌体生长速率测定法、单个菌丝顶端生长速率测定法。

（三）微生物的生长规律

微生物学中微生物的生长主要指群体生长，群体生长规律的把握对微生物的培养及工业生产有着极其重要的意义。

微生物的个体生长是指微生物的单个个体的生理生长过程。微生物群体中每个个体可能分别处于个体生长的不同阶段，因而它们的生长、生理与代谢活性等特性不一致，出现生长与分裂不同步的现象，这种现象严重影响微生物菌体或发酵代谢产物的收得率。为了使群体中不同步的细胞转变成能同时进行生长或分裂的群体细胞而采用的培养方式，称为同步培养。以同步培养方法使群体细胞处于同一生长阶段，并同时进行分裂的生长方式称为同步生长。同步培养物常被用来研究在单个细胞上难以研究的生理与遗传特性和作为工业发酵的种子。

同步培养方法很多，主要可归纳为两大类。

1. 机械方法

根据微生物细胞在不同生长阶段的细胞体积与质量，或根据它们同某种材料结合能力不同的原理设计出来的方法。其中常用的有：

（1）离心法

将不同步的细胞培养物悬浮在不被这种细菌利用的糖或葡聚糖溶液里，通过密度梯度离心将不同细胞分布成不同的细胞带，每一细胞带的细胞大致是处于同一生长期的细胞，分别将它们取出进行培养，就可以获得同步细胞。

（2）过滤法

使不同步的细胞培养物通过孔径大小不同的微孔滤器，从而将大小不同的细胞分开，分别将滤液中的细胞取出进行培养，获得同步细胞。

（3）膜洗脱法

使菌悬液通过垫有硝酸纤维素滤膜的过滤器，细菌能紧紧结合到硝酸纤维素滤膜上，然后翻转滤膜，用新鲜培养基冲洗，新分裂产生的细菌不易与膜结合被洗下，分步收集并通过培养获得同步细胞。

2. 条件诱导法

根据细菌生长与分裂对环境因子要求不同的原理，设计的一类获得同步细胞的方法。

（1）温度控制

适宜的生长温度有利于细菌生长与分裂，不适宜的温度如低温不利于细菌生长与分裂。通过低温培养，使分裂缓慢的细胞逐渐赶上其他细胞，再通过适宜温度培养可获得同步细胞。

（2）培养基成分控制

培养基中的碳源、氮源或生长因子不足，可导致细菌生长缓慢直至停止。因此将不同步的细菌在营养不足的条件下培养一段时间，然后转移到营养丰富的培养基里培养，能获得同步细胞。或将不同步的细胞转接到含有一定浓度的，能抑制蛋白质等生物大分子合成的化学物质如抗生素的培养基里，培养一段时间后，再转接到完全培养基里培养，也能获得同步细胞。

（四）微生物的群体生长曲线及其规律

把少量纯种同步生长细菌接种到一定容积的液体培养基中后，在适宜的温度、通气（厌氧菌则不能通气）等条件下，它们的群体就会有规律地生长起来。如果以细胞数目的对数值作纵坐标，以培养时间作横坐标，就可以画出一条有规律的曲线，这就是微生物（细菌）的群体生长曲线。

根据微生物的生长速率常数，即每小时分裂代数的不同，一般可把典型生长曲线粗分为延滞期、指数期、稳定期和衰亡期等四个时期。

1. 延滞期

延滞期又称停滞期、调整期或适应期，指少量微生物接种到新培养液中后，在开始培养的一段时间内细胞数目不增加的时期。该时期有以下几个特点：①生长速率常数等于零；②细胞形态变大或增长，许多杆菌可长成长丝状；③细胞内 RNA 尤其是 rRNA 含量增高，原生质呈嗜碱性；④合成代谢活跃，核糖体、酶类和 ATP 的合成加快，易产生诱导酶；⑤对外界不良条件，例如温度和抗生素等化学药物的变化反应敏感。

在发酵生产中，要缩短延滞期，缩短生产周期，提高生产效率。影响延滞期长短的因素很多，除菌种外，主要有三个方面：

（1）接种龄

即菌种的群体生长年龄，亦即它处在生长曲线上的哪一个阶段。实验证明，如果以对数期的微生物为菌种，则子代培养物的延滞期就短；反之，则子代培养物的延滞期就长。因此，工业生产中常选择对数期微生物做菌种，以缩短生产周期。

（2）接种量

接种量的大小明显影响延滞期的长短。一般来说，接种量大，则延滞期短，反之则长。因此，在发酵工业上，为缩短不利于提高发酵效率的延滞期，一般加大接种量。

（3）培养基成分

接种到营养丰富的天然培养基中的微生物，要比接种到营养单调的合成培养基中的延滞期短。

2. 指数期

指数期又称对数期，是指在生长曲线中，紧接着延滞期的细胞数量以几何级数速度增长的一段时期。

指数期有以下几个特点：①生长速率常数最大，因而细胞每分裂一次所需的代时最短；②细胞进行平衡生长，菌体内各种成分最为均匀；③酶系活跃，代谢旺盛。

在指数生长期中，有三个参数最为重要：繁殖代数、生长速率常数、代时。

影响指数期微生物代时的因素很多，主要有：①菌种，不同菌种的代时差别极大，要选择优良菌种；②营养成分，同一种细菌，在营养物丰富的培养基中生长，其代时较短，反之则长；③营养物浓度，营养物的浓度可影响微生物的生长速率和总生长量；④培养温度，温度对微生物的生长速率有极其明显的影响，要选择最适生长温度。

指数期的微生物可作为代谢、生理等研究的良好材料，指数期是增殖噬菌体的最适宿主菌龄，也是发酵生产中用作"种子"的最佳种龄，是革兰氏染色菌种鉴定的最佳时期。

指数生长期以菌体生长为主，所以在工业生产中，要根据生产目的，把握指数生长期，优化生产工艺条件，以获得最大经济效益。

3. 稳定期

稳定期又称恒定期或最高生长期。其特点是生长速率常数等于0，即新繁殖的细胞数与衰亡的细胞数相等，菌体数达到了最高点，细胞代谢物积累达到最高值，菌体产量与营养物质的消耗间呈现出一定的比例关系。

在稳定期，细胞开始贮存糖原、异染颗粒和脂肪等贮藏物；多数芽孢杆菌在这时开始形成芽孢；有的微生物在稳定期还开始合成抗生素等次生代谢产物。

稳定期是生产菌体或发酵代谢产物的最佳收获时期，要尽量延长稳定期。在工业生产中，常通过补料，调整温度、pH 等措施，延长稳定期，以积累更多的代谢产物。

4. 衰亡期

衰亡期过程中个体细胞死亡的速度超过新生的速度，整个群体呈现出负生长（生长速率常数为负值）。此期的特点是：细胞形态多样，出现不规则的退化形态，继而导致菌体死亡；有的微生物因蛋白水解酶活力的增强而发生自溶；微生物在这时产生或释放对人类有用的抗生素等次生代谢产物；在芽孢杆菌中，芽孢释放往往也发生在这一时期。

衰亡期发生的原因主要是：①营养物尤其是生长限制因子的耗尽；②营养物的比例失调，例如 C/N 比值不合适等；③酸、醇、毒素或 H_2O_2 等有害代谢产物的累积；④pH、氧化还原势等物化条件越来越不适宜等。

生产上要防止积累更多的代谢毒物，必须把握好时间，适时结束发酵。

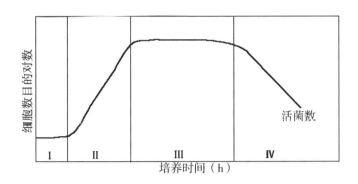

图 1-43　微生物的生长曲线

（五）环境条件对微生物生长的影响

在微生物的生长过程中，环境的变化可引起微生物形态、生理、生长、繁殖等特征的改变，若环境条件的变化超过一定极限，则导致微生物的死亡。了解环境条件与微生物之间的相互关系，有助于指导人们在食品加工中控制微生物的生命活动，保证食品的安全性，延长食品的货架期。

影响微生物生长的主要环境因素除营养物质外，还有许多物理因素。以下仅阐述其中最主要的温度、渗透压、pH 和氧气等。

1. 温度

温度是影响微生物生长最重要的因素之一。温度对微生物生长的影响主要表现在：①影响酶活性，从而影响酶促反应速率，最终影响细胞物质合成；②影响细胞质膜的流动性，温度高则流动性大，因此最终影响营养物质的吸收与代谢产物的分泌。

每一种微生物都有它的最低生长温度、最适生长温度、最高生长温度和致死温度。最适生长温度是指使微生物群体生长繁殖速度最快的温度，但不一定是最快发酵速度。致死温度是指使微生物死亡的最低温度。最低生长温度以下，会抑制微生物生长及导致死亡。

根据微生物生长的最适温度，可将微生物分为低温、中温、高温等不同的类型。

2. 渗透压

微生物细胞的细胞膜是一种半透膜，能调节细胞内外渗透压的平衡。在不同渗透压的溶液中呈现不同的反应。

当细菌周围水溶液的渗透压与其细胞内液体的渗透压相等时，即在等渗环境中，细菌生长得最好。微生物在质量浓度为 8.5 g/L 的 NaCl 溶液中形态及大小均不变，并生长良好。对应的溶液称为等渗溶液。

在低渗溶液（氯化钠质量浓度为 0.1 g/L）中，溶液中水分子大量渗入微生物细胞内，使微生物细胞发生膨胀，严重的会导致细胞破裂而死亡。

在高渗溶液（氯化钠质量浓度大于200 g/L）中，微生物体内的水分子大量向细胞外渗出，使细菌的细胞发生质壁分离，从而使细胞出现缺水，造成细胞活动呈抑制状态，甚至死亡。

在日常生活或食品加工业中，常用高渗溶液保存食品，以防止腐败。例如用质量浓度为50～300 g/L的食盐溶液腌渍鱼、肉，用质量浓度为300～800 g/L的糖溶液制作蜜饯。

3. pH

pH通过影响细胞质膜的透性、膜结构的稳定性和物质的溶解性等来影响营养物质的吸收，从而影响微生物的生长速率；还可通过影响酶的活性来影响酶促反应速率。微生物生长也有一个最适生长的pH范围，还有一个最低与最高的pH范围，低于或高出这个范围，微生物的生长就被抑制。微生物不同，生长的最适、最低与最高pH范围也不同，如表1-10所示。

表1-10　不同微生物的生长pH值范围

微生物	pH值		
	最低	最适	最高
嗜酸乳杆菌	4.0～4.6	5.8～6.6	6.8
放线菌	5.0	7.0～8.0	10.0
酵母菌	3.0	4.8～6.0	8.0
黑曲霉	1.5	5.0～6.0	9.0

4. 氧气

根据氧与微生物生长的关系，可将微生物分为专性好氧菌、微好氧菌、兼性厌氧菌、耐氧菌和专性厌氧菌五种类型。培养不同类型的微生物时，一定要采取相应的措施保证不同类型的微生物能正常生长。例如，培养专性厌氧微生物要排除环境中的氧，同时通过在培养基中添加还原剂的方式降低培养基的氧化还原电势；培养兼性厌氧或耐氧型微生物，可以用深层静止培养的方式等。

（1）专性好氧菌

必须在有分子氧的条件下才能生长。细胞内有完整的呼吸链，以分子氧气作为最终氢受体，细胞内含超氧化物歧化酶和过氧化氢酶。绝大多数真菌和许多细菌都是专性好氧菌。培养好氧微生物可以通过振荡、搅拌或通气等方式使有充足的氧气供它们生长。

（2）兼性厌氧菌

在有氧或无氧条件下均能生长。有两条酶系统，但在有氧情况下生长得更好；在有氧时靠呼吸产能，无氧时借发酵或无氧呼吸产能。细胞含 SOD 和过氧化氢酶。许多酵母菌和许多细菌都是兼性厌氧菌。

（3）微好氧菌

在有氧和无氧条件下，都不能生活，只能在较低的氧分压（1~3 kPa）（正常人气中的氧分压为 20 kPa）下才能正常生长的微生物。通过呼吸链并以氧为最终氢受体而产能。如霍乱弧菌、一些氢单胞菌属以及少数拟杆菌等。

（4）耐氧菌

可在分子氧存在下进行厌氧生活的厌氧菌。它们的生长不需要氧，分子氧对它也无害。它们不具有呼吸链，仅依靠专性发酵获得能量。细胞内存在超氧化物歧化酶和过氧化物酶，但缺乏过氧化氢酶。一般的乳酸菌多数是耐氧菌。

（5）专性厌氧菌

分子氧对它们有毒，即使使其短期接触氧气，也会抑制其生长甚至死亡。专性厌氧微生物细胞内没有 SOD 和过氧化氢酶等，不能把氧产生的 H_2O_2 和自由基 O_2^- 等有毒物质分解。其生命活动所需能量是由发酵、无氧呼吸、循环光合磷酸化和甲烷发酵等提供的。在微生物中，绝大多数种类都是好氧菌或兼性厌氧菌。厌氧菌的种类相对较少，但近年来已找到越来越多的厌氧菌。

（六）食品工业微生物的培养

工业上常见的微生物培养方式有分批（发酵）培养、连续（发酵）培养和补料分批培养，它们适用于不同的发酵生产。

1. 分批（发酵）培养

在一个相对独立密闭的容器中，一次性投入培养基并对微生物进行接种培养，最后一次收获产物的方法，称为分批培养。由于它的培养系统相对密闭，也称密闭培养。该种方法的主要特点是，培养过程是在一个容器内完成，培养基等在培养前一次性添加完毕，培养过程中一般不再添加任何其他物质。采用分批培养方式时，随培养时间的延长，被微生物消耗的营养物得不到及时补充，代谢产物不能及时排出培养系统，对微生物生长有抑制作用的环境条件得不到及时改善，微生物细胞生长繁殖所需的营养条件与外部环境逐步恶化，因此，微生物群体生长表现出从细胞对新的环境的适应到逐步进入快速生长，而后较快转入稳定期，最后走向衰亡的阶段分明的群体生长过程。

分批培养是最传统的发酵方法，在微生物学研究与食品发酵工业中应用广泛。

分批培养的优点：由于在相对密闭的容器内进行，过程中一般不添加其他物质，因此操作简单，染菌概率低；每次培养都要重新接种，培养周期相对较短，因此，不会产生菌种老化变异等问题。

分批培养的缺点：由于每次发酵培养结束都要对容器进行清洗、灭菌、加料、接种等，非生产时间较长，设备利用率低。

2. 连续（发酵）培养

连续培养是指将培养基料液连续输入培养容器内培养，同时排放含有产物的相同体积的发酵培养液，培养容器内料液量维持恒定，使微生物在近似恒定的状态下生长的发酵培养方式。连续培养是相对于分批培养而言的。

连续培养是在克服分批培养营养条件与外部环境逐步恶化的基础上，开放培养系统，不断补充营养液、解除抑制因子、优化生长代谢环境的培养方式。由于培养系统的相对开放性，连续培养也称为开放培养。连续培养的显著特点是，它可以根据研究者的目的，在一定程度上，人为控制典型生长曲线中的某个时期，使时间缩短或延长，使某个时期的细胞加速或降低代谢速率，从而大大提高培养过程的人为可控性和效率。

连续培养的优点：①有利于各种仪表进行自动控制；②使装料、灭菌、出料、清洗发酵罐等工艺简化，缩短了生产周期和提高了设备的利用效率；③产品质量较稳定；④节约了大量动力、人力。

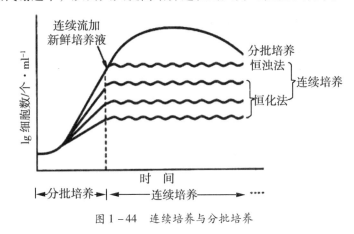

图 1-44　连续培养与分批培养

连续培养的缺点：①菌种易于退化，使微生物长期处于高速繁殖的条件下即使自发突变率很低，也难以避免变异的发生；②容易污染，在连续发酵中，要保持各种设备无渗漏，通气系统不出任何故障，是极其困难的，因此，"连续"是有时间限制的，一般可达数月至一两年；③连续培养中，营养物的利用率低于分批培养。

常用的连续培养方法有恒浊法与恒化法两类。

（1）恒浊法

恒浊法是以培养器中微生物细胞的密度为监控对象，用光电控制系统（浊度汁）来检测培养液的浊度（菌液浓度），从而控制流入培养器的新鲜培养液的流速，同时使培养器中的含有细胞与代谢产物的培养液以基本恒定的流速流出，使培养器中的微生物在保持细胞密度基本恒定的条件下进行培养的一种连续培养方式。用于恒浊培养的培养装置称为恒浊器。用恒浊法连续培养微生物，可使微生物在最高生长速率与最高细胞密度的水平上生长繁殖，达到高效率培养的目的。目前在发酵工业上有多种微生物菌体的生产就是根据这一原理，用大型恒浊发酵器进行恒浊法连续发酵生产的。与菌体相平衡的微生物代谢产物的生产也可采用此法。

（2）恒化法

恒化法是使培养液流速保持不变，即控制恒定的流速，使营养物质及时得到补充，保持微生物恒定的生长速率的一种连续培养方法。常常通过控制某一种营养物的浓度，使其成为限制性因子，而其他营养物均为过量，这样，细菌的生长速率将取决于限制性因子的浓度。随着细菌的生长，菌体的密度会随时间的增长而增高，而限制性生长因子的浓度又会随时间的增长而降低，两者互相作用的结果是微生物的生长速率正好与恒速加入的新鲜培养基流速相平衡。这样，既可获得一定生长速率的均一菌体，又可获得虽低于最高菌体产量，但能保持稳定菌体密度的菌体。用于恒化培养的装置称为恒化器。

恒化连续培养主要应用于微生物利用某种底物进行代谢的规律研究方面。

3. 补料分批培养

实际上，分批培养与连续培养是相对的。为了提高培养效率或达到某种其他特殊目的的，常常采取两种方法综合使用的培养方式。如在金霉素、四环素等抗生素发酵生产中，在细胞群体生长进入稳定期，抗生素开始大量合成时进行补料，适当增加发酵液中合成四环类抗生素的底物量和维持细胞生存所需要的低微浓度的营养物，使细胞在非生长繁殖状态下合成抗生素的持续时间延长，从而达到提高单位发酵液中抗生素总量（效价）之目的。这种类型的发酵方式，既不是严格意义的分批培养方式，也不是严格意义上的连续培养方式，一般称之为补料分批培养或半连续培养，在发酵工业上也称为半连续发酵。这种半连续发酵方式在当代发酵工业上应用最为广泛。

知识拓展

SARS 冠状病毒

2002 年秋至 2003 年末，在世界 20 多个国家和地区爆发的严重急性呼吸道综合征（severe acute respiratory syndrome，SARS）是进入 21 世纪以来的一种严重威胁人类健康的病毒传染病。SARS 是病毒性肺炎的一种，其症状主要表现为：发热、干咳、呼吸急促、头疼以及低氧血症等，试验检查有血细胞下降和转氨酶水平升高等，严重时导致进行性呼吸衰竭，并致人死亡。2003 年 4 月，WHO 宣布 SARS 的病原因子是冠状病毒的一个新变种，并将其命名为 SARS 冠状病毒（SARS COV）。

冠状病毒（Coronaviruses）是有包膜的病毒，毒粒形状不规则，直径约 60～220 nm，包膜表面有长约 20 nm、末端部分膨大的包膜糖蛋白的突起。病毒基因组正链 RNA 大小为 27～31 kb 不等，为感染性核酸。5 端有帽子结构，3 端有 poly（A），有 7～10 个基因。SARS COV 基因组，长有 29736 个核苷酸，其基因组结构与其他的冠状病毒非常相似，为 5 帽子结构 – Pol（依赖 RNA 的 RNA 聚合酶）– 糖蛋白突起（S）– 包膜蛋白（E）– 基质蛋白（M）– 核壳蛋白（N）– 3poly（A），另还存在几个功能未明的非结构蛋白的编码序列。通过 SARS COV 的基因组序列与其他一些冠状病毒基因组序列比对发现，SARS COV 不仅仅表现有其他冠状病毒的共有特征，还具有自身独具的特征。从其 S 蛋白、M 蛋白和 N 蛋白的进化树可以得知，SARS COV 与其他的冠状病毒的相应蛋白进化关系密切，许多关系未超出科的界限，因此可以认定 SARS 病毒仍然属于冠状病毒科（Coronaviridae）。SARS COV 不是其他冠状病毒变异而来，而是一种与其他冠状病毒相似，可能早就独立存在，但此前未被人类认识的新病毒，且是目前已发现的唯一确定能引起人类严重呼吸系统疾病的冠状病毒。

SARS COV 主要通过近距离的空气飞沫，接触病毒感染者的呼吸道分泌物和密切接触进行传播，另外，患者的消化道排泄物及其污染的水、食物和物品等也是重要的传播媒介。

朊病毒

朊病毒是一类能引起哺乳动物亚急性海绵样脑病的病原因子，这些疾病包括人的库鲁病（Kuru）、克雅氏病（Creutzfeldt – Jakob disease，CJD）、格 – 史氏综合征（Gerstmann – Straussler syn – drome，GSS）和致死性家族失眠病（fatal familial insomnia，FFI），发生于动物的羊瘙痒症（scrapia）、雕的传染性脑病（transmissible mink encephalopathy，TME）、黑尾鹿与麋鹿的慢性消耗病（chronic wasting disease）以及牛海绵状脑病（spongiform encephalopathy）（疯牛病）。由于这类病原因子能引起人与其他动物的致死性中枢神经系统疾病，并且具有不同于病毒的生物学性质和理化性质，故一直引起人的极大兴趣，有人以羊瘙痒病为模型进行了大量研究。

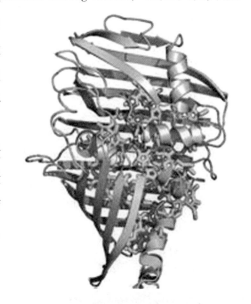

朊病毒的研究已经取得了很大进展，大量证据都支持 Prusiner 等提出的朊病毒仅仅由蛋白质组成，且系由细胞蛋白 PrP^c 经翻译后修饰而转变为折叠异常的病理形态 PrP^{sc} 这一假说，

并将其引起的疾病称之为"蛋白质构象病"。但是迄今为止仍然有人认为朊病毒含有很少量的核酸，所以对朊病毒的本质、朊病毒的繁殖、朊病毒的传播方式及其治病机制等问题还有待进一步研究。

复习思考题

一、名词解释

微生物　　细菌　　菌落　　芽孢　　放线菌　　霉菌　　烈性噬菌体

噬菌斑　　一步生长曲线　　氮源　　生长因子　　主动运输　　培养基　　天然培养基

生长曲线　　分批培养

二、选择题

1. 细菌细胞的基本结构中包括（　　）。

A. 细胞质　　　B. 鞭毛　　　C. 荚膜　　　D. 菌毛

2. 下列微生物能通过细菌滤器的是（　　）。

A. 细菌　　　B. 酵母菌　　　C. 病毒　　　D. 霉菌

3. 下列关于酵母菌的描述中正确的是（　　）。

A. 只能进行无性繁殖　　　　　B. 常生活在极端环境里

C. 能发酵糖类产能　　　　　　D. 菌落透明，圆形

4. 酵母菌的细胞壁主要含（　　）。

A. 肽聚糖和甘露聚糖　　　　　B. 葡聚糖和脂多糖

C. 几丁质和纤维素　　　　　　D. 葡聚糖和甘露聚糖

5. 下列微生物中，（　　）属于革兰氏阴性菌。

A. 大肠杆菌　　　　　　　　　B. 金黄葡萄球菌

C. 巨大芽孢杆菌　　　　　　　D. 肺炎双球菌

6. 下列所述环境条件下的微生物，能正常生长繁殖的是（　　）。

A. 在缺乏生长素的无氮培养基中的圆褐固氮菌

B. 在人体表皮擦伤部位的破伤风杆菌

C. 在新配制的植物矿质营养液中的酵母菌

D. 在灭菌后的动物细胞培养液中的禽流感病毒

7. 不同的微生物对营养物质的需要各不相同。下列有关一种以 CO_2 为唯一碳源的自养微生物营养的描述中，不正确的是（　　）。

A. 氮源物质为该微生物提供必要的氮素

B. 碳源物质也是该微生物的能源物质

C. 无机盐是该微生物不可缺少的营养物质

D. 水是该微生物的营养要素之一

8. 要分离一株分解纤维素的微生物，在培养基中必须添加（　　　）。

A. 淀粉　　　　B. 蛋白质　　　C. 纤维素　　　D. 氨基酸

9. 细菌一般适合生长在 pH 值为（　　　）的环境中。

A. 7.0 ~ 8.0　　　　　　　　B. 7.5 ~ 8.5

C. 4.0 ~ 6.0　　　　　　　　D. 6.0 ~ 8.0

10. EMB 培养基对大肠菌群有显著的鉴别力，主要依据了（　　　）原理。

A. 发酵蔗糖产酸　　　　　　B. 发酵乳糖产酸

C. 伊红、美蓝分别显色　　　D. 伊红、美蓝结合后显色

11. 如果将处于对数期的细菌移至相同组分的新鲜培养基中，该批培养物将处于哪个生长期？（　　　）

A. 死亡期　　　B. 稳定期　　　C. 延迟期　　　D. 对数期

三、填空题

1. 微生物包括的主要类群有_____、_____和_____。

2. 细菌的基本形态有_____、_____、和_____。

3. 细菌的一般构造有_____、细胞膜、细胞质和_____等，特殊构造有_____、菌毛、_____和_____等。

4. 霉菌的无性孢子有_____、_____、厚垣孢子、_____等，有性孢子有_____、接合孢子和_____等。有性繁殖过程通过质配、_____和_____。

5. 病毒主要由_____和_____两部分构成，病毒壳体的对称体制主要有_____、_____和_____。

6. 微生物的营养要素有_____、_____、_____、_____、_____、_____。

7. 微生物对营养物质的吸收方式有被动扩散、_____、_____和_____四种类型。

8. 按对培养基成分的了解，可将培养基分为_____、_____、_____；按其物理状态，可分为_____、_____、_____；按其功能可分为_____、_____、_____。

9. 根据微生物生长与氧气的关系，可分为_____、_____、_____、_____、_____。

10. 根据微生物生长与温度的关系，可分为_____、_____、_____。

四、简述题

1. 简述微生物的生物学特点。

2. 革兰氏阳性菌和革兰氏阴性菌在细胞壁结构和组成上有何差别？

3. 简述典型放线菌的菌丝类型以及各自的主要功能。

4. 简述酵母菌的繁殖方式。

5. 霉菌的两种菌丝体类型以及常见的菌丝体的特化形式。

6. 简述细菌、放线菌、霉菌、酵母菌四大类微生物的菌落特征。

7. 简述烈性噬菌体的增殖过程。

8. 噬菌体在食品和发酵工业中有何危害？应如何防治？

9. 试述微生物与食品工业的关系。

10. 微生物的营养物质有哪几大类？各有什么作用？

11. 固体培养基有何用途？

12. 实验室高压灭菌锅坏了，有其他办法给试管灭菌吗？

13. 微生物的生长曲线有什么意义？

项目二　**食品微生物操作**

【知识目标】

1. 掌握普通光学显微镜各部分的名称和作用。

2. 掌握使用显微镜的基本步骤。

3. 掌握染色的原理，特别是革兰氏染色的原理。

4. 熟悉常见细菌、霉菌、酵母菌的形态特征。

5. 了解培养基配制的基本原则。

6. 熟悉常用培养基的制备方法。

7. 了解常见消毒、灭菌方法的基本原理，了解化学消毒剂的使用方法和适用范围。

8. 理解和掌握无菌操作技术要点。

9. 了解菌种衰退、复壮、保藏的原理。

【技能目标】

1. 学会正确规范使用显微镜观察生物玻片标本，发展实验能力。

2. 掌握微生物观察的一般制片技术。

3. 掌握常见微生物染色技术。

4. 掌握细菌、霉菌、酵母菌的形态观察技术。

5. 掌握常用培养基的制备工艺及简单计算。

6. 熟练使用湿热灭菌、干热灭菌对物品进行灭菌。

7. 熟练掌握无菌操作技术、分离纯培养和接种技术。

8. 掌握菌种复壮及保藏的一般技术和方法。

任务一　普通光学显微镜的使用

　　显微镜是学习和研究微生物的基本工具，是食品微生物检验的必需仪器设备之一。根据光源不同，显微镜可分为光学显微镜和电子显微镜两大类。前者以可见光（紫外线显微镜以紫外光）为光源，后者以电子束为光源。光学显微镜又分为多种。食品微生物检验常用的显微镜有普通光学显微镜、双目体视普通光学显微镜、相差显微镜、紫外荧光显微镜等。

　　我们不但要熟悉普通光学显微镜的构造和各部分功能，更需要掌握利用普通光学显微镜进行微生物观察、检验的基本技能和方法。显微镜的使用与维护是食品微生物学的基本技术之一。

一、普通光学显微镜的构造

　　普通光学显微镜简称显微镜，是研究微生物的一种最基本的工具，能帮助人们直接观测和探索微观世界，了解微生物细胞的形态结构，为我们直观地研究微生物提供了极大的帮助。

　　显微镜由机械部分和光学部分两大部分组成。机械部分包括镜座、镜臂、镜筒、载物台、推进器、物镜转换器、调焦装置等部件，是显微镜的基本组成单位，主要是保证光学系统的准确配制和灵活调控，在一般情况下是固定不变的。而光学部分由物镜、目镜、聚光器、光源、虹彩光圈、滤光片等组成，直接影响着显微镜的性能，是显微镜的核心。一般的显微镜都可配置多种可互换的光学组件，通过这些组件的变换可改变显微镜的功能，如明视野、暗视野、相差等。

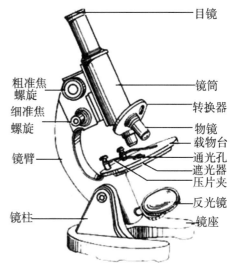

图 2-1　普通光学显微镜结构示意图

（一）机械部分

1. 镜座和镜臂

镜座的作用是支撑整个显微镜，保持显微镜平稳，并装有反光镜或可调节光强度的照明光源。镜臂的作用是支撑镜筒和载物台，有固定式和活动式两种，活动式的镜臂可改变角度。镜臂支撑镜筒。

2. 镜筒

镜筒上端放置目镜，下端连接物镜转换器，分为固定式和可调节式两种。机械筒长（从目镜臂上缘到物镜转换器螺旋口下端的距离称为镜筒长度或机械筒长）不能变更的叫作固定式镜筒，能变更的叫作调节式镜筒，新式显微镜大多采用固定式镜筒，国产显微镜也大多采用固定式镜筒，国产显微镜的机械筒长通常是 160 mm。

安装目镜的镜筒，有单筒和双筒两种。单筒又可分为直立式和倾斜式两种，双筒则都是倾斜式的。其中双筒显微镜，两眼可同时观察以减轻眼睛的疲劳。双筒之间的距离可以调节，而且其中有一个目镜有用光度调节（视力调节）装置，便于两眼视力不同的观察者使用。

3. 载物台

又称镜台，为方形或圆形的盘，用以载放被检物体，中心有一个通光孔。有的载物台上装有两个金属压夹，称标本夹，用以固定标本；有的装有标本推动器。将标本固定后，能向前后左右推动。有的推动器上还有刻度，能确定标本的位置，便于找到变换的视野。

4. 物镜转换器

物镜转换器固定在镜筒下端，由两个金属圆盘叠合而成，可安装 3~4 个物镜。转动转换器可以按需要将其中任何一个物镜和镜筒接通，与镜筒上面的目镜构成一个放大系统。转换器上面圆盘的后方装有一个弹簧舌片，下面圆盘的侧面与每个物镜相对应的位置各有一个小凹缝，旋转物镜转换器时，必须使弹簧舌片嵌入凹缝中，才能达到正确位置，并得以固定。旋转物镜转换器时，应用手指捏住旋转碟旋转，不要用手指推动物镜，否则时间长容易使光轴歪斜，影响成像质量。

5. 调焦装置

显微镜上装有粗准焦螺旋和细准焦螺旋。有的显微镜粗准焦螺旋与细准焦螺旋装在同一轴上，大螺旋为粗准焦螺旋，小螺旋为细准焦螺旋；有的则分开安装，位于镜臂的上端较大的一对螺旋为粗准焦螺旋，其转动一周，镜筒上升或下降 10 mm。位于粗准焦螺旋下方较小的一对螺旋为细准焦螺旋，其转动一周，镜筒升降值为 0.1 mm，细准焦螺旋调焦范围不小于 1.8 mm。

（二）光学部分

1. 物镜

物镜安装在镜筒下端的转换器上，因接近被观察的物体，故又称接物镜。其作用是将物体做第一次放大，是决定成像质量和分辨率的重要部件。物镜应按放大倍数高低顺序排列，其中最短的、刻有"10×"以下符号的为低倍镜，较长的、一般刻有"40×"符号的为高倍镜，最长的、刻有"90×""100×"符号的为油镜。此外，在高倍镜和油镜上还常标有一圈不同颜色的线，以示区别。它们也有不同的工作距离［对准焦距后物镜与载玻片（标本）表面之间的垂直距离］，低倍镜的工作距离是7.63 mm、高倍镜是0.5 mm、油镜是0.2 mm。物镜上通常标有数值孔径、放大倍数、镜筒长度、焦距等主要参数，如"NA0.30""10×""160/0.17""16 mm"。其中"NA0.30"表示数值孔径（numerical aperture，简写为 NA），"10×"表示放大倍数，"160/0.17"分别表示镜筒长度和所需盖玻片厚度（mm），"16 mm"表示焦距。

2. 目镜

装于镜筒上端，由两块透镜组成。目镜把物镜造成的像再次放大，不增加分辨率，上面一般标有"7×""10×""15×"等放大倍数，可根据需要选用。一般可按与物镜放大倍数的乘积为物镜数值孔径的500~700倍，最大也不能超过1000倍的原则进行选择。目镜的放大倍数过大，反而影响观察效果。

3. 聚光器

光源射出的光线通过聚光器汇聚成光锥照射标本，增强照明度和造成适宜的光锥角度，提高物镜的分辨力。聚光器由聚光镜和虹彩光圈组成。聚光镜由一片或数片透镜组成，起汇聚光线的作用，加强对标本的照明，并使光线射入物镜。镜柱旁有一调节螺旋，转动它可升降聚光器，以调节视野中光亮的强弱。虹彩光圈由薄金属片组成，中心形成圆孔，推动把手可随意调整透进光的强弱。调节聚光镜的高度和虹彩光圈的大小，可得到适当的光照和清晰的图像。

4. 光源

新式的显微镜其光源通常安装在显微镜的镜座内，通过按钮开关来控制；老式的显微镜大多是采用附着在镜臂上的反光镜，反光镜是一个两面镜子，一面是平面，另一面是凹面。在使用低倍和高倍镜观察时，用平面反光镜；使用油镜或光线弱时可用凹面反光镜。

5. 滤光片

可见光是由各种颜色的光组成的，不同颜色的光线波长不同。如只需某一波长的光线，就要用滤光片，选用适当的滤光片，可以提高分辨力，增加影像的反差和清晰度。滤光片有紫、蓝、绿、黄、橙、红等各种颜色，可分别透过不同波长的可见光。可根据标本本身的颜色，在聚光器下加相应的滤光片。

二、普通光学显微镜的使用

显微镜的操作过程如下。

（一）显微镜的放置

将显微镜搬运到平稳的实验桌上，放在自己身体的左前方。镜座距实验台边沿约4 cm，右侧放记录本或绘图纸。

（二）调节光源

对光时应避免直射光源。因直射光源影响物像的清晰，损坏光源装置和镜头，且刺激眼睛。如遇阴暗天气，可用日光灯或显微镜灯照明。

调节光源时，先将光圈完全开放，升高聚光镜至与载物台同样高，否则使用油镜时光线较暗。然后转下低倍镜观察光源强弱，调节反光镜，光线较强的天然光源下宜用平面镜；光线较弱的天然光源或人工光源下宜用凹面镜。在对光时，要使全视野内亮度均匀。检查染色标本时，光线应强；检查未染色标本时，光线不宜太强。可通过扩大或缩小光圈、升降聚光器、旋转反光镜调节光线。

（三）低倍镜观察

1. 对光

打开实验台上的工作灯（如果是自带光源显微镜，这时应该打开显微镜上的电源开关），转动粗准焦螺旋，使镜筒略升高（或使载物台下降），调节物镜转换器，使低倍镜转到工作状态（对准通光孔），当镜头完全到位时，可听到轻微的扣碰声。打开光圈并使聚光器上升到适当位置（聚光镜上端透镜平面稍低于载物台平面的高度为宜），然后用左眼向着目镜内观察（注意两眼应同时睁开），同时调节反光镜的方向（自带光源显微镜，调节亮度旋钮），使视野内光线均匀、亮度适中。

2. 放置玻片标本

将玻片标本放置到载物台上用标本移动器上的弹簧夹固定好（注意使有盖玻片或有标本的一面朝上），然后转动标本推动器的螺旋，使需要观察的标本部位对准通光孔的中央。

3. 调节焦距

用眼睛从侧面注视低倍镜，同时用粗准焦螺旋使镜头下降（或载物台上升），直至低倍镜头距玻片标本的距离小于0.6 cm（注意操作时必须从侧面注视镜头与玻片的距离，以避免镜头碰破玻片），然后用眼在目镜上观察，同时用左手慢慢转动粗准焦螺旋使镜筒上升（或使载物台下降）直至视野中出现物像为止，再转动细准焦螺旋，使视野中的物像最清晰。如果需要观察的物像不在视野中央，甚至不在视野内，可用标本移动器前后、左右移动标本的位置，使物像进入视野并移至中央。在调焦时如果镜头与玻片标本的距离已超过了 1 cm 还未见到物像，应严格按上述步骤重新操作。

（四）高倍镜观察

在使用高倍镜观察标本前，应先用低倍镜寻找到需观察的物像，并将其移至视野中央，同时调准焦距，使被观察的物像最清晰。转动物镜转换器，直接使高倍镜转到工作状态（对准通光孔），此时，视野中一般可见到不太清晰的物像，只需调节细准焦螺旋，一般都可使物像清晰。操作时需注意如下事项。

1. 在从低倍镜准焦的状态下直接转换到高倍镜时，有时会发生高倍物镜碰擦玻片而不能转换到位的情况（这种情况主要是由于高倍镜、低倍镜不配套，即不是同一型号的显微镜上的镜头），此时不能硬转，应检查玻片是否放反、低倍镜的焦距是否调好以及物镜是否松动等情况后重新操作。如果调整后仍不能转换，则应将镜筒升高（或使载物台下降）后再转换，然后在眼睛的注视下使高倍镜贴近盖玻片，再一边观察目镜视野，一边用粗准焦螺旋使镜头极其缓慢地上升（或载物台下降），看到物像后再用细准焦螺旋准焦。

2. 由于制造工艺上的原因，许多显微镜的低倍镜视野中心与高倍镜的视野中心存在一定的偏差（即低倍镜与高倍镜的光轴不在一条直线上）。因此，在从低倍镜转换高倍镜观察标本时，观察者迅速寻找标本往往有一定困难。为了避免这种情况的出现，使观察者在高倍镜下能较快找到所需放大部分的物像，可事先利用羊毛交叉装片标本来测定所用光镜的偏心情况，并绘图记录制成偏心图。具体操作步骤包括：①在高倍镜下找到羊毛交叉点并将其移至视野中心；②换低倍镜观察羊毛交叉点是否还位于视野中央，如果偏离视野中央，其所在的位置就是偏心位置；③将前面两个步骤反复操作几次，以找出准确的偏心位置，并绘出偏心图。当光镜的偏心点找出之后，在使用该显微镜的高倍镜观察标本时，可事先在低倍镜下将需进一步放大的部位移至偏心位置处，再转换高倍镜观察时，所需的观察目标就正好在视野中央。

（五）油镜观察

油浸物镜（油镜）的工作距离很短，一般在 0.2 mm 以内，再加上一般光学显微镜的油浸物镜没有"弹簧装置"，因此使用油浸物镜时要特别细心，避免由于"调焦"不慎而压碎标本片并使物镜受损。

使用油镜按下列步骤操作。

1. 用粗调节器将载物台下降（或将镜筒提升）约 2 cm，并将油浸物镜转下，然后在染色标本片的镜检部位滴上一滴香柏油。

2. 从侧面注视，用粗准焦螺旋缓缓地将油镜浸在香柏油中，使其镜头几乎与标本相接。切不可用力过猛触及标本，避免压碎玻片，损坏镜头。

3. 用眼观察，调节视野里的光线至明亮，再用粗准焦螺旋将载物台缓缓下降（或将镜筒徐徐上升），直至视野出现物像，然后用细准焦螺旋，微调至最清晰。如油镜已离开油面而仍未见物像，必须重复本项操作。

4. 观察完毕，下降载物台（或上旋镜筒），将油镜头转出。先用擦镜纸拭去镜头上的油，然后用擦镜纸蘸少许二甲苯擦去镜头上残留油迹，最后再用干净擦镜纸擦去残留的二甲苯（注意向一个方向擦拭）。混合液或二甲苯用量不要过多，以免溶解胶合透镜的树脂，使透镜脱落。切忌用手或其他纸擦镜头，以免损坏镜头。用绸布擦净显微镜的金属部件。使用结束将显微镜各部分还原。转动物镜转换器，使物镜镜头不与载物台通光孔相对，而是成八字形位置，同时把聚光镜降下。

三、普通光学显微镜的维护与保养

显微镜是贵重精密的光学仪器，正确的使用、维护与保养，不但可以使观察物清晰，而且可以延长显微镜的使用寿命。

1. 搬动显微镜时，要左手握持镜臂，右手托镜座，让显微镜直立于胸前，防止显微镜脱落和目镜从镜筒中脱落。镜检时不能随意移动显微镜。

2. 升降聚光镜或调节光圈可获得合适的光亮度。用低倍镜时，光圈要适当缩小，或适当下降聚光镜，以获得较好的对比度。用高倍镜或油镜时，所需光量要增大，应上升聚光镜或扩大光圈。检查染色标本时，光线应强；检查未染色标本时，光线宜暗。

3. 镜检时，调焦宜采取将物镜调离标本的方法，以避免损坏镜头和标本片。

4. 保持载物台清洁、无油。

5. 实验中，若显微镜发生故障，应立即向指导教师汇报，不得随便更换显微镜，更不得交换显微镜之间的镜头。

6. 显微镜应放在通风干燥（尤其在南方，应防止镜头受潮长霉），灰尘少，不受阳光直接曝晒的地方，也应避免与酸、碱、酒精、乙醚等易挥发、具腐蚀性的化学物品放在一起。

7. 擦拭

（1）机械部分的擦拭

机械部分如有污渍，可用干净的柔软细布擦拭，如果擦不掉，可用擦镜纸或细绸布蘸一点中性洗涤剂进行擦拭。应注意不能用酒精、乙醚等化学品，以免腐蚀装置表面的油漆。

（2）光学镜头的擦拭

一般采用先吹，后刷，再擦拭的方法。吹，就是用吹气球（或用洗耳球）吹掉镜头表面的附着物。注意不能用口直接吹气。吹不掉时，可用干净的专用清洁毛刷轻轻地刷。经上述两种方法处理后镜头表面仍有污物时，用擦镜纸稍蘸一点二甲苯轻轻地擦拭。如果发现镜头发霉长霉，可用擦镜纸蘸少许无水酒精和乙醚的混合液擦拭，但液体不能太多，停留时间要短，以免渗入镜头内部造成腐蚀。油镜头每次用过后要及时擦拭，先用干擦镜纸擦一两次，把大部分介质油去掉，再用二甲苯滴湿擦镜纸擦两次，最后再用干擦镜纸擦一次。

知识拓展

显微镜的发明与发展

显微镜一词源于希腊文，直译就是"小型观察器"。人眼睛的分辨率为 0.1 mm，光镜的分辨率为 0.2 μm，电子显微镜的分辨率为 0.144 ~ 0.2 nm。显微镜的发明和发展，使人们看到了许多用肉眼无法看见的微小生物和生物体中的微细结构，打开了认识微观世界的大门。

早在 13 世纪，英国牛津大学的罗杰尔·培根就对透镜进行了研究，并且得出结论："若是从一个曲面凸的或凹的，去透视一件物体，所得到的现象是不同的，它能够变成这样：大的使我们看成了小的，或者相反，小的看成大的；远的看成近的，隐蔽的变成看得见的。"但这与当时当权者的认知出现严重的冲突，因此他竟被关进监狱长达 15 年。当权者的无知与残暴使显微镜的发明延迟了 300 多年。直到 1590 年，在科学史上具有深远意义的显微镜才在偶然的机会中诞生。

据有关文献记载，16 世纪末，荷兰朱德尔堡的眼镜商汉斯·詹森在自己的店铺里观看儿子查·詹森玩弄透镜。当偶然将两块大小不同的透镜重叠在适当的距离时，可以看到远处钟楼的景象，并且景象增大了许多，他们惊异极了。老詹森以一个商人的敏感性，试将一块凹透镜与一块凸透镜分别装在一根直径 1 英寸、长度半英尺的铜管的两端，世界上第一台原始的显微镜便诞生了，它的放大倍数约为 3 ~ 10 倍。由于无论是放大倍数还是分辨能力都很低，这台显微镜只能称为显微镜家族的"鼻祖"，至今仍放在米德尔堡市科学协会里。

早期的显微镜十分简单且粗糙，观察者手持镶嵌镜片的薄板，目测距离 20 毫米左右的物像。17 世纪初，著名科学家伽利略用自己制造的显微镜，放大了近距物像，终于发现了昆虫的复眼；1660 年，意大利医生马尔比基用显微镜观察，首次发现青蛙的肺里布满了血管网。可是，他们用显微镜观察都未能发现微生物。

　　在人类历史上迈开第一步，即用自己的肉眼观察到微生物细胞（尤其是细菌）的人是荷兰业余科学爱好者安东尼·列文虎克。他将自己制作的、放大率约 200 的一个透镜装在金属附件中，组成一架单式显微镜，于 1676 年首次看到了细菌，并做图记录了这一划时代的结果。由于列文虎克首次克服了人类认识微生物世界的第一个难关"个体微小"，使人类初步踏进了微生物世界的大门，所以我们称他为"微生物学的先驱者"。

　　直至今天，光学显微镜技术已从普通光学显微镜技术发展为荧光显微技术、共焦点激光扫描显微镜技术、数字成像显微镜技术、暗场显微镜技术、相差和微分干涉显微镜技术和录像增加反差显微镜技术等等。然而，准确的理论计算表明，光学显微镜质量无论如何改善，放大率至多为 1000 ~ 1500。要想看清更加微小的结构，就必须选择波长更短的光源，以提高显微镜的分辨率。电子具有波的特性，是一种只有可见光十万分之一长度的波，如果用电子束代替普通光学显微镜的可见光，就可极大提高显微镜的放大倍数和分辨力，就能把病毒，甚至像蛋白质、核酸一类的大分子化合物的分子结构也看清楚，电子显微镜就是这种显微镜。电子显微镜由电子照明系统、电磁透镜成像系统、真空系统、记录系统、电源系统五部分构成，放大倍数最高可达近百万倍。目前使用的电子显微镜主要有三种：透视电子显微镜、扫描电子显微镜、扫描隧道电子显微镜。

任务二　染色与微生物形态观察技术

一、染色的原理

微生物的细胞大多是无色的，其含水量一般大于80％，对光线的吸收和反射与水溶液差别不大，显微观察时微生物细胞与周围背景没有明显的明暗差，不易观察。因此，除观察活细胞运动性或计数外，绝大多数情况下，都必须经过染色才能在显微镜下观察。此外，对于细菌的鞭毛、芽孢、荚膜等特殊结构及真菌的孢子观察，均需经特殊方法染色后，才能将其与菌体其他结构分别出来。

1. 微生物染色的基本原理

微生物染色的原理是借助物理因素和化学因素的作用而进行的。物理因素如细胞及细胞物质对染料的毛细现象、渗透、吸附作用等。化学因素则是根据细胞物质和染料的不同性质而发生的各种化学反应。酸性物质对于碱性染料较易吸附，且吸附作用稳固；同样，碱性物质对酸性染料较易于吸附。如酸性物质细胞核对于碱性染料就有化学亲和力，易于吸附。但是，要使酸性物质染上酸性材料，必须把它们的物理形式加以改变（如改变 pH 值），才利于吸附作用的发生。同样，碱性物质（如细胞质）通常仅能染上酸性染料，若把它们变为适宜的物理形式，也能与碱性染料发生吸附作用。

2. 影响染色的因素

微生物染色结果与染料的酸碱度密切相关，只有将染液的 pH 值调整到细胞质等电点以下时，方可使细胞质具有较好的染色效果。细菌的等电点较低，pH 值大约在 2～5 之间，故在中性、碱性或弱酸性溶液中，菌体蛋白质电离后带负电荷；碱性染料电离时染料离子带正电荷。因此，带负电荷的细菌常和带正电荷的碱性染料易于结合，所以在细菌学上常用碱性染料进行染色。

此外，细胞膜的通透性、膜孔的大小和细胞结构完整与否，在染色上都起一定作用。培养基的组成、菌龄、温度、药物的作用等也都能影响微生物的染色效果。

二、染料的种类

1. 按染料来源分类

（1）天然染料

天然染料主要提取自植物体中，成分复杂，具体成分至今尚未十分清楚，且提取量少，价格高。常见种类有胭脂红、地衣素、石蕊和苏木素等。

（2）人工染料

人工染料多从煤焦油中提取获得，也称煤焦油染料，是苯的衍生物，多数染料为带色的有机酸或碱类，难溶于水，而易溶于有机溶剂中。为使它们易溶于水，通常将其制成盐类。该类型染料种类多，价格低，是目前应用较为广泛的染料。

2. 按电离后染料离子所带电荷性质分类

（1）酸性染料

酸性染料电离后染料离子带负电，可与碱性物质结合成盐。当培养基因糖类分解产酸使 pH 值下降时，细菌所带的正电荷增加，这时选择酸性染料，易被染色。常用的酸性染料有伊红、刚果红、藻红、苯胺黑、苦味酸和酸性复红等。

（2）碱性染料

碱性染料电离后染料离子带正电，可与酸性物质结合成盐。一般的情况下，细菌易被碱性染料染色。常用的碱性染料有美蓝、甲基紫、结晶紫、碱性复红、中性红、孔雀绿和蕃红等。

（3）中性（复合）染料

酸性染料与碱性染料的结合物叫作中性（复合）染料，如瑞氏染料和基姆萨氏染料等，后者常用于细胞核的染色。

（4）单纯染料

单纯染料的化学亲和力低，不能和被染物质生成盐，其染色能力视其是否溶于被染物而定，它们大多数都属于偶氮化合物，不溶于水，但溶于脂肪溶剂中，如紫丹类的染料，此类染料应用较少。

三、常用细菌染色法

（一）简单染色法

简单染色法是利用单一染料对细菌进行染色，使各种细菌染成同一种颜色，使经染色的菌体与背景形成明显的色差，从而能更清楚地观察到其形态和结构的一种染色方法。此法操作简便，适用于菌体一般形状和细菌排列的观察，但对细菌鉴别价值较小。

常用碱性染料进行简单染色，常用作简单染色的染料有美蓝、结晶紫、碱性复红等。当细菌分解糖类产酸使培养基 pH 下降时，细菌所带正电荷增加，此时可用伊红、酸性复红或刚果红等酸性染料染色。在染色过程中常加入媒染剂如碘、石炭酸、明矾，或者采用加热的方法，以增加染料对细菌的亲和力。

简单染色法染色方法：

1. 载玻片的清洁

为确保染色效果，载玻片必须保持清洁，使用前在其表面滴加 95% 的酒精 2 ~ 3 滴，用清洁纱布擦拭，然后以钟摆速度通过酒精灯火焰 3 ~ 4 次。

2. 涂片

（1）菌落涂片法

用接种环取 1 ~ 2 环生理盐水置于玻片上，无菌操作取少许培养物，与水混合并涂成直径约 1.5 cm 的薄层。若菌数过多聚成集团，则不利于观察个体形态，可在另一张载玻片上滴一滴无菌水，从已涂布的菌液中再取一环于此水滴中进行稀释，涂布成薄层。

（2）菌液涂片法

直接用接种环取 1 ~ 2 环菌液均匀涂抹于载玻片上，形成直径约 1.5 cm 的薄层。

3. 干燥

最好在室温下使涂片自然干燥，有时为了使之干得更快些，可将标本面向上，手持载玻片一端的两侧，小心地在酒精灯上高处微微加热，使水分蒸发，但切勿紧靠火焰或加热时间过长，以防标本烤枯而变形。

4. 固定

固定的目的是杀死部分微生物，固定细胞结构；保证菌体蛋白凝固附着在载玻片上，防止标本被水冲洗掉；改变染料对细胞的通透性，因为活菌一般不允许染料进入细胞内。固定方法一般分为火焰固定法和化学固定法。

（1）火焰固定法

手执载玻片的一端（涂有标本的远端），标本向上，在酒精灯火焰外层尽快地来回通过 3 ~ 4 次，共约 2 ~ 3 s，并不时以载玻片背面加热触及皮肤，不觉过烫为宜（不超过 60 ℃），放置待冷后，进行染色。

（2）化学固定法

火焰固定法在微生物实验室中虽然应用较为普遍，但加热会对微生物细胞的某些结构造成影响，此时可采用化学固定法。将干燥的玻片浸入甲醇中 2 ~ 3 min，取出晾干，或直接在玻片上滴加数滴甲醇，作用 2 ~ 3 min，自然挥发干燥。

5. 染色

滴加适量染色液于涂菌面，染色约 1 ~ 3 min。

使用不同的染色液染色时间各不相同，视标本与染料的性质而定，有时染色时还要加热。但在染色时间内，应保证涂有标本的部分浸在染料之中，勿使染料干掉。

6. 水洗、干燥

将细菌涂片上的染液倒入废液缸，手持细菌染色涂片的一端，用洗瓶从载玻片一端轻轻冲洗，直至从涂片上流下的水无色为止，自然干燥。

注意：水洗时不要用水流直接冲洗涂面，而且水流不宜过急过大，以免涂片脱落。

7. 镜检

先用低倍镜观察，在视野中找到物象后换用高倍镜、油镜观察。

注意：涂片必须完全干后才能用油镜观察。

（二）革兰氏染色法

革兰氏染色法是 1884 年由丹麦医生革兰（Gram）创立的。革兰氏染色法不仅能用于细菌形态的观察，还可将所有的细菌区分为革兰氏阳性菌（G⁺）和革兰氏阴性菌（G⁻）两大类，是细菌学上最常用的鉴别染色法。

之所以用该染色法能将细菌分为革兰氏阳性和革兰氏阴性，是由这两类细菌细胞壁的结构和组成不同决定的。实际上，当用结晶紫初染后，像简单染色法一样，所有细菌都被染成初染剂的蓝紫色。碘作为媒染剂能与结晶紫结合成结晶紫 – 碘的复合物，从而增强了染料与细菌的结合力。当用脱色剂处理时，两类细菌的脱色效果是不同的。革兰氏阳性细菌的细胞壁主要由肽聚糖形成的网状结构组成，壁厚、类脂质含量低，用乙醇（或丙酮）脱色时细胞壁脱水、使肽聚糖层的网状结构孔径缩小，透性降低，从而使结晶紫 – 碘的复合物不易被洗脱而保留在细胞内，经脱色和复染后仍保留初染剂的蓝紫色。革兰氏阴性菌则不同，由于其细胞壁肽聚糖层较薄、类脂含量高，所以当脱色处理时，类脂质被乙醇（或丙酮）溶解，细胞壁透性增大，使结晶紫 – 碘的复合物比较容易被洗脱出来，用复染剂复染后，细胞被染上复染剂的红色。

革兰氏染色法染色方法：

1. 制片

涂片、干燥、固定过程同"简单染色法"。

2. 初染

用滴管滴加适量初染液（以刚好将菌膜覆盖为宜）于玻片的涂菌面上，染色 1 ~ 2 min。

3. 水洗

倾去染色液，用洗瓶从一侧细水流冲洗至洗出液为无色，将载玻片上水甩净。

4. 媒染

滴加适量媒染液于玻片的涂菌面上，媒染约 1 min，水洗。

媒染剂是一种可增加染料和标本的亲和力，或使染料更好地固定于被染标本及能引起细胞通透性改变的物质。媒染剂既可用于初染之前也可用于初染之后，常用种类有明矾、金属盐、碘液等。

5. 脱色

用滤纸吸去坡片上的残水，将玻片倾斜，在白色背景下，用滴管流加脱色剂，直至流出液为无色为止，立即水洗，终止脱色。

脱色是指用醇类或酸类处理染色的细胞，使之脱去颜色的过程。通过脱色处理可检查染料与细胞结合的稳定程度，鉴别不同种类的细菌。常用的脱色剂有 95% 酒精、丙酮、3% 盐酸溶液。

6. 复染

在涂片上滴加复染液，染色约 1～3 min。

脱色后再用一种染色剂进行染色，与不被脱色部位形成鲜明的对照，便于观察。但应注意复染色不宜过强，以免覆盖初染颜色，造成假阴性结果。

7. 水洗

染色结束后，用洗瓶洗去多余染液，并且对涂片进行干燥。

8. 镜检

干燥后，用油镜观察，同"简单染色法"操作。判断两种菌体染色反应性。如图 2－2 所示，菌体被染成蓝紫色的是革兰氏阳性菌（G$^+$），被染成红色的为革兰氏阴性菌（G$^-$）。观察时应以分散开的细菌的染色结果为准，过于密集的细菌常呈假阳性，造成误判。

注意事项：为确保染色结果的正确，应注意玻片要洁净无油，否则菌液涂不开。而且选取菌体时选用培养 18～24 h 的细菌为宜，一般情况下，革兰氏阴性菌的染色反应较为稳定，不易受菌龄的长短影响；而革兰氏阳性菌，有的在幼龄时呈阳性，超过 24 小时会变为阴性，故培养物越陈旧，菌体细胞衰老、死亡，则染色常为阴性，造成错判。

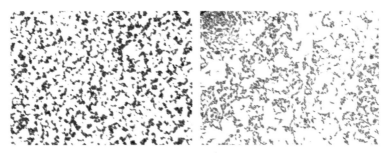

图 2－2　革兰氏染色显微图片

（三）芽孢染色法

芽孢染色法是利用细菌的芽孢和菌体对染料的亲和力不同的原理，用不同染料进行着色，使芽孢和菌体呈不同的颜色而便于区别的一种染色法。芽孢壁厚、透性低，着色、脱色均较困难，因此，当先用弱碱性染料，如孔雀绿或品红在加热条件下进行染色时，此染料不仅可以进入菌体，而且也可以进入芽孢，进入菌体的染料可经水洗脱色，而进入芽孢的染料则难以透出，若再用复染液处理，使菌体和芽孢呈现不同颜色，则便于区分。

1. 芽孢染色方法一

（1）制片

同"简单染色法"。

（2）染色

在涂菌面滴加适量5%孔雀绿水或碱性品红溶液，在通风橱中加热4～5 min（冒热气开始计时），加热过程不要使染料蒸干涸。待玻片冷却后，用缓流自来水冲洗载玻片染色面，直至流出的水无色为止。

（3）复染

在涂菌面滴加适量0.5%番红（沙黄）水溶液，复染1 min。

（4）干燥、镜检

分别在低倍镜、高倍镜和油镜下观察染色结果，菌体应呈红色，芽孢应呈绿色。

2. 芽孢染色方法二

（1）取二支洁净的小试管，分别加入0.2 mL无菌水，再往一管中加入1～2接种环菌苔，充分混合成浓厚的菌悬液。

（2）在菌悬液中分别加入0.2 mL苯酚品红溶液，充分混合后，于沸水浴中加热3～5 min。

（3）用接种环分别取上述混合液2～3环于载玻片上，涂成薄膜，干燥后，将载玻片稍倾斜于烧杯上，用95%乙醇冲洗至无红色液体流出。

（4）用自来水冲洗，滤纸吸干。

（5）取1～2接种环黑色素溶液于涂片处，立即展开涂薄，自然干燥后，油镜观察，在淡紫灰色背景的衬托下，菌体为白色，菌体内的芽孢为红色。

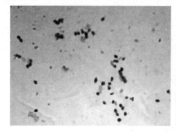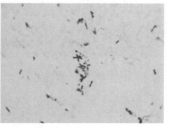

图2-3　芽孢染色显微图片

（四）荚膜染色法

荚膜是包围在细菌细胞外面的一层黏液性物质，其主要成分是水（占 90% 以上）及多糖。由于荚膜与染料的亲和力弱，不容易着色，所以通常用衬托染色法染色，使菌体和背景着色，而荚膜不着色，从而在菌体周围形成一个透明圈。

1. 负染色法

（1）制片

取洁净的载玻片一块，加蒸馏水一滴，取少量菌体放入水滴中混匀并涂布。

（2）干燥

将涂片放在空气中自然晾干。

（3）染色

在涂面上加复红染色液染色 2~3 min。

（4）水洗、干燥

用水洗去复红染液，并将染色片自然晾干。

（5）涂黑色素

在染色涂面左边加一小滴黑色素，另取一块载玻片作为推片，如图 2-4 所示将推片一端平整的边缘与菌悬液以 30° 角接触后，顺势将菌悬液推向前方，使黑色素在染色涂面上成为一个薄层，并迅速风干。

（6）镜检

先用低倍镜，再用高倍镜观察染色结果，背景应为灰色，菌体应为红色，荚膜无色透明。

2. 湿墨水法

（1）菌悬液制备

用滴管加 1 滴黑墨水于洁净的载玻片上，并用接种环以无菌操作的方式挑取少量菌体与其混合均匀。

（2）加盖玻片

用洁净的镊子取一清洁的盖玻片，让其与载玻片呈 45° 角，从混合液一端接触菌液，缓缓放下，然后在盖玻片上放一张滤纸，向下轻压，吸去多余的菌液。

（3）镜检

先用低倍镜观察，从视野中找到物象后，换用高倍镜观察染色结果，其背景应为灰色，菌体较暗，在其周围呈现一个明亮的透明圈即为荚膜。

3. Tyler 法

（1）涂片

按常规法涂片，可多挑些菌体与水充分混合，并将黏稠的菌液尽量涂开，但涂布的面积不宜过大。

（2）干燥

在空气中自然干燥。

（3）染色

用滴管滴取少量结晶紫冰醋酸于涂面上，染色 5~7 min。

（4）冲洗、干燥

用滴管吸取少量20%的 $CuSO_4$ 水溶液从玻片一端缓缓冲洗，至流下的液体无紫色后，立即停止水洗，用滤纸吸干多余液体，立即滴加 1~2 滴香柏油于涂片处，以防止 $CuSO_4$ 结晶形成。

（5）镜检

先用低倍镜观察，找到物象后换用高倍镜观察，再通过油镜观察实验结果，背景蓝紫色，菌体紫色，荚膜无色或浅紫色。

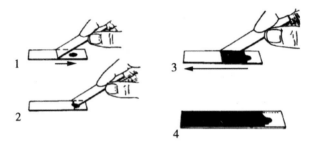

图 2-4　负染色法涂片方式

（五）鞭毛染色法

鞭毛是细菌的运动器官，细菌是否具有鞭毛，以及鞭毛的数目和附着于细菌的位置是细菌的一项重要形态特征。一般细菌的鞭毛都非常纤细，直径为 0.01~0.02 μm，在普通光学显微镜的分辨力限度以外，故需要用特殊的鞭毛染色法，才能看到。要用普通光学显微镜观察细菌的鞭毛，必须用鞭毛染色法。

鞭毛染色的基本原理是在染色前先用媒染剂处理，使它沉积在鞭毛上，使鞭毛直径加粗，然后再进行染色。其染色方法主要有硝酸银染色法和改良的 Leifson 染色法等。

1. 硝酸银染色法

（1）菌悬液的制备

将保藏菌种活化培养 1~2 次后，用无菌接种环刮取培养物数环于盛有 1~2 mL 无菌水的试管中，制成轻度浑浊的菌悬液，用于制片。也可直接取培养物制片。

（2）载玻片准备

将所用玻片于含适量洗衣粉的水中煮沸约 20 min，用清水充分洗净，沥干，后置于 95% 酒精中浸泡。使用前，先在酒精灯上灼烧去多余的酒精及其可能残留的油迹。

（3）硝酸银染色液的配置

A 液：单宁酸 5.0 g、氯化铁 1.5 g，用蒸馏水溶解后加入 1% 氢氧化钠溶液 1 mL 和 15% 甲醛溶液 2 mL，再用蒸馏水定容至 100 mL。

B 液：硝酸银 2.0 g、蒸馏水 100 mL。B 液配好后先取出 10 mL 做回滴用，往 90 mL B 液中滴加浓氢氧化钠溶液，当出现大量沉淀时再继续滴加浓氢氧化钠溶液，直到溶液中沉淀刚刚消失变澄清为止。注意边滴加边充分摇动。配好的染色液 4 h 内使用效果最佳，现用现配。

（4）制片

用菌悬液制片：在无菌环境下用无菌移液枪取菌液，滴一滴于提前备好的载玻片的一端，然后将玻片微倾斜，使菌液缓缓流向玻片另一端，并用吸水纸小心吸去玻片下端的多余菌液后，于室温下自然干燥，注意不可加热。

用培养物制片：以无菌操作的方式用无菌接种环取 1~2 环无菌水至提前备好的玻片上，并用接种环刮取一环培养物混入无菌水中，充分混匀，于室温下自然干燥。

（5）染色

待涂片自然干燥后，用滴管滴加少量（以刚好覆盖涂片区域为宜）硝酸银染色 A 液于玻片上，静置 3~5 min 后，用蒸馏水缓水流充分洗去硝酸银染色 A 液。此时立即用硝酸银染色 B 液冲洗玻片，待玻片上残水冲洗干净时，继续滴加硝酸银染色 B 液使其刚好能覆盖涂片区域，进行染色约数秒至一分钟，注意观察颜色变化。

当涂片上出现明显褐色时，立即用蒸馏水缓水流冲洗玻片至无多余染液。若滴加硝酸银染色 B 液后显色较慢，可将玻片置于酒精灯外焰稍远处微微加热，直至涂片上显现褐色时立即停止加热并用蒸馏水缓水流冲洗，待玻片上无多余染液后，于室温下自然干燥。

（6）镜检

观察实验结果，菌体呈深褐色，鞭毛显褐色、通常呈波浪形。有时只能在涂片的一定部位观察到鞭毛，应在涂片上多找几个视野观察。

2. 改良的 Leifson 染色法

（1）菌悬液及玻片准备

同"硝酸银染色法"。

（2）制片

用记号笔在备好的载玻片反面划线将玻片分成 3~4 个等分区，用移液枪在每一小区的一端轻滴一小滴菌液，缓缓将玻片适度倾斜，让菌液流到小区的另一端，用滤纸吸去多余的菌液，于室温或 37 ℃下自然干燥。

（3）染色

加 Leifson 染色液覆盖第一区的涂面，染色数分钟后，继续加染液于第二区涂面，如此继续染第三区、第四区，染色时间大约为十分钟。在染色过程中，当整个玻片都出现铁锈色沉淀或染料表面出现金色膜时，直接用水轻轻冲洗，注意不要先倾去染料再清洗，否则背景不清。

（4）镜检

先用低倍镜，再用高倍镜观察实验结果，菌体和鞭毛均呈红色。

注意：①菌种活化的情况，即要连续移种几次；②菌龄要合适，一般在幼龄时鞭毛的生长情况最好，较易染色，较老龄的细菌鞭毛容易脱落，不利于观察；③需要用新鲜的染色液，即染色液最好现用现配；④载玻片要求干净无油污；⑤鞭毛制片时加热固定会破坏鞭毛结构，所以只能风干。

四、放线菌的形态观察技术

放线菌是单细胞生物。在显微镜下，放线菌呈分枝丝状，我们把这些细丝一样的结构叫作菌丝，菌丝细胞的结构与细菌基本相同。根据菌丝形态和功能的不同，放线菌菌丝可分为基内菌丝、气生菌丝和孢子丝。在显微镜下观察时，基内菌丝大多无隔膜、色浅、发亮，有些还能产生各种色素；气生菌丝一般颜色较深，较粗；孢子丝的形态多样，有直形、波曲、钩状、螺旋状等多种，是放线菌定种的重要标志之一。放线菌的观察方法主要有插片培养法、玻璃纸琼脂培养法、印片培养法等。

1. 插片培养法

插片法操作简便，主要应用于孢子丝的形态、孢子的排列及其形状等的观察。其观察方法如下：

（1）倒平板

将高氏一号琼脂培养基融化后冷却至约 50 ℃时倒 20 mL 左右于灭菌培养皿中，凝固待用。

（2）接种

用接种环挑取菌种斜面培养物（孢子）在琼脂平板上划线接种。划线要密些，以利于插片。

（3）插片

用镊子将灭菌载玻片以约 45°角插入培养皿内的培养基中（图 2-5），深度约为载玻片的三分之一，盖玻片数量根据需要而定。

（4）培养

将插片平板倒置，28 ℃ 培养，培养时间根据观察的目的而定，通常 3~5 d。

（5）镜检

用镊子小心拔出盖玻片，擦去背面培养物，然后将有菌的一面朝下放在载玻片上，直接镜检；也可用 0.1% 美蓝染色后，再进行观察。

注意：倒平板要厚一些，接种时划线要密；插片时要有一定角度并与划线垂直；观察时，宜用略暗光线；先用低倍镜找到适当视野，再更换高倍镜观察。

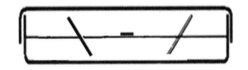

图 2-5 插片培养法示意图

2. 玻璃纸琼脂培养法

放线菌菌落在培养基上着生牢固，与基质结合紧密，难以用接种针挑取，因此，对放线菌自然生长的个体形态特征观察常采用玻璃纸琼脂培养法。玻璃纸具有半透膜特性，可以使营养物质透过；其透光性与载玻片基本相同，可以放在显微镜下观察。因此，采用玻璃纸琼脂平板透析培养，使放线菌生长在玻璃纸上，然后将长菌的玻璃纸剪取小片，贴放在载玻片上，用显微镜镜检可见到放线菌自然生长的个体形态。

（1）玻璃纸的处理

将玻璃纸剪成培养皿大小，用旧报纸或滤纸隔层叠好，浸湿后灭菌（浸湿可防止加热导致皱缩）。

（2）菌悬液的制备

将放线菌斜面菌种制成菌悬液。

（3）平板的制备

将高氏一号琼脂培养基熔化后在火焰旁倒入无菌培养皿内，每皿倒 15 mL 左右，培养基凝固备用。在无菌操作下用镊子将无菌玻璃纸平铺在琼脂平板上即制成玻璃纸琼脂平板培养基。

注意：操作过程中，勿碰触玻璃纸着菌面上的培养物。

（4）培养

将菌悬液接种到玻璃纸上，28 ℃下培养 3~5 d。

（5）观察

在洁净载玻片上加一小滴水，无菌环境下，用无菌镊子将玻璃纸与培养基分离，用无菌剪刀取小片玻璃纸，菌面朝上置于载玻片上，玻璃纸平贴在玻片上（中间勿留气泡），用显微镜观察。

3. 印片培养法

用印片培养法可观察到放线菌自然生长状态下的特征，而且便于观察其不同生长期的形态。

（1）接种培养

用高氏一号琼脂平板，常规划线接种或点种，28 ℃下培养 4 ~ 7 d 。

（2）印片

用解剖刀将平板上的菌苔连同培养基切下一小块，菌面朝上放在一片载玻片上，另取一块洁净载玻片置于火焰上，微热后，盖在菌苔上，轻轻按压，使培养物附着在后一块载玻片的中央。

注意：印片时不要用力太大压碎琼脂；也不要移动，以免改变放线菌的自然形态。

（3）固定

有印迹的一面朝上，通过火焰 2 ~ 3 次固定。

（4）染色

用石炭酸复红覆盖印迹，染色约 1 min 后水洗。

（5）镜检

先用低倍镜找到适当视野，再更换高倍镜观察。

五、霉菌、酵母菌的形态观察技术

（一）霉菌的形态观察技术

霉菌由交织在一起的菌丝体构成，菌丝体为无色透明或暗褐色至黑色，或呈现鲜艳的颜色。菌丝体分基内菌丝、气生菌丝、繁殖菌丝。菌丝呈管状，有的有横隔将菌丝分割为多细胞（如青霉、曲霉），有的菌丝没有横隔（如毛霉、根霉）。霉菌菌丝直径比一般细菌和放线菌菌丝大几倍到几十倍。菌丝体易收缩变形，而且孢子很容易飞散，所以将菌丝体放在水中易变形，制片时常将其置于乳酸 - 石炭酸棉蓝染色液中，以保持菌丝体原形。

1. 乳酸 - 石炭酸棉蓝染色法

（1）霉菌活化培养

以灭菌马铃薯葡萄糖琼脂（PDA）培养基制备平板，无菌操作从菌种斜面接种一环霉菌孢子，接种至 PDA 平板中，于 28 ~ 30 ℃霉菌培养箱倒置培养 5 ~ 7 d 。

（2）制水浸片

在载玻片上滴加一滴乳酸 - 石炭酸棉蓝染色液；用解剖针从生长有霉菌的平板中挑取少量带有孢子的霉菌菌丝，用 50% 的乙醇浸润，再用蒸馏水将浸过的菌丝洗一下

（洗去脱落的孢子）；然后放入载玻片上的液滴中，仔细地用解剖针将菌丝分散开来，盖上盖玻片（勿使产生气泡，且不要再移动盖玻片）。

（3）镜检

先用低倍镜找到适当视野，再更换高倍镜观察，菌丝、孢子呈蓝色（图2-6）。

2. 载玻片培养观察法

（1）建造培养小室

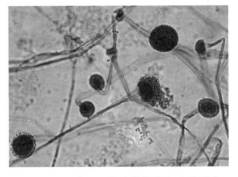

图2-6　乳酸-石炭酸棉蓝染色显微图片

在干净平皿底铺一张略小于皿底的圆滤纸，再放一个U形玻棒，并在其上放置一块洁净载玻片和两块盖玻片，盖上皿盖并包扎后，于121 ℃高压蒸汽下灭菌15～30 min，烘干备用。

（2）琼脂块的制备

以无菌操作的方式，取已灭菌的马铃薯培养物6～7 mL注入另一已灭菌的平皿中，使之凝固成薄层。用解剖刀在马铃薯琼脂平板上切割下0.5～1 cm²的琼脂块，将其放在盖玻片与载玻片之间。

（3）接种

用无菌接种针挑取少量的孢子接种于琼脂块的边缘上（以免培养后菌丝过于稠密影响观察），并用无菌操作镊子将盖玻片覆盖在载玻片上。

（4）培养

在平皿的滤纸上加3～5 mL灭菌的20%的甘油（保持平皿内的湿度），盖上皿盖，28 ℃培养。

（5）镜检

根据需要可在不同的时间内取出载玻片于低倍镜下观察，必要时可换用高倍镜观察。

3. 玻璃纸培养观察法

（1）玻璃纸的处理

将玻璃纸剪成适当大小，用水浸湿后，夹于旧报纸中包好，然后一起放入平皿内121 ℃灭菌30 min备用。

（2）菌种的培养

按无菌操作法，倒平板，冷凝后用灭菌的镊子夹取无菌玻璃纸贴附于平板上，再用接种环蘸取少许霉菌孢子，在玻璃纸上方轻轻抖落于纸上，然后将平板置于28～30 ℃下培养3～5 d。

（3）制片与观察

剪取一小块长有菌丝和孢子的玻璃纸，先放在50%乙醇中浸一下（洗去脱落下来的孢子，并赶走菌体上的气泡），然后正面向上贴附于干净载玻片上。滴加1~2滴乳酸－石炭酸棉蓝液，用无菌镊子夹取干净的盖玻片，使其一端接触染液，然后小心地盖上盖玻片（注意不要产生气泡，且不要移动盖玻片，以免搞乱菌丝）。

（4）镜检

先用显微镜低倍镜观察，在视野内找到物象后，换用高倍镜观察其形态。

（二）酵母菌的形态观察技术

酵母菌是单细胞真核微生物，细胞核与细胞质有明显分化；个体直径比细菌大10倍左右，一般为1~5 μm或5~20 μm；形态通常有球形、卵圆形、腊肠形、椭圆形、柠檬形或藕节形等；无鞭毛，不能游动。观察酵母菌形态一般可采用以下方法。

1. 水浸片观察法

取一块洁净的载玻片，在中央滴一滴预先稀释到适宜浓度的酵母培养物，加盖盖玻片，镜检。

2. 子囊孢子染色法

酵母菌的子囊孢子生成与否及其形状，是酵母分类上的重要依据。

（1）活化酵母

将酿酒酵母移种到新鲜麦芽汁琼脂斜面上，25 ℃培养24 h左右。如此活化二次后，备用。

（2）生孢培养

用接种环取活化后的培养物，接种到葡萄糖－醋酸盐斜面上（有利于酿酒酵母子囊孢子的形成），28 ℃培养7~10 d。

（3）染色制片

孔雀绿染色液染色1 min，水洗，95%乙醇脱色30 s，立刻水洗，滴加0.5%沙黄染色液复染30 s，水洗，干燥，镜检。

知识拓展

酵母菌是食品发酵中的常用菌种，无论是制作美味的面包还是爽口的啤酒都离不开它。在大规模工业生产时，我们经常需要接种大量酵母菌菌种，但这些菌种除了数量上要满足生产需求外，还有很重要的一点就是它们必须都是活细胞。那如何快速鉴别酵母菌细胞的死活呢？我们可以借助一个简单的染色实验来实现——美蓝染色实验。

美蓝（又称美兰、亚甲基蓝）是一种无毒性的染料，它的氧化型呈蓝色，还原型无色。用美蓝对酵母活细胞染色时，由于细胞的新陈代谢作用，细胞内具有较强的还原能力，能使美蓝由蓝色的氧化型变为无色的还原型；而代谢作用微弱的细胞或死细胞，因无此还原能力或还原能力极弱，而会被美蓝染成蓝色或淡蓝色。因此，我们可以根据染色后细胞颜色的不同计算酵母菌种死活细胞的比例，判断菌种的活性。

任务三　培养基的配制

培养基是指人工配制的、适合微生物生长繁殖或产生代谢产物的营养基质。它是研究微生物特性和利用微生物进行工业化生产的基础。

培养基应具备微生物生长所需要的六大营养素，并且它们之间还应具有合理的配比。此外培养基还应具有适宜的酸碱度（pH 值）和一定的缓冲能力，以及一定的氧化还原电位、合适的渗透压。培养基一旦配成后必须立即灭菌，否则会滋生杂菌，破坏里面的营养成分。

一、配制培养基的基本原则

（一）明确微生物的特点和培养目的

不同的微生物对营养物质的需求是不一样的，因此首先要根据不同微生物的营养需求配制针对性强的培养基。自养型微生物有较强的合成能力，所以培养自养型微生物的培养基完全由简单的无机物组成；异养型微生物的合成能力较弱，所以培养基中至少要有一种有机物，通常是葡萄糖。

培养细菌常用的培养基是肉汤蛋白胨培养基，培养放线菌常用的培养基是高氏一号培养基，培养酵母菌常用的培养基是麦芽汁培养基，培养霉菌常用的培养基是察氏培养基。

同一种微生物的培养基未必完全相同，除了考虑微生物的特点外，还要考虑培养目的。如果为了获得菌体或作种子培养基用，一般来说，培养基的营养成分宜丰富些，特别是氮源含量应高些，以利于微生物的生长与繁殖。如果为了获得代谢产物或用作发酵培养基，则所含氮源宜低些以使微生物生长不致过旺，而有利于代谢产物的积累。有时还要根据需要加入一些生长因子或发酵前体物质。

（二）选择适宜的营养物质

选用和设计培养基应根据所培养微生物的特性，选择所需要的一切营养物质。微生物种类繁多，其营养要求及生理特性不同，培养它们所需的培养基就各不相同。但所有微生物生长繁殖的培养基都应含有碳源、氮源、无机盐、生长因子、水及提供满足其生长的能源，其中微生物对营养的要求主要是针对碳素和氮素的性质。由于微生物营养类型复杂，因此，具体到某种微生物，就要根据此种微生物的营养需求，配制针对性强的培养基。例如，自养型微生物培养基可完全由简单的无机物组成，碳源主要是无机碳源，对光能自养型微生物而言，除需要各类营养物质外，还需光照提供能源；食品发酵中常用的微生物绝大多数属于异养微生物，生产用碳源主要是有机碳源；自生固氮微生物的培养基不需添加氮源，否则会丧失固氮能力；对于某些需要添加生长因子才能生长的微生物，还需要在培养基内添加它们所需要的生长因子，如很多乳酸菌在培养时，要在培养基中加入一定量的氨基酸和维生素等才能更好地生长。根据不同微生物的营养特点设计和配制有针对性的培养基，是实现培养基配制目的和进行微生物培养的物质基础。

（三）控制营养物质的比例及浓度

微生物培养基中营养物质的浓度及营养物质间的浓度比例适宜时，微生物才能良好生长。营养物质浓度过低，不能满足微生物正常生长的需要；营养物质浓度过高不但造成浪费，而且由于渗透压过大，还会对微生物的生长有抑制或杀伤作用。同样，培养基各种营养物质的比例关系是影响微生物生长繁殖，代谢产物的形成和积累的重要因素。在各营养成分比例中，最重要的是碳源及氮源的比例，即碳氮比（C/N）。碳源不足，菌体易衰老和自溶；氮源不足，菌体会生长过慢，但碳氮比太小，微生物会因氮源过多易徒长，不利于代谢产物的积累。例如在食用菌栽培的菌丝发育过程中，由于发酵处理不当，碳源不易吸收，菌丝生长缓慢、纤细、易老化；氮源偏多，往往引起菌丝徒长形成菌被，不利于菌丝成熟转化。不同微生物对碳氮比要求不同，如细菌和酵母菌细胞的碳氮比约为 5∶1，而霉菌细胞的碳氮比约为 10∶1。

此外，培养基中的无机盐、生长因子等也对微生物的生长发育有着重要影响。如磷、钾的含量一般为 0.05% 左右，镁、硫含量一般在 0.02% 左右。除对生长因子有特殊要求的微生物外，微生物培养基中一般不需特殊添加生长因子。

（四）调节适宜的 pH、渗透压等控制

1. pH

在微生物生长代谢过程中，由于营养物质不断被分解利用和代谢产物逐渐生成与积累，培养基的 pH 也在不断发生变化，若不对培养基 pH 条件进行控制，往往会导致微生物生长速度下降和代谢产物产量下降。为了尽可能地减缓在培养过程中 pH 的变化，在配制培养基时，要加入一定的缓冲物质，常用的缓冲物质主要有以下两类：①磷酸盐类（KH_2PO_4 和 K_2HPO_4 组成的混合物）。这是以缓冲液的形式发挥作用的，通过磷酸盐不同程度的解离，对培养基 pH 的变化起到缓冲作用。②碳酸钙。这类缓冲物质以"备用碱"的方式发挥缓冲作用，碳酸钙在中性条件下的溶解度极低，加入到培养基后，由于其在中性条件下几乎不解离，所以不影响培养基 pH 的变化。当微生物生长，培养基的 pH 下降时，碳酸钙就不断地解离，游离出碳酸根离子，碳酸根离子不稳定，与氢离子形成碳酸，最后释放出 CO_2，在一定程度上缓解了培养基 pH 的降低。微生物一般都有它们适宜生长的 pH 范围，细菌的最适 pH 一般在 pH 7~8，放线菌的在 pH 7.5~8.5，酵母菌的在 pH 3.8~6.0，霉菌的适宜 pH 为 4.0~5.8。

2. 渗透压

由于微生物细胞膜是半通透膜，所以培养基的渗透压对营养物质的吸收有直接影响。当环境中的渗透压低于细胞原生质的渗透压时，就会出现细胞膨胀，轻者影响细胞的正常代谢，重者出现细胞破裂；当环境渗透压高于原生质的渗透压时，细胞皱缩，细胞膜与细胞壁分开，即所谓质壁分离现象。只有等渗条件才最适宜微生物的生长。

（五）控制氧化还原电位

氧化还原电位可以作为微生物供氧水平的指标，不同类型的微生物对氧气的要求不同，那么不同类型的微生物对氧化还原电势（redox potential，以 Eh 表示）的要求也不同。通常好氧性微生物在氧化还原电势值为 +0.1 V 以上时可正常生长，一般以 +0.3~+0.4 V 为宜。厌氧微生物只能在氧化还原电势为 +0.1 V 以下的培养基上生长。在实际科研与生产中，一般通过通氧的方法提高氧化还原电位。氧是好氧微生物必需的，一般可在空气中得到满足，只有在大规模生产时需要采用专门的通气法（振荡、搅拌等）增氧。氧对厌氧微生物是有害的，配制厌氧微生物培养基时，常加入一定量还原剂（半胱氨酸、抗坏血酸、硫化钠、巯基乙酸钠等）或采用其他除氧方法，以造成厌氧条件，降低 Eh 值。兼性厌氧微生物在 Eh 值为 +0.1 V 以上时进行有氧呼吸，在 +0.1 V 以下时进行发酵。

（六）经济节约——选择廉价原料

在配制培养基时，应尽量利用廉价且易于获得（就地取材）的原料。特别是在发酵工业中，培养基用量很大，利用低成本的原料更体现出其经济价值。例如，在微生物单细胞蛋白的工业生产过程中，常常利用糖蜜（制糖工业中含有蔗糖的废液）、乳清（乳制品业中含有乳糖的废液）、豆制品工业废液及黑废液（造纸工业中含有戊糖和己糖的亚硫酸纸浆）等可作为培养基的原料。再如，工业上的甲烷发酵主要利用废水、废渣做原料，而在我国农村，已推广利用人畜粪便及禾草为原料发酵生产甲烷。另外，大量的农副产品或制品，如谷皮、米糠、玉米浆、酵母浸膏、酒糟、豆饼、花生饼、蛋白胨、淀粉渣等都是常用的发酵工业原料。

（七）严格灭菌处理

要培养某一种微生物，必须对培养基及周围环境进行严格的灭菌，避免杂菌污染。

二、配制培养基的基本步骤

（一）配制前的准备

1. 查阅相关资料，核对设计、选择的培养基种类、配方是否适合微生物的营养要求、培养目的和生产工艺，是否适合微生物的营养生理特点和培养基的特点，是否遵循培养基的配制原则。查阅资料，研究、设计和选择适宜的培养基在微生物学的研究和生产中十分重要。例如，设计选择培养基应考虑是培养自养型微生物还是异养型微生物，考虑是否培养有特殊生理特性的微生物；还应考虑培养微生物的目的是什么，如所配制的培养基是液体还是固体，是用于试验还是用于发酵生产等。

2. 在制备培养基的过程中，首先要使用一些玻璃器皿，如试管、三角瓶、培养皿、烧杯和吸管等。这些器皿在使用前都要根据不同的情况，经过一定的处理，洗涤干净，有的还要进行包装，经过灭菌等准备后，才能使用。

3. 检查、检验所需原料、药品和设备、装置是否符合要求。培养基配制前，应按国家有关文件要求，检查、检验原料及药品是否符合国家标准及实验生产要求；检查所需设备和装置安装是否科学规范、易操作，是否符合培养基的配制操作工艺要求等。

（二）培养基制备的基本方法

1. 配方的选定

同一种培养基的配方在不同著作中常会有某些差别，因此，除所用的标准方法应严格按其规定进行配制外，一般均应尽量收集有关资料，加以比较核对，再依据自己的使用目的，加以选用，记录其来源。

2. 制备记录

每次制备培养基均应有记录，包括培养基的名称、配方及其来源，各种成分的编号，最终 pH，消毒的温度和时间，制备的日期和制备者等，记录应复制一份，原记录保存备查，复制记录随制好的培养基一同存放，以防发生混乱。

3. 称量

按培养基配方准确称取各种成分，放于准备好的搪瓷缸中。在称量过程中，蛋白胨应快速称量，因其具有较大的吸湿性；牛肉浸膏因黏性较大，不易在称量纸和滤纸上进行称量，应用已平衡的、干净的小烧杯进行标量，并用 40 ℃左右的蒸馏水分多次进行溶解；对于已称量好的琼脂条，需用另外的容器提前软化，然后用玻璃棒将已软化的琼脂条挑出，放于装有其他药品的搪瓷缸中。

4. 溶解

将各种成分放于容器中并加入所需水分后，放于电炉上加热溶解，同时要不断搅拌，以防止外溢或糊底。溶解完后，应注意补足失去的水分。所用容器不可用铜或铁锅，以免金属离子进入培养基中，影响微生物的生长。

5. 调节 pH 值

在未调 pH 值前，先用精密 pH 值试纸测量培养基的原始 pH 值，如果偏酸，用滴管向培养基中逐滴加入 1 mol/L NaOH，边加边搅拌，并随时用 pH 值试纸测其 pH 值，直到 pH 值达到 7.0 ± 0.2；反之，用 1 mol/L HCl 进行调节。对一些要求 pH 值较精确的微生物，其 pH 值的调节可用酸度计进行（使用方法可参考有关说明书）。pH 值不要调过头，以免回调而影响培养基内各离子的范度。配制 pH 值低的琼脂培养基时，若预先调好 pH 值并在高压蒸汽下灭菌，则琼脂因水解不能凝固，因此，应将培养基的成分和琼脂分开灭菌后再混合，或在中性 pH 值条件下灭菌后，再调整 pH 值。

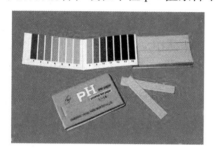   

（a）pH 值试纸　　　　　　　　（b）酸度计

图 2-7　培养基 pH 调节方式

6. 过滤

培养基配成后一般都有沉渣或浑浊物，需过滤澄清方可使用，常用的过滤方法因不同的培养基略有不同。制备的液体培养基必须澄清透明，便于观察微生物的生长情况，常用滤纸进行过滤，亦可在加热前加入用水稀释的鸡蛋清（1000 mL 培养基用 1 个鸡蛋清），100 ℃加热后，保持在 60~70 ℃继续加热 40~60 min，使不溶性物质附于凝固的蛋白上面沉淀，然后再用虹吸法吸出上清液或以滤纸过滤；固体培养基则需在加热完全溶化后，趁热用绒布或两层纱布中夹脱脂棉进行过滤。

7. 分装

根据需要将培养基分装于不同容量的三角瓶或试管中，分装的量需注意，以免灭菌时外溢。

（1）三角瓶分装

一般采用 250 mL、500 mL 或 1000 mL 的三角瓶进行分装，装入的量以容积的一半适宜，最多不超过容器的 2/3。

（2）液体分装

分装高度以试管高度的 1/4 左右为宜。分装三角瓶的量则根据需要而定，一般以不超过三角瓶容积的一半为宜。如果用于振荡培养，则根据通气量的要求酌情减少。有的液体培养基在灭菌后，需要补加一定量的其他无菌成分，如抗生素等，装量一定要准确。

（3）固体斜面

采用试管进行分装，分装量为试管容积的 1/5，灭菌后须趁热摆放成斜面，斜面长度一般以不超过试管长度的 1/2 为宜。

（4）半固体培养基

分装量约占试管长度的 1/3，灭菌后趁热直立，待冷后凝固。

（5）琼脂平板

将灭菌后的培养基冷却至 50 ℃ 左右，以无菌操作倾注于已灭菌的平皿内，倾注的量以 15 mL 左右为宜，且至少要淹没平皿的底部，此时轻摇平皿，使培养基平铺于平皿的底部，待凝固后即成。最好一次倾注完成，防止多次倾注造成表面不平整。倾注时，勿将平皿盖全部打开，以免空气中的尘埃和微生物落入。倾注好的平板须进行冷藏。

8. 加塞包扎

对分装好的三角瓶和试管，瓶口分别用脱脂棉加塞（或橡胶塞）和牛皮纸包扎，同时注明培养基名称、日期等信息。

9. 灭菌

不同成分、性质的培养基，可采用不同的灭菌方法。

（1）高压蒸汽灭菌法

高压蒸汽灭菌的温度和时间因培养基的种类和数量的不同而有所差别。一般培养基分装量少时，121 ℃、0.105 MPa 高压灭菌 20 min 即可；培养基分装量较大时，121 ℃、0.105 MPa 高压灭菌 30 min 即可。

（2）流通蒸汽灭菌法

凡含不耐高热的物质，如糖类、明胶、血清、牛乳等的培养基的灭菌，可采用流通蒸汽灭菌法，灭菌时使温度达到 80～100 ℃，维持 30 min，每天 1 次，连续 3 天。

（3）水浴低温灭菌法

将含有血清、组织液等配制的培养基放置在 56～57 ℃ 的水浴中，维特 1 h，以保持培养基呈液体状态，连续 5 天水浴灭菌。

10. 培养基的质量测试

每批培养基制备好以后，应仔细检查一遍，如发现破裂、水分浸入、色泽异常、棉塞被培养基沾染等情况，均应挑出弃去，并测定其最终 pH。

每批制成的培养基须经无菌检查后方可使用，无菌检查是将已灭菌的培养基置于 37 ℃培养箱内培养 24 h，观察培养基是否有菌落生长，若无菌落生长，证明灭菌后的培养基是无菌的；若有菌落生长，则不可使用，同时用已知菌种检查其在此培养基上生长繁殖及生化反应的情况，符合要求者方可使用。

用有关的标准菌株接种 1 ~ 2 管（或瓶）培养基，培养 24 ~ 48 h，如无菌生长或生长不好，应追查原因并重复接种一次，如结果仍同前，则该批培养基即应弃去，不能使用。

11. 培养基的保存

培养基应存放于冷暗处，最好能放于普通冰箱内。放置时间不宜超过一周，倾注的平板培养基不宜超过 3 天。每批培养基均必须附有该批培养基制备记录副页或明显标签。

三、配制培养基的注意事项

1. 建立完善的配制记录，制备培养基时，将培养基制备日期、种类、名称、配方、原料，灭菌的压力和时间，最终 pH 和制备者等进行详细记录，以防发生混乱。

2. 合理存放培养基。培养基最好现配现用，制作好的培养基若当时不用，应存放于冷暗处，最好放于普通冰箱内。放置时间不应超过 1 周，以免降低其营养价值或发生化学变化。

3. 培养基分装时必须严格无菌操作。灭好菌备用的培养基再分装以及制备平板、斜面等时，必须严格无菌操作。

4. 高压灭菌时，灭菌锅升压前必须排尽锅内冷空气，才能达到最终灭菌效果，灭菌完成后不宜一次将气排除，应缓慢多次放气或自然冷却降温后再打开灭菌锅。

5. 生产用培养基需要考虑所用原科的经济性、操作的简便性、产品的安全性等因素。

四、常用培养基的配制技术

1. 牛肉膏蛋白胨培养基

成分：

蛋白胨 10 g、牛肉膏 5 g、氯化钠 5 g、蒸馏水 1000 mL。

制法：

准确称量各种成分放于搪瓷缸内，加入 1000 mL 蒸馏水，混合均匀后加热溶解。待完全溶解后，补足所失水分，调节 pH 为 7.2。用滤纸过滤，分装于适当的容器内。121 ℃高压蒸汽灭菌 15 ~ 30 min 后置于阴凉处贮存待用。

如要配制固体培养基则需加琼脂 1.5% ~2%，半固体培养基可加琼脂 0.5% ~0.8%。

2. 营养琼脂培养基（或称普通琼脂培养基）

成分：

牛肉膏 3 g、蛋白胨 10 g、氯化钠 5 g、琼脂 15 ~ 20 g、蒸馏水 1000 mL。

制法：

将除琼脂以外的各种成分溶解于蒸馏水中，用 10% 的 NaOH 调节时，再加入已软化的琼脂，加热使其完全溶解，并不断搅拌，调节 pH 为 7.2 ~ 7.4。过滤，分装容器，121 ℃ 高压蒸汽灭菌 15 ~30 min，冷却后置于阴凉处贮存待用。

附注：上述培养基若加入 5 g 琼脂，则为半固体培养基。此培养基可供一般细菌培养之用，可倾注平板或制成斜面。

3. 肉汁葡萄糖培养基

成分：

牛肉膏 3 g、蛋白胨 10 g、氯化钠 5 g、葡萄糖 20 g、琼脂 15 ~ 20 g、蒸馏水 1000 mL。

制法：

按上述培养基制法与高压蒸汽灭菌 121 ℃、15 ~ 30 min，pH 7.2 ~ 7.4。

4. 肉浸液肉汤培养基

成分：

去脂绞碎牛肉 500 g、氯化钠 5 g、蛋白胨 10 g、磷酸氢二钾 2 g、蒸馏水 1000 mL。

制法：

取新鲜牛肉，除去筋膜及脂肪，切块后绞碎。称取绞碎的牛肉 500 g，加蒸馏水 1000 mL，混合后放置于冰箱中过夜。次日，除去液面上的浮油，搅拌均匀，加热煮沸半小时，使肉渣完全凝结成块，然后用纱布过滤，并挤压收集全部滤液，补足所失水分。在滤液中加入蛋白胨、氯化钠和磷酸盐，再加热使其全部溶解。调节 pH 至 7.4 ~ 7.6，以滤纸过滤，分装三角瓶，121 ℃ 高压蒸汽灭菌 15 ~ 30 min。

5. 麦氏培养基（观察酵母子囊孢子用）

成分：

葡萄糖 1 g、酵母膏 2.5 g、氯化钠 1.8 g、醋酸钠 8.2 g、琼脂 15 g、蒸馏水 1000 mL。

制法：

准确称取除琼脂以外的各种成分，溶解于蒸馏水中，自然 pH，再加入已称量并软化好的琼脂，加热使其完全溶解，并不断搅拌。过滤，分装容器，115 ℃ 高压蒸汽灭菌

15～30 min。

6. 蛋白胨水培养基（靛基质实验用）

成分：

蛋白胨 20 g、氯化钠 5 g、蒸馏水 1000 mL。

制法：

按上述成分表称量药品后，加蒸馏水溶解，调节 pH 至 7.4，过滤分装于小试管，121 ℃高压灭菌 15 min。

7. 麦芽汁培养基

成分：

10～15° Bx 麦芽汁 1000 mL、琼脂 15～20 g。

制法：

取一定数量的大麦芽，粉碎后加 4 倍于麦芽重量的 60 ℃的水，在 58～65 ℃条件下糖化 3～4 h，直至用碘液测定糖化液无蓝色反应为止。然后用 4～6 层的纱布过滤糖化液，除去残渣。滤液若出现混浊，可采用鸡蛋澄清的方法使滤液澄清。然后将澄清的滤液稀释到 10° Bx〔麦芽汁浓度常用 Bx 表示，意即糖分含量值，化工业上常用糖锤度计测度，糖度表，又称勃力克斯比重计。这种比重计用纯蔗糖溶液的重量百分数来表示比值，它的刻度称为勃力克斯刻度（Brixsale，简写 Bx）即糖度〕，pH 约为 6.4，再加入琼脂，溶解即成。115 ℃高压蒸汽灭菌 30 min。

附注：

①鸡蛋澄清的方法：一只鸡蛋可供 1000 mL 培养基之用。取一只鸡蛋，打碎，取蛋清盛于玻璃杯中，加水 20 mL，搅拌至出现泡沫为止。然后将搅拌好的鸡蛋清倒入糖化液中，振荡使其混合均匀，并加热煮沸 15 min，冷却后用脱脂棉过滤，收集滤液。

②麦芽制法：取大麦或小麦若干，用水洗净后浸泡 6～12 h，置于 15 ℃避光处，使其发芽。覆盖一块纱布，同时每日早、中、晚各淋水一次。当芽长为麦粒长度的 2 倍时，停止发芽，然后摊开晒干或烘干，贮存备用。

8. 察氏培养基

成分：

硝酸钠 2 g、蔗糖 30 g、磷酸氢二钾 1 g、氯化钾 0.5 g、硫酸亚铁（含七水）0.01 g、硫酸镁（含七水）0.5 g、琼脂 15～20 g、蒸馏水 1000 mL。

制法：

将上述除琼脂外的其他成分混合后加入蒸馏水，加热溶解，再加入已软化的琼脂，搅拌加热溶解，过滤，分装。115 ℃高压灭菌 20 min。

用途：

用于青霉、黄曲霉的鉴定及保存菌种用。

9. 高盐蔡氏培养基

成分：

硝酸钠 2 g、磷酸氢二钾 1 g、氯化钾 0.5 g、硫酸镁（含七水）0.5 g、硫酸亚铁（含七水）0.01 g、蔗糖 30 g、氯化钠 60 g、琼脂 15～20 g、蒸馏水 1000 mL。

制法：

同"蔡氏培养基"制法。必要时可酌量增加琼脂。

用途：

分离霉菌。

10. 马铃薯葡萄糖琼脂（PDA）培养基

成分：

马铃薯（去皮切块）200 g、葡萄糖 20 g、琼脂 15～20 g、蒸馏水 1000 mL。

制法：

将马铃薯去皮，切成小块，称取 200 g，加水煮沸 30 min，使其软化，用双层纱布过滤，然后加入糖和软化的琼脂，搅拌均匀后加热溶解，待其完全溶解后补加蒸馏水至 1000 mL。分装，115 ℃高压蒸汽灭菌 30 min。

用途：

分离培养霉菌。

11. 马铃薯琼脂培养基

成分：

马铃薯（去皮切块）200 g、琼脂 15～20 g、蒸馏水 1000 mL。

制法：

同"马铃薯葡萄糖琼脂培养基"。

用途：

鉴定霉菌。

12. 乳糖胆盐发酵管

成分：

蛋白胨 20 g、猪（或牛、羊）胆盐 5 g、乳糖 10 g、0.04%溴甲酚紫水溶液 25 mL、蒸馏水 1000 mL。

制法：

将称好的蛋白胨、乳糖及猪胆盐放入容器中，加入少于所需要的水量，搅拌使其溶解，再补加蒸馏水至 1000 mL，调节 pH 至 7.4，然后加入 0.04% 溴甲酚紫水溶液 25 mL，混合均匀后分装试管，每管 10 mL，并放入一个小倒管，即成乳糖胆盐单料发酵管。115 ℃ 高压灭菌 20 min。

附注：

双料乳糖胆盐发酵管除蒸馏水外，其他成分加倍。

13. 乳糖发酵管

成分：

蛋白胨 20 g、乳糖 10 g、0.04% 溴甲酚紫水溶液 25 mL、蒸馏水 1000 mL。

制法：

将蛋白胨及乳糖溶于水中，用 10% NaOH 调节 pH 至 7.4。加入 0.04% 溴甲酚紫指示剂，搅拌均匀后分装试管，并放入一个小倒管，即成单料乳糖发酵管。或按检物要求分别分装 30 mL、10 mL 或 3 mL，并各放一个小倒管。115 ℃ 高压灭菌 20 min。

附注：

①双料乳糖发酵管除蒸馏水外，其他成分加倍。

②30 mL 和 10 mL 乳糖发酵管是专供酱油及酱类检验用的，3 mL 乳糖发酵管供大肠菌群证实实验用。

14. 伊红美蓝琼脂（EMB）培养基

成分：

蛋白胨 10 g、乳糖 10 g、磷酸氢二钾 2 g、0.65% 美蓝水溶液 10 mL、2% 伊红水溶液 20 mL、琼脂 15～20 g、蒸馏水 1000 mL。

制法：

将蛋白胨、K_2HPO_4 及琼脂加入蒸馏水中，加热溶解，待完全溶化后补加水至 1000 mL。调整 pH 至 7.1，分装于三角锥瓶内，121 ℃ 高压灭菌 15 min。临用时将培养基加热溶解后加入乳糖，搅拌使其溶解，待冷却至 50～55 ℃ 左右时，按无菌操作加入已灭菌的伊红水溶液及美蓝水溶液。摇匀，倾注平板。

15. 高氏一号培养基

成分：

可溶性淀粉 20 g、硝酸钾 1 g、硫酸镁（含七水）0.5 g、硫酸亚铁（含七水）0.01 g、氯化钠 0.5 g、磷酸氢二钾 0.5 g、琼脂 15～20 g、蒸馏水 1000 mL。

制法：

先用少量冷水将淀粉调成糊状，再量取 500 mL 蒸馏水于烧杯中加热，沸腾时边搅拌边将淀粉糊倒入，待溶液透明后再将其他成分加入，最后补足水分至 1000 mL。调节

pH 至 7.2 ~ 7.4，121 ℃高压灭菌 15 min。

附注：

此培养基适用于多数放线菌，孢子生长良好，宜保藏菌种。

16. 孟加拉红培养基

成分：

蛋白胨 5 g、葡萄糖 10 g、磷酸二氢钾 1 g、硫酸镁（无水）0.5 g、1/3000 孟加拉红溶液 10 mL、琼脂 15 ~ 20 g、氯霉素 0.1 g、蒸馏水 1000 mL。

制法：

将上述各成分加入蒸馏水中溶解后，再加入孟加拉红溶液。另将少量乙醇溶解氯霉素加入培养基中，搅拌均匀后，分装，115 ℃高压蒸汽灭菌 30 min.

用途：

分离霉菌及酵母。

17. 改良 MC 培养基

成分：

大豆蛋白胨 10 g、牛肉浸膏 5 g、酵母浸膏 5 g、葡萄糖 20 g、乳糖 20 g、碳酸钙 10 g、琼脂 15 ~ 20 g、1% 中性红溶液 5 mL、蒸馏水 1000 mL。硫酸多粘菌素 B 10 万国际单位。

制法：

将前 7 种成分加入蒸馏水中，加热溶解，校正 pH 为 6，加入中性红溶液。分装烧瓶，115 ℃高压灭菌 20 min。临用时加热熔化琼脂，冷却至 50 ℃左右。酌情加或不加硫酸多粘菌素 B（检样有胖听或开罐后有异味等怀疑有杂菌污染时，可加硫酸多粘菌素 B），混匀后使用。

用途：

乳酸菌饮料中乳酸菌的菌落计数。

18. MRS 培养基

成分：

蛋白胨 10 g、牛肉膏 10 g、酵母浸膏 5 g、磷酸氢二钾 2 g、乙酸钠 5 g、葡萄糖 20 g、吐温 80 1 mL、柠檬酸二铵 2 g、硫酸镁（含七水）0.5 g、硫酸锰（含四水）0.5 g、碳酸钙 10 g、琼脂 15 ~ 20 g、蒸馏水 1000 mL。

制法：

先将乙酸钠、磷酸氢二钾、硫酸镁、硫酸锰、柠檬酸二铵、碳酸钙等溶解于热水中，然后加入牛肉膏、酵母浸膏、葡萄糖、蛋白胨，最后加入吐温 80，搅拌后加热溶解，调节 pH 为 6.2~6.4。若需制备固体培养基，则加入 2% 的琼脂，加热使其完全溶化后，补足水分至原有容量。

用途：

食品中乳酸菌的检测。

19. 淀粉培养基

成分：

蛋白胨 10 g、氯化钠 5 g、牛肉膏 10 g、可溶性淀粉 2 g、琼脂 15~20 g、蒸馏水 1000 mL。

制法：

先将淀粉用少量蒸馏水调成糊状，再将其加入已融化好的培养基中。搅拌加热溶解，补足所失水分。调节 pH，分装后，121 ℃高压蒸汽灭菌的 15~30 min。

20. ONPG 培养基

成分：

邻 – 硝基苯 β – D – 半乳糖苷（ONPG）60 mL、0.01 mol/L 磷酸钠缓冲液 10 mL、1% 蛋白胨水（pH 7.5）30 mL。

制法：

将 ONPG 溶解于 0.01 moL/L 磷酸钠缓冲液中，再加入 1% 蛋白胨水，以过滤法除菌，然后分装于 10 mm×75 mm 试管中，每管 0.5 mL，用橡皮塞塞紧。

试验方法：

自琼脂斜面上挑取培养物 1 满环接种。于 36±1 ℃培养 1~3 h 和 24 h 后观察结果。如有 β – 半乳糖酶产生，则于 1~3 h 内变为黄色；如无此酶产生，则 24 h 不变色。

五、生产用培养基的制备

生产用培养基的配制过程与实验室用培养基的配制过程有很大的不同。在生产实践中通常采用天然原料配制培养基，其配制过程就是生产原料的处理操作过程。

（一）原料除杂

大规模的食品生产所需原料通常含有许多杂质，如尘土、砂石、稻草及铁屑等，它们是有害微生物和发酵抑制剂的载体。因此原料投入生产前必须除杂以去除原料带来的杂质。一般用人工挑选、过筛、漂洗、磁力除铁器除铁等方法除去原料中的各种杂质。

（二）原料粉碎

食品生产中很多原料需要粉碎，通过粉碎破坏原料组织结构、增加原料表面积、提高原料利用率等，如植物性原料的营养物质通常受细胞壁和植物组织的保护，只有经过粉碎游离于细胞外才有利于酶的水解或微生物的利用。因此原料粉碎应包括组织破碎和细胞破碎。生产实践中，组织破碎通常采用粉碎机和均质机等完成；细胞破碎通常采用膨化、超声波或溶菌酶等完成。

（三）营养物质浓度及配比

食品生产过程中，微生物所需生产培养基营养物质浓度配比主要通过不同的食品生产工艺，如热处理、酸水解、酶水解、微生物发酵等方法使大分子营养物质转变为小分子营养物质，有效控制碳氮比。

（四）pH 调节与无机盐和生长因子

食品生产用培养基的 pH 调节是在整个生产过程中进行的，通常采用硫酸、碳酸钠、碳酸钙、尿素或氨水等进行调节，往往与添加无机盐或补加氮源等操作同时进行。无机盐的添加还可直接进行，维生素类生长因子的添加应选择在较低温度条件下进行。

（五）灭菌

灭菌的过程即生产原料热处理的过程，与实验室内培养基的灭菌一样，食品生产中通常也采用湿热灭菌的方法，区别是灭菌容器由原来的灭菌锅发展到大型的蒸料锅，或采用直接或间接在发酵罐中通入饱和蒸汽的方法进行。发酵生产中常采用连续灭菌法灭菌，有些特殊的液体培养基若含有热不稳定因素，则采用超滤灭菌等方法。在此过程中还可以同时进行 pH 调整及无机盐和其他营养素的添加。

■ 任务四　消毒与灭菌技术 ■

微生物广泛存在于自然界中，一些微生物会对我们的生活带来有害的影响，如疾病、食品污染、发酵生产污染造成产量下降等。因此我们需要采用灭菌、消毒、防腐、抗菌等手段来控制微生物的存在。

灭菌是指采用强烈的理化因素使任何物体内外部的一切微生物（包括芽孢和孢子）永远丧失生长繁殖能力的措施，通常用物理方法来达到灭菌的目的。消毒一般是指能杀死病原微生物但不一定能杀死细菌芽孢的方法，通常用化学的方法来达到消毒的作用。用于消毒的化学药物叫作消毒剂。防腐是使微生物暂时处于不生长、不繁殖、但未死亡的状态，可采用防腐剂、低温、缺氧、干燥、高渗、高酸度、高醇度等抑制条件。抗菌是指使用药物抑制或杀灭微生物。商业灭菌可以使食品经过杀菌处理后，按照所规定的微生物检验方法，在所检食品中无活的微生物检出，或者仅能检出极少数的非病原微生物，并且它们在食品保藏过程中不能进行生长繁殖。

一、物理灭菌法

物理灭菌的种类很多，有高温、辐射、高压、超声波、过滤等措施，主要通过使微生物蛋白质变性凝固、酶失活、DNA 断裂、细胞破裂或滤除等方式达到灭菌目的。

（一）热力灭菌

菌体中的蛋白和核酸等大分子物质对高温比较敏感，当环境温度超过微生物的最高生长温度时，会导致其死亡，高温是最有效的一种灭菌因素。

1. 干热灭菌法

（1）火焰灼烧灭菌法

火焰灼烧灭菌法，是利用火焰加热杀灭微生物的一种方法。常在实验过程中以酒精灯外焰对用具进行灼烧灭菌。灼烧灭菌最为彻底，但该方法破坏性很强，应用范围仅限于接种环、接种针、玻璃涂布棒、试管口和瓶口、携带病原体的材料、动物尸体等，培养基、橡胶制品、塑料制品不能用此法灭菌。

（2）热空气灭菌法

把待灭菌物品放入电热烘箱内，在 160 ~ 170 ℃下维持 1 ~ 2 h 后，切断电源自然降温，待温度降至 50 ℃以下后，打开箱门，取出灭菌物品。加热可使细胞膜破坏、蛋白质变性和原生质干燥，并可使各种细胞成分发生氧化变质，可达到彻底灭菌（包括细菌的芽孢）的目的。

使用干热灭菌法灭菌时，应注意灭菌物不能太挤、太满，以免妨碍热空气流通；包扎好的灭菌物品不要和电烘箱内壁的铁板接触，以免包装纸烤焦起火；灭菌后冷却不能太快，应等到温度下降到 50 ℃左右再开烘箱门，以免玻璃器皿炸裂或热空气将手烫伤。

2. 湿热灭菌法

湿热灭菌法是一类利用高温的水或水蒸气进行灭菌的方法。它的种类很多，主要有以下几类。

（1）煮沸消毒法

煮沸灭菌法是在消毒器或铝锅中加入 2% ~ 15% 石炭酸或 1% ~ 2% 碳酸氢钠，煮沸 10 ~ 15 min 来达到杀死细菌的营养体及芽孢的目的的方法。适用于一般外科医疗器械、胶管、注射器、饮水以及食具的消毒。

（2）间歇灭菌法

间歇灭菌法又称分段灭菌法或丁达尔灭菌法，是将待灭菌的培养基放在灭菌锅中 80 ~ 100 ℃加热 15 ~ 60 min，杀灭细菌的营养细胞，然后放置在 37 ℃环境下过夜培养，促进其中残存的芽孢萌发，第二天再以同法加热和保温过夜，重复三次以上即可完成灭菌。该方法适用于不耐热物质，如含糖、血清的培养基。

（3）巴氏消毒法

牛奶巴氏消毒法是法国人巴斯德于 1865 年发明，经后人改进，用于彻底杀灭酒、牛奶、血清白蛋白等液体中病原体的方法，也是现在世界通用的一种牛奶消毒法。巴氏消毒可以杀死液体中的致病菌，但不破坏液体物质中原有的营养成分。这是由于不同的细菌有不同的最适生长温度和耐热、耐冷能力，巴氏消毒就是利用病原菌不是很耐热的特点，用适当的温度和保温时间处理，将其全部杀灭。但经巴氏消毒后，仍保存小部分无害或有益、较耐热的细菌或细菌芽孢，因此经巴氏消毒的牛奶要在 4 ℃左右的温度下保存，且只能保存 3 ~ 10 天，最多 16 天。

巴氏消毒法具体方法有两种。一种是将牛奶在 63 ℃下保持 30 min，迅速冷却到 10 ℃。采用这一方法，可杀死牛奶中各种生长型致病菌，灭菌效率可达 97.3% ~ 99.9%，经消毒后残留的细菌中占多数的是乳酸菌，乳酸菌不但对人无害反而有益健康。另一种是将牛奶在 72 ℃下维持 15～30 s，或将牛奶在 132 ℃下维持 1～2 s，迅速冷却到 10 ℃。此法杀菌时间更短，工作效率更高。

（4）高压蒸汽灭菌法

高压蒸汽灭菌法是一种利用高温进行湿热灭菌的方法，操作简便、效果可靠，故被广泛使用。将待灭菌物品放置在盛有适量水的专用高压蒸汽灭菌器（高压灭菌锅或家用高压锅）内，盖上锅盖，并打开排气阀，通过加热煮沸，让蒸汽驱尽锅内的冷空气，然后关闭锅盖上的阀门，再继续加热，使锅内蒸气压逐渐上升，随之温度也上升至 100 ℃以上，达到灭菌效果。为达到良好的灭菌效果，一般要求温度在 121 ℃维持 15～30 min，彻底杀死所有的细菌芽孢，这是最有效的灭菌方法。适用于耐高温高压又不怕蒸汽的物品，如玻璃器皿、培养基、蒸馏水、棉塞、纸等。

高压蒸汽灭菌法最为重要的一步就是排尽冷空气，由表 2-1 可知只有在灭菌锅内冷空气排尽的情况下，0.1 MPa 对应的温度才是 121 ℃；如果没有彻底排除冷空气，锅内压力即使达到 0.1 MPa，其内部温度也达不到要求，灭菌效果就会受到影响。

表 2-1　不同空气残留量对锅内温度的影响

压力表读数[a]			杀菌器内实际压力[b]	温度（℃）				
				不同空气残留量（%）				
kgf/cm²	lbf/m²	kPa	kPa	100	75	50	25	0
0.070	1	6.90	108.2	60.6	63.8	79.9	92.2	101.9
0.141	2	13.79	115.1	63.5	68.1	82.9	94.5	103.6
0.352	5	34.48	135.8	71.6	78.6	90.9	100.6	108.4
0.563	8	55.17	156.5	79.7	87.1	97.4	105.7	112.6
0.703	10	68.96	170.3	83.1	91.9	101.2	108.8	115.2
1.055	15	103.45	204.8	92.7	101.7	109.2	115.1	121.0
1.406	20	137.93	239.3	101.1	109.5	115.6	121.0	126.0
1.758	25	172.41	272.7	108.6	115.8	121.1	125.7	130.4
2.110	30	206.89	308.2	115.3	121.1	125.7	129.9	134.5

注：1 kgf/cm² = 14.223 lb/m² = 98.0665kPa　　实际压力 = 压力表读数（kPa）＋ 101.33kPa

1Mpa = 1000kPa

（5）连续加压蒸汽灭菌法

连续加压蒸汽灭菌法（又称连消法）仅适用于大型发酵厂的大批培养基灭菌。其操作原理是让培养基在管道的流动过程中快速升温、维持和冷却，然后流进发酵罐。培养基一般在 135～149 ℃下维持 5～15 s。该方法优点有：①采用高温瞬时灭菌，故既可杀灭微生物，又可最大限度减少营养成分的破坏，从而提高了原料的利用率。例如，在抗生素发酵中，它比以往的"实罐火菌"（120 ℃，30 min）提高产量 5% ~ 10%；②总灭菌时间较分批灭菌明显减少，缩短了发酵罐的占用周期，从而提高了利用率；③由于蒸汽负荷均匀，故提高了锅炉的利用率；④适于自动化操作；⑤降低了操作人员的劳动强度。

（6）超高温瞬间杀菌

超高温杀菌简称 UHT 杀菌，一般加热温度为 125 ~ 150 ℃，加热时间 2 ~ 8 s，加热后产品达到商业无菌要求。这种杀菌方法能在瞬间达到杀菌目的，杀菌效果特别好，几乎可以达到或接近灭菌要求，而引起的化学变化很小。它具有提高处理能力、节约能源、缩小设备体积、稳定产品质量，并可实行设备原地无拆卸循环清洗的优点。

（二）辐射法

1. 紫外线杀菌

紫外线的杀菌作用在于促使细胞质的变性。当微生物细胞吸入紫外线后，产生光化学作用引起细胞内成分特别是核酸、原浆蛋白等发生化学变化，使细胞质变性。尤其是可以抑制 DNA 的复制和细胞分裂，使微生物细胞受伤甚至死灭。波长为 250 ~ 260 nm的紫外线杀菌效果最强。

紫外线杀菌穿透能力弱，主要用于操作台等表面灭菌和空气灭菌，杀菌后的物品不应立即暴露在可见光下，以免受损伤的细菌因光复活作用恢复正常活力；也可用于食物表面、饮水、饮料厂净化水等的消毒及诱变育种。

2. 微波杀菌法

微波是一种波长为 1 mm ~ 1 m 的电磁波，频率较高，可穿透玻璃、塑料薄膜与陶瓷等物质，但不能穿透金属表面。微波杀菌就是将食品经微波处理，使食品中的微生物丧失活力或死亡，从而达到延长保存期的目的。一方面，当微波进入食品内部时，食品中的极性分子，如水分子等不断改变极性方向，导致食品的温度急剧升高而达到杀菌的效果。另一方面，微波能的非热效应在杀菌中起到了常规物理杀菌所没有的特殊作用，细菌细胞在一定强度微波场作用下，改变了生物性排列组合状态及运动规律，同时吸收微波能升温，使体内蛋白质同时受到无极性热运动和极性转动两方面的作用，使其空间结构发生变化或破坏，导致蛋白质变性，最终失去生物活性。因此，微波杀菌主要是在微波热效应和非热效应的作用下，使微生物体内的蛋白质和生理活性物质发生变异和破坏，从而导致细胞死亡。

3. 红外线灭菌

红外线辐射是一种 0.77 ~ 1000 μm 波长的电磁波，有较好的热效应，尤以 1 ~ 10 μm 波长的热效应最强。红外线的杀菌作用与干热相似，利用红外线烤箱灭菌的所需温度

图 2-8 红外线灭菌器

和时间亦同干烤。红外线加热速度快，但热效应只能在照射到的表面产生，因此不能使一个物体的前后左右均匀加热。

红外线灭菌多用于餐具、医疗器具，也可对接种环、接种针、镊子等用具进行灭菌。红外线灭菌器的加热孔内温度可达 820 ℃ 以上，杀菌只需要 5 ~ 7 s。其使用方便、操作简单、无明火、不怕风、使用安全，可完全替代酒精灯，应用于生物安全柜、净化工作台、抽风机旁、流动车上等环境中，进行微生物实验。

（三）过滤除菌

过滤除菌是用物理阻留的方法将液体或空气的细菌除去，以达到无菌目的。其消毒方式为，将待灭菌物品通过已消毒的过滤器（微孔滤膜过滤器或蔡氏过滤器），液体或空气可以通过过滤膜，而绝大多数微生物不能通过滤膜。该方法适用于易受高温高压分解的物质，如维生素、血清抗生素等生物制品、空气等。

过滤除菌的优点是不破坏培养基成分；缺点是处理量小，且无法滤除液体中的病毒和噬菌体。

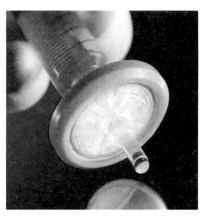

图 2-9 过滤除菌装置

二、化学消毒法

化学消毒法是指用化学药物直接作用于微生物而将其抑制或杀死的方法。

化学药物通过破坏细菌代谢机能达到杀菌的目的，因此仅对微生物繁殖体有效，不能杀灭芽孢，杀灭效果主要取决于微生物的种类与数量、物体表面的光洁度或多孔性以及杀菌剂的性质等。

（一）常用消毒剂

1. 0.1% 升汞

0.1% 升汞作为重金属盐类能与蛋白质结合，使之变性或发生沉淀，影响菌体正常生理活动，一般应用于非金属器皿的浸泡消毒。它的杀菌作用最强，但是一般毒性大，用后要回收处理，直接丢弃会造成环境污染。

2. 0.1% 高锰酸钾、3% 过氧化氢

0.1% 高锰酸钾、3% 过氧化氢均为强氧化剂，能释放出游离氧或使其他化合物释放出游离氧，使菌体蛋白被氧化，失去活性。一般应用于皮肤、器皿、器械、实验室的消毒。

3. 70% ~75% 乙醇

乙醇毒性小、无污染，是最为常用的一种化学消毒剂。乙醇可导致菌体蛋白质凝固，从而杀死细菌，但高浓度（≥75%）酒精能使细菌表面包膜的蛋白质迅速凝固，形成一层保护膜，阻止酒精继续进入菌体内部，因而不能将细菌彻底杀死。浓度低于70%的酒精，虽可进入菌体内，但不能使菌体内蛋白质凝固，同样也不能将细菌彻底杀死，因此一般消毒酒精的浓度为 70% ~75%。一般应用于台面、器械表面以及手部的消毒，还常用作表面灭菌，但不能达到彻底的灭菌。

4. 甲醛

甲醛可与菌体蛋白质的氨基酸结合而使蛋白质变性。一般应用于无菌室、摇瓶间及车间的熏蒸消毒。

5. 漂白粉、碘酒

漂白粉和碘酒的作用机制分别是 Cl 和 I 的杀菌作用。Cl 元素和水反应生成新生态氧 [O]，[O] 为强氧化剂，破坏细胞膜结构，进而杀死微生物。I 有强氧化作用，与菌体蛋白和酶中的酪氨酸不可逆结合，可以破坏病原体的细胞膜结构及蛋白质分子。一般应用于空气、物体表面、饮水、皮肤的消毒。

6. 新洁尔灭

新洁尔灭是表面活性剂，通过改变细胞膜的稳定性和通透性，可以使细胞内含物外溢。一般应用于器械、皮肤的消毒。

7. 龙胆紫

龙胆紫可以通过染料与蛋白质、核酸作用，阻断细胞正常的代谢过程，从而抑制细菌生长。其特点是染色剂具有选择性抑菌作用，G^+ 细菌对碱性染料更加敏感，利用这一特性，可分离出 G^- 细菌。

8. 臭氧

臭氧是一种在室温和冷冻温度下存在的淡紫色的、有特殊鱼腥味的气体，它在水中部分溶解，且随着温度的降低而溶解度增加；在常温下能自行降解产生大量的自由基，最显著的是氢氧根自由基，因而具有强氧化性的特点。

（二）影响灭菌和消毒的因素

消毒（灭菌）时，除了应注意消毒方法本身的性质和特点外，还要注意使用方法和外界因素对消毒效果的影响。不论使用哪种消毒（灭菌）方法，其效果都会受多方面因素的影响，对这些因素的掌握和利用，能提高消毒效果。

1. 微生物污染的种类和数量

在消毒前要考虑到微生物污染的种类和数量。微生物的种类不同，对高温、消毒剂的抗性也不同。菌体聚集成群增强了机械保护作用，且随着高抗性个体的增多，灭菌越加困难，应适当加强灭菌强度和时间。

2. 消毒强度

消毒强度是杀灭微生物的关键条件。消毒强度在热力消毒时是指温度高低，在化学消毒时是指消毒剂浓度，在紫外线消毒时是指紫外线照射强度。一般来说，增加消毒处理强度能相应提高消毒（杀菌）的速度，而减少消毒作用时间也会使消毒效果降低。

3. 温度

除热力消毒完全依靠温度作用来杀灭微生物外，其他各种消毒方法也都受温度变化的影响。无论使用物理方法还是化学方法，温度越高效果越好。

4. 湿度

消毒环境的相对湿度对气体消毒和熏蒸消毒的影响十分明显，湿度过高或过低都会影响消毒效果，甚至导致消毒失败。其中，室内空气甲醛熏蒸消毒的相对湿度应为80%~90%，小型环氧乙烷消毒处理的相对湿度以40%~60%为宜，大型消毒（>0.15 m³）以50%~80%为宜，而紫外线在相对湿度为60%以下杀菌力较强。

5. 酸碱度

大多数微生物在酸性或碱性溶液中比在中性溶液中易杀灭，酸碱度的变化也可直接影响某些消毒方法的效果。pH值既可对消毒剂本身有影响，又可对微生物有影响。如戊二醛在pH值由3升至8时，杀菌作用逐步增强；而次氯酸盐溶液在pH值由3升至8时，杀菌作用却逐渐下降。

6. 介质

环境中的微生物常依附介质生存，而微生物所依附的介质对灭菌效果的影响较大。

介质成分越复杂，灭菌越困难，环境中的有机物质往往能抑制或减弱消毒因子的杀菌能力，特别是化学消毒剂的杀菌能力。如在有机物存在时，含氯消毒剂、过氧化合物的杀菌作用显著下降，但环氧乙烷、戊二醛等消毒剂受有机物的影响比较小。

7. 穿透条件

物品被消毒时，杀菌因子只有同微生物细胞相接触才可以发挥作用。不同消毒因子穿透力不同，如干热消毒比湿热消毒穿透力差，甲醛蒸汽消毒比环氧乙烷消毒穿透力差，紫外线消毒只能作用于物体表面和浅层液体中的微生物。

8. 氧

氧的存在能加强电离辐射的杀菌作用，有氧条件下比无氧条件下杀菌作用要强2.5~4倍。

知识拓展

为什么湿热灭菌比干热灭菌效果好？

蛋白质凝固所需的温度与其含水量有关，含水量愈大，发生凝固所需的温度愈低。湿热灭菌时的菌体蛋白质吸收水分，因而比在同一温度的干热空气中易于凝固。温热灭菌过程中蒸气放出大量潜热，加速提高湿度，因而湿热灭菌比干热所需温度低，如在同一温度下，则湿热灭菌所需时间比干热短。且湿热的穿透力比干热大，使深部也能达到灭菌温度，故湿热比干热收效好。

░ 任务五　微生物的纯培养 ░

　　自然界中各种微生物混杂地生活在一起，要研究某种微生物的特性，先决条件是必须把混杂的微生物类群分离开来，以得到只含有一种微生物的纯培养。微生物学中将在实验室条件下由一个细胞或一种细胞群繁殖得到的后代称为微生物的纯培养。由于通常情况下纯培养物能较好地被研究、利用和保证结果的可重复性，因此，把特定的微生物从自然界混杂存在的状态中分离、纯化出来的纯培养技术是进行微生物研究的基础。

　　纯培养技术包括两个基本步骤：①从自然环境中分离培养对象；②在以培养对象为唯一生物种类的隔离环境中培养、增殖，获得这一生物种类的细胞群体。针对不同微生物的特点，有许多获得纯培养的方法。而纯培养之前首先要灭菌。

一、无菌技术

　　微生物是肉眼看不见的微小生物，而且无处不在，因此，在对微生物进行研究和应用时，不仅需要通过分离纯化技术从混杂的天然微生物群体中分离出特定的微生物，而且还必须随时注意保持微生物纯培养的"纯洁"，防止其他微生物的混入，所操作的微生物培养物也不应对环境造成污染。我们将微生物分离、转接及培养时防止被其他微生物污染，其自身也不污染操作环境的技术称为无菌技术。它是保证微生物学研究正常进行的关键。

（一）对器具和培养基进行灭菌

　　在微生物研究和应用中所使用的器具、设备仪器（试管、吸管、三角瓶、培养皿、发酵罐等）以及培养微生物的各种培养基必须进行严格的灭菌，使其不含任何微生物。常用的方法是高压蒸汽灭菌，它可以杀灭所有的微生物，包括最耐热的某些微生物的休眠体，同时可以保持培养基的营养成分不被破坏。有些玻璃器皿也可采用高温干热灭菌。为了防止杂菌，特别是空气中的杂菌污染，试管及玻璃烧瓶都需采用适宜的塞子塞口，通常采用棉花塞，也可采用各种金属、塑料及硅胶帽，它们只可让空气通过，而空气中的微生物不能通过。培养皿是由正反两个平面板互扣而成，专为防止空气中微生物的污染而设计的器具。灭菌后要做无菌检查。

（二）无菌操作技术

操作及培养微生物，必须在无菌条件下进行。操作要点如下。

1. 在火焰中上部的无菌区进行接种和分离，将接种针（环、刀、铲）或耐热器进行灼烧，都可以达到无菌效果。

2. 利用无菌箱、超净工作台或无菌室进行操作，在使用前可用甲醛熏蒸空间及紫外线灭菌，使空气及物品表面的微生物被杀死。操作人员必须穿工作服，戴口罩、帽子等，用75%乙醇棉球擦拭双手消毒。

3. 好氧培养中，所用试管和三角烧瓶的口端加上棉塞、硅胶塞或多层纱布，既可把外界的微生物及灰尘隔除在外，又可使空气进入。

二、微生物的分离、纯化

自然界的土壤、水、空气及动植物体中，不同种类的微生物绝大多数都是混杂生活在一起的，当我们希望获得某种微生物时，就必须从混杂的微生物类群中分离它，以得到只含有这一种微生物的纯培养，这种获得纯培养的方法称为微生物的分离与纯化。

为了获得某种微生物的纯培养，一般是根据该微生物对营养、酸碱度、氧等条件要求的不同，而供给适宜它的培养条件，或加入某种抑制剂，造成只利于此菌生长，而抑制其他菌生长的环境，从而淘汰其他一些不需要的微生物，再用稀释涂布平板法、稀释倾注平板法或平板划线分离法等方法分离、纯化该微生物，直至得到纯菌株。

土壤是微生物生活的大本营，在这里生活的微生物数量大、种类多，因此，土壤是我们开发利用微生物资源的重要基地，可以从其中分离、纯化到许多有用的菌株。

（一）菌种分离用器材

1. 菌种

从土样获得。

2. 培养基

高氏一号琼脂培养基、肉膏蛋白胨琼脂培养基、察氏培养基。

3. 其他用具

盛9 mL无菌水的试管、盛90 mL无菌水并带有玻璃珠的三角烧瓶、无菌玻璃涂棒、无菌吸管、接种环、10%酚、无菌培养皿、链霉素等。

（二）菌种分离与纯化方法

生活在自然界中的微生物种类繁多，而且绝大多数是混杂在一起，为了从混杂的微生物群体中获得某一种或某一株微生物，必须采用特殊的微生物分离方法，以获取纯种。纯种分离就是将样品进行一定的稀释，使每个细胞能够单独分散存在，然后采用适当的方法，将某一个细胞挑选出来，这个细胞就成了纯种。菌种分离、纯化最常用的方法有三种：稀释涂布平板法、稀释倾注平板法、平板划线法。

下面列出的是目前实验室进行微生物分离纯化的几种常用操作方法。

1. 稀释涂布平板法

先将样品进行稀释，通过无菌玻璃涂棒在固体培养基表面均匀涂布，使稀释液中的菌体定位。经培养，在固体培养基上即有分散的菌落出现。

（1）倒平板

将肉膏蛋白胨培养基、高氏一号琼脂培养基、察氏培养基溶化，待冷却至50 ℃左右时，向高氏一号琼脂培养基中加入10%酚数滴，向察氏培养基中加入链霉素溶液，使每毫升培养基含链霉素30 μg。然后分别倒平板，每种培养基倒三皿，其方法是右手持盛培养基的试管或三角烧瓶，置火焰旁边，左手拿平皿并松动试管塞或瓶塞，用手掌边缘和小指、无名指夹住拔出，如果试管内或三角烧瓶内的培养基一次可用完，则管塞或瓶塞不必夹在手指中。试

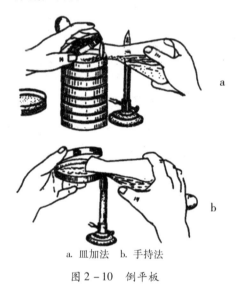

a. 皿加法　b. 手持法
图2-10　倒平板

管（瓶）口在火焰上灭菌，然后左手将培养服盖在火焰附近打开一缝，迅速倒入培养基10~15 mL，加盖后轻轻摇动培养皿，使培养基均匀分布，平置于桌面上，待凝后即成平板。也可将平皿放在火焰附近的桌面上，用左手的食指和中指夹住管塞片打开培养皿，再注入培养基，摇匀后制成平板，如图2-10所示。最好是将平板放室温2~3天，或37 ℃培养24 h，检查无菌落及皿盖无冷凝水后再使用。

（2）制备土壤稀释液

称取土样10 g，放入盛90 mL无菌水并带有玻璃珠的三角烧瓶中，振摇约20 min，使土样与水充分混合，将菌分散。用一支1 mL无菌吸管从中吸取1 mL土壤悬液注入盛有9 mL无菌水的试管中，吹吸三次，使充分混匀。然后再用一支1 mL无菌吸管从此试管中吸取1 mL，注入另一支盛有9 mL无菌水的试管中，以此类推制成10^{-1}、10^{-2}、10^{-3}、10^{-4}、10^{-5}、10^{-6}、10^{-7}、10^{-8}、10^{-9}等各种稀释度的土壤溶液。

（3）涂布

将上述每种培养基的三个平板底面分别用记号笔写上选择后的三种合适稀释度，

如 10^{-7}、10^{-8}、10^{-9}，然后用三支 1 mL 无菌吸管分别由三管土壤稀释液中各吸取 0.1 mL 对号放入已写好稀释度的平板中，用无菌玻璃涂棒在培养基表面轻轻地涂布均匀。

（4）培养

将高氏一号培养基平板和察氏培养基平板倒置于 28 ℃温室中培养 3~5 天，肉膏蛋白胨平板倒置于 37 ℃温室中培养 2~3 天。

（5）挑选

将培养后长出的单个菌落分别挑取接种到上述三种培养基的斜面上，分别置于 28 ℃ 和 37 ℃温室中培养，待菌苔长出后，检查菌苔是否单纯，也可用显微镜涂片染色检查是否是单一的微生物，若有其他杂菌混杂，就要再次进行分离、纯化，直到获得纯培养。分离过程见图 2-11。

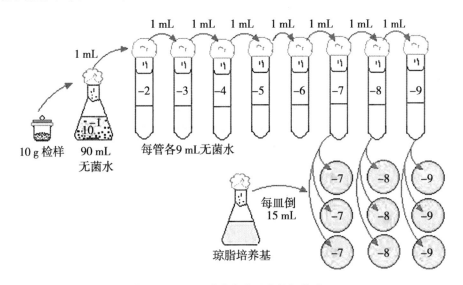

图 2-11　从土壤中分离微生物操作过程

2. 稀释倾注平板法

又称稀释混合平板法，即将待分离的菌体材料制备成菌悬液，再做一系列的稀释（10^{-1}、10^{-2}、10^{-3}……），各种稀释含菌液分别置于培养皿中，用倾注法制成平板后经一段时间的培养，在固体平板上即有分散的菌落出现。挑取单个菌落，移植培养后即可获得纯种。

稀释倾注平板法与稀释涂布平板法基本相同，无菌操作也一样，所不同的是先分别吸取 1 mL 10^{-7}、10^{-8}、10^{-9} 稀释度的土壤悬液对号放入平皿，然后再倒入溶化后冷却到 50 ℃左右的培养基，边倒边摇匀，使样品中的微生物与培养基混合均匀，待冷凝成平板后，分别倒置于 28 ℃和 37 ℃温室中培养后，再挑取单个菌落，直至获得纯培养。

3. 平板划线法

又称分离培养法,是细菌分离培养中使用最广泛的一种方法。在划线过程中,通过接种环在平板表面往返滑动,微生物细胞从接种环上转移到平板上,使单个细胞能分散在平板上,并通过生长繁殖形成单个菌落。由一个菌体细胞形成的菌落,可认为是纯的菌种。这是最常用的适用于分离细菌和酵母菌的方法。

(1)倒平板

将溶化的固体培养基冷却至 50 ℃左右时,在每一培养皿内注入 10 ~ 15 mL,置于平整桌上待凝固后成平板就可划线。

(2)制备土壤

稀释液同稀释涂布平板法。最终制成 10^{-1}、10^{-2}、10^{-3} 等各种稀释度的土壤溶液。

(3)平板划线

在近火焰处,左手拿皿底,右手拿接种环在火焰上灭菌,挑取上述(2)制备的土壤悬液一环在平板上划线。划线的方法很多,但无论用哪种方法划线,其目的都是通过划线将样品在平板上进行稀释,使之形成单个菌落。常用的划线方法有分段划线法和连续划线法两种。

①分段划线法:凡是含菌量多或含有不同细菌的培养物或标本,都可以使用这种方法。操作时,用接种环以无菌操作挑取土壤悬液一环,先在平板培养基的一边作第一次平行划线 3 ~ 4 条,再转动培养皿约 70 度角,并将接种环上剩余物烧掉,待冷却后通过第一次划线部分做第二次平行划线,再用同法通过第二次平行划线部分做第三次平行划线和通过第三次平行划线部分做第四次平行划线〔图 2 - 12(a)〕。这样分段划线,在每一段划线内的细菌数逐渐减少,便能得到单个菌落,划线完毕,盖好皿盖,倒置于 37 ℃培养箱内培养。

②连续划线法:凡是培养物或样本上的细菌数不太多时,便使用平板连续划线法。用接种环先挑取土壤悬液一环,涂布于平板表面一角,然后在原处开始向左右两侧划线,逐渐向下移动,连续划成若干条分散而不是重叠的平行线〔图 2 - 12(b)〕。划线完毕,盖好皿盖,倒置于 37 ℃培养箱内培养。

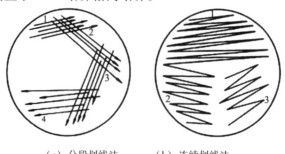

(a)分段划线法　　　（b）连续划线法

图 2 - 12　划线方法

（4）挑选菌落

同"稀释涂布平板法"，直至获得单一菌落。

4. 稀释摇管法

用固体培养基分离严格厌氧菌有它特殊的地方，如果该微生物暴露于空气中不立即死亡，可以采用通常的方法制备平板，然后放置在封闭的容器中培养，容器中的氧气可采用化学、物理或生物的方法清除。对于那些对氧气更为敏感的厌氧性微生物，纯培养的分离则可采用稀释摇管培养法进行，它是稀释倾注平板法的一种变通形式（也可采用其他方法来进行严格厌氧菌的分离、纯化，如 Hungate 技术和厌氧手套箱技术，但对操作技术和实验设备都有较高的要求）。

先将一系列盛无菌琼脂培养基的试管加热，使琼脂熔化后冷却并保持在 50 ℃ 左右，将待分离的材料用这些试管进行梯度稀释，试管迅速摇动均匀，冷凝后，在琼脂柱表面倾倒一层灭菌液体石蜡和固体石蜡的混合物，将培养基和空气隔开。培养后，菌落形成在琼脂柱的中间。进行单菌落的挑取和移植，需先用一只灭菌针将液体石蜡-石蜡盖取出，再用一只毛细管插入琼脂和管壁之间，吹入无菌无氧气体，将琼脂柱吸出，置放在培养皿中，用无菌刀将琼脂柱切成薄片进行观察和菌落的移植。

5. 单细胞（单孢子）挑取法

稀释法有一个重要缺点，即它只能分离出混杂微生物群体中占数量优势的种类，而在自然界，很多微生物在混杂群体中都是少数。这时，可以采取显微分离法从混杂群体中直接分离单个细胞或单个个体进行培养以获得纯培养，称为单细胞（单孢子）分离法。单细胞分离法的难度与细胞或个体的大小成反比，较大的微生物如藻类、原生动物较容易，个体很小的细菌则较难。

对于较大的微生物，可采用毛细管提取单个个体，并在大量的灭菌培养基中转移清洗几次，除去较小微生物的污染。这项操作可在低倍显微镜，如解剖显微镜下进行。对于个体相对较小的微生物，需采用显微操作仪，在显微镜下进行。目前，市场上的显微操作仪种类很多，一般是通过机械、空气或油压传动装置来减小手的动作幅度，在显微镜下用毛细管或显微针、钩、环等挑取单个微生物细胞或孢子以获得纯培养。在没有显微操作仪时，也可采用一些变通的方法在显微镜下进行单细胞分离，例如，将经适当稀释后的样品制备成小液滴在显微镜下观察，选取只含一个细胞的液滴进行培养以获得纯培养。单细胞分离法对操作技术有比较高的要求，多限于高度专业化的科学研究中采用。

若平板上的培养物起初看起来是纯菌落，但随着培养时间的延长，菌落分成两块，说明菌落不纯。细菌鉴定时出现的许多错误都可归咎于所分离的菌落不纯。除多次重复以上技术以外，微生物实验中为了保证纯培养，还需要采取措施避免其他杂菌介入，进行无菌技术操作，如无菌室或超净台的使用、酒精灯的使用、灭菌等。

任务六 菌种的衰退、复壮与保藏

一、菌种的衰退

菌种在培养或保藏过程中，由于自发突变的存在而出现的某些原有优良生产性状劣化、遗传标记丢失等现象，称为菌种衰退。菌种衰退不是突然发生的，而是从量变到质变的逐步演变过程。菌种衰退的主要原因是有关基因的负突变，此外连续传代、菌种未经很好地分离纯化、不适宜的生长环境（如培养基组成、培养条件）、污染杂菌都会导致菌种衰退。合理育种、选用合适的培养基、创造良好的培养条件、采用有效的菌种保藏方法等可以有效防止菌种的衰退。

（一）菌种衰退的表现

1. 菌落和细胞形态改变，如菌种典型的形态特征减少、生长缓慢、孢子产生减少、颜色改变或变形等。

2. 生产性能下降，如发酵能力降低、代谢产物生产能力下降。

3. 致病菌对宿主侵染能力下降。

4. 对生长环境的适应能力减弱，如利用营养物质的能力降低，抗噬菌体菌株变为敏感菌株，对外界不良条件包括低温、高温或噬菌体侵染等抵抗能力的下降。

（二）防止菌种衰退的措施

1. 合理育种

选育菌种时所处理的细胞应使用单核的，避免使用多核细胞；合理选择诱变剂的种类和剂量或增加突变位点，以减少分离回复；在诱变处理后进行充分的后培养及分离纯化，以保证保藏菌种纯粹。

2. 控制传代次数

由于微生物存在着自发突变，而突变都是在繁殖过程中发生而表现出来的，所以应尽量避免不必要的移种和传代，把必要的传代降低到最低水平，以降低自发突发的概率。菌种传代次数越多，产生突变的概率就越高，因而菌种发生退化的机会就越多。

这要求不论在实验室还是在生产实践上，必须严格控制菌种的移种传代次数，并根据菌种保藏方法的不同，确立恰当的移种传代的时间间隔。

3. 选择合适的培养基和培养条件

利用含有特殊成分的培养基可有效防止特定菌种的退化。有研究发现用老苜蓿根汁培养基培养细黄链霉菌可以防止它的退化；在赤霉菌产生菌　藤仓赤霉的培养基中，加入糖蜜、天门冬素、谷氨酰胺、5－核苷酸或甘露醇等物质，也有防止菌种退化的效果。此外，也可选取营养相对贫乏的培养基做菌种保藏培养基，以降低菌株生长繁殖速率，防止菌株的退化。

在生产实践中，创造和发现一个适合原种生长的条件可以防止菌种退化，如低温、干燥、缺氧等。在栖土曲霉 3.942 的培养中，有人曾用改变培养温度的措施（从 20 ~ 30 ℃提高到 33 ~ 34 ℃）来防止产孢子能力的退化。

4. 利用孢子接种

有些微生物，如放线菌和霉菌，由于其细胞常含有几个核甚至是异核体，因此用菌丝接种就会出现不纯和衰退，而孢子一般是单核的，用它接种时，就没有这种现象发生。有研究人员在实践中发现构巢曲霉如用分生孢子传代就容易退化，而改用子囊孢子移种传代则不易退化；还有研究人员用灭过菌的棉团轻巧地蘸取孢子进行斜面移种，由于避免了菌丝的接入，因而达到了防止退化的效果。

5. 选择合适的保藏方法

用于工业生产的一些微生物菌种，其主要性状都属于数量性状，而这类性状恰是最容易退化的，因此，有必要研究和制定出更有效的菌种保藏方法以防止菌种退化。

二、菌种的复壮

菌种的复壮是指使衰退的菌种恢复原来优良性状。狭义的复壮是指在菌种已发生衰退的情况下，通过纯种分离和生产性能测定等方法，从衰退的群体中找出未衰退的个体，以达到恢复该菌原有典型性状的措施。广义的复壮是指在菌种的生产性能未衰退前就有意识地经常进行纯种的分离和生产性能测定工作，以期菌种的生产性能逐步提高，实际上是利用自发突变不断地从生产中选种。

常用复壮措施有纯种分离、寄主复壮、衰退个体淘汰、遗传育种等方法。

1. 纯种分离

采用平板划线分离法、稀释平板法或涂布法均可。把仍保持原有典型优良性状的单细胞分离出来，经扩大培养恢复原菌株的典型优良性状，若能进行性能测定则更好。还可用显微镜操纵器将生长良好的单细胞或单孢子分离出来，经培养恢复原菌株性状。

2. 寄主复壮

主要是对一些寄生性的菌株，可以将衰退的菌株接种到相应的宿主体内，提高其寄生性能及其他性能。

3. 衰退个体淘汰

采用比较激烈的理化条件进行处理，以杀死生命力较差的已衰退个体。可以采用各种外界不良理化条件，使发生衰退的个体死亡，从而留下群体中生长健壮的个体。如对"5406"抗生菌的分生孢子进行 $-30 \sim 10\ ℃$ 低温处理 $5 \sim 7$ 天，使 80% 个体死亡，在抗低温个体中可找到健壮的个体。

4. 遗传育种

对衰退的菌株进行诱变处理，从中筛选出具有正向突变的菌株，进行扩大培养，恢复或优化原菌株性状。

三、菌种的保藏

（一）常规保藏方法

1. 斜面保藏法

斜面保藏法操作简单，使用方便，不需特殊设备，能随时检查保藏菌种是否死亡、变异、污染杂菌等；但需经常传代，容易变异，保藏时间短，易被污染。保藏时间依微生物的种类而定，霉菌、放线菌及芽孢菌保存 $2 \sim 4$ 个月移种一次，酵母菌间隔两个月，普通细菌一个月，假单胞菌两周传代一次。

（1）贴标签

取无菌肉汤蛋白胨斜面数支，在斜面正上方距管口 $2 \sim 3\ cm$ 处贴上标签，写明接种的菌种名称、培养基名称、接种日期。

（2）接种

将菌种用接种环以无菌操作在斜面上作 Z 形划线接种。

（3）培养

适宜温度培养 $24 \sim 72\ h$，得到有活力、适龄的菌体或孢子。

（4）保藏

待其充分生长后，用牛皮纸将棉塞（胶塞效果更好）部分包扎好，置于 $4\ ℃$ 冰箱中保藏。

2. 半固体穿刺保藏法

半固体穿刺保藏法常用于保藏各种厌氧性微生物，一般保藏时间为 $6 \sim 12$ 个月。

（1）贴标签

取无菌半固体肉汤蛋白胨直立柱数支，在距管口 $2 \sim 3\ cm$ 处贴上标签，写明接种的菌种名称、培养基名称、接种日期。

（2）接种与培养

用接种针以无菌方式挑取菌种，从直立柱中央直刺至试管底部，然后沿原路拉出。并在适宜温度培养 24～72 h。

（3）保藏

菌种长好后，用胶塞封严，置于 4 ℃冰箱存放。

3. 液体石蜡保藏法

此法适用于霉菌、酵母菌、放线菌、不宜冷冻干燥的微生物及某些需氧细菌的保存，效果良好。可以分解石蜡的微生物则不可采用这种方法保藏。液体石蜡使菌体与空气隔绝，通过限制氧的供给而达到削弱微生物代谢作用的目的。其优点是存活率高；不需经常转代，变异少、优良种性能保持较长时间；可防止干燥。采取此法需注意，菌种试管必须垂直放置，不太方便；从液体石蜡封藏的菌种管中挑菌后，接种环上带有油和菌，故接种环在火焰上灭菌时要先在火焰边烤干再直接灼烧，以免菌液四溅，引起污染。此方法对霉菌、放线菌、芽孢菌可保藏两年以上，酵母菌可保藏 1～2 年，普通细菌也可保藏 1 年左右。

（1）贴标签

同"斜面保藏法"。

（2）处理液体石蜡

将液体石蜡分装于三角瓶中，装量不超过三角瓶体积的1/3，塞上棉塞，外包牛皮纸或锡箔纸。将分装并包扎好的液体石蜡用高压蒸汽灭菌锅 121 ℃灭菌 30 min，用无菌吸管或注射器吸取液体石蜡注入无菌肉汤中检测灭菌效果，然后放入 40 ℃恒温箱中数小时或干燥器中数日，使水分蒸发掉，备用。灭菌后的石蜡，如果水分已除净，为均匀透明状液体。

（3）接种

将菌种用接种环以无菌操作在斜面上作划线接种，并在适宜温度培养 24～72 h。

（4）加入石蜡

无菌操作将适量无菌石蜡加在已长好菌的斜面上，其用量以高出竖直斜面顶端 1 cm为准，使菌种与空气隔绝。

（5）保藏

将试管直立，置于低温或室温下保存。

4. 砂土管保藏法

此法适用产芽孢的细菌、产生孢子的霉菌和放线菌的保存，对营养细胞的保藏效果不佳。保藏时间一般为几年，甚至几十年。

（1）河砂处理

取河砂若干加入 10% 的盐酸，加热煮沸 30 min 除去有机质。倒去盐酸溶液，用自来水冲洗至中性，最后一次用蒸馏水冲洗，烘干后用 40 目筛子过筛，弃去粗颗粒，备用。

（2）土壤处理

取不含腐殖质的瘦黄土或红土，加自来水浸泡洗涤数次，直至中性。烘干后碾碎，用 100 目筛子过筛，粗颗粒部分丢掉。

（3）砂土混合

根据需要按比例将河砂与土壤掺和均匀，装入 10×100 mm 的小试管或安瓿管中，每管分装 1 g 左右，塞上棉塞，进行灭菌（通常采用间歇灭菌 2～3 次），最后烘干。

（4）无菌检查

每 10 支砂土管随机抽 1 支，将砂土倒入肉汤培养基中，37 ℃培养 48 h，若发现有微生物生长，则所有砂土管需重新灭菌，再做无菌试验，直至证明无菌后方可使用。

（5）菌悬液的制备

取生长健壮的新鲜斜面菌种，加入 3 mL 无菌水，用接种环轻轻将菌苔洗下，制成菌悬液。

（6）加样

每支砂土管加入 0.1 mL 菌悬液，用接种针拌匀。

（7）干燥

将装有菌悬液的砂土管放入干燥器内，干燥器底部盛有干燥剂，用真空泵抽干水分后用橡皮塞或棉塞封住试管口。

（8）保存

置于 4 ℃冰箱或室温干燥处，每隔一定的时间进行检测。

5. 滤纸保藏法

细菌、酵母菌、丝状真菌均可采用该法保藏，保藏时间为几年至几十年。

（1）将滤纸剪成 0.5×1.2 cm 的小条，装入 0.6×8 cm 的安瓿管中，每管 1～2 张，塞以棉塞，121 ℃灭菌 30 min。

（2）将需要保存的菌种，在适宜的斜面培养基上培养，充分生长。

（3）取灭菌脱脂牛乳 1～2 mL 滴加在灭菌培养皿或试管内，取数环菌苔在牛乳内混匀，制成浓悬液。

（4）用灭菌镊子自安瓿管取滤纸条浸入菌悬液内，使其吸饱，再放回至安瓿管中，塞上棉塞。

（5）将安瓿管放入内有五氧化二磷作吸水剂的干燥器中，用真空泵抽气至干燥。

（6）将棉花塞入管内，用火焰熔封，保存于 4 ℃ 低温下。

（7）取用菌种时，将安瓿管口在火焰上烧热，滴一滴冷水在烧热的部位，使玻璃破裂，再用镊子敲掉口端的玻璃。

（二）真空冷冻干燥保藏法

真空冷冻干燥保藏法综合利用了各种有利于菌种保藏的因素（低温、干燥、缺氧），是目前最有效的菌种保藏方法之一，适用于大多数微生物，包括一些很难保存的致病菌，保存时间可长达 10 年以上。许多国家级菌种保藏中心都采用真空冷冻干燥保藏法对菌种进行保藏。低温可以抑制微生物的生长，且绝大多数微生物耐低温，运用低温处理时要注意，需要加入适当的保护剂，由于温度迅速下降，不可反复冷冻和融化；运用干燥处理时，干燥会导致细胞失水造成代谢停止或死亡，且干燥环境中，温度越高，微生物越容易死亡。

1. 准备安瓿管

安瓿管用 10% HCl 浸泡 8 ~ 10 h，再用自来水冲洗多次，最后用去离子水洗 1 ~ 2 次，烘干，将标签放入安瓿管内，管口加棉塞，121 ℃ 灭菌 30 min。

2. 制备脱脂牛奶

将脱脂奶粉配成 20% 乳液，然后分装，121 ℃ 灭菌 30 min，并做无菌试验。

3. 准备菌种

选用无污染的纯菌种，培养一定时间，一般细菌为 24 ~ 48 h，酵母菌为 3 天，放线菌与丝状真菌为 7 ~ 10 天（细菌和酵母菌要求菌龄超过对数生长期）。

4. 制备菌液及分装

吸取 3 mL 无菌脱脂牛奶直接加入斜面菌种管中，用接种环轻轻搅动菌落，再用手摇动试管，制成均匀的细胞或孢子悬液。用无菌长滴管或一次性注射器将菌液分装于安瓿管底部（图 2 - 13）。

5. 预冻

将分装好的安瓿管浸入装有干冰和 95% 乙醇的预冷槽或真空冷冻干燥机（图 2 - 14）的冷阱中（此时温度可达 - 50 ~ - 70 ℃），只需冷冻 4 ~ 5 min，即可使悬液冻结成固体。

6. 真空干燥

开动真空冷冻干燥机的真空泵抽气，使冻结样品逐渐被干燥成白色片状，此时使安瓿管脱离冰浴，在室温下继续干燥，升温可加速样品中残余水分的蒸发。

总干燥时间应根据安瓿管数量、悬浮液装量及保持剂的性质来定，一般 3~4 h 即可。

7. 封口样品

抽真空，在安瓿管棉塞的稍下部位用酒精喷灯火焰灼烧，熔封。

8. 存活性检测

抽取一管进行存活性检查，用 75% 乙醇消毒安瓿管外壁后，在火焰上烧热安瓿管上部，然后将无菌水滴在烧热处，使管壁出现裂缝，将裂口端敲断，开启安瓿管加入无菌培养液生理盐水 0.5 mL，在最适温度下，待样品溶解后摇匀，移入适宜的培养基中培养，观察其菌活性。

9. 保藏

置于 4 ℃ 冰箱内，避光保藏。

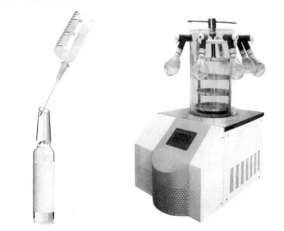

图 2-13　安瓿管加样　　图 2-14　真空冷冻干燥机

技能一　普通光学显微镜的使用与微生物形态观察

一、实验目的

1. 了解普通光学显微镜的基本构造。

2. 学会显微镜的正确使用方法。

3. 观察几种常见微生物的显微形态。

二、实验原理

现代普通光学显微镜利用目镜和物镜两组透镜系统来放大成像，故又常被称为复式显微镜，由机械装置和光学系统两大部分组成。在显微镜的光学系统中，物镜的性能最为关键，它直接影响着显微镜的分辨率。而在微生物学中使用的显微镜的物镜通常有低倍镜（10×）、高倍镜（40×）和油镜（100×）。显微镜总的放大倍数是目镜和物镜放大倍数的乘积，而物镜的放大倍数越高，分辨率越高。与其他物镜相比，油镜是三者中放大倍数最大的，它的使用也比较特殊，需在载玻片与镜头之间滴加香柏油。利用油镜的目的是增加显微镜的分辨力。

霉菌的营养体是菌丝体。按菌体中有无横隔膜分为有隔菌丝和无隔菌丝。霉菌菌丝体和孢子的形态特征是霉菌分类的重要依据。霉菌菌丝和孢子的宽度通常比细菌和放线菌粗得多，所以用低倍镜即可观察霉菌。

观察霉菌常用以下三种方法：

1. 直接制片观察法

将霉菌置于乳酸石炭酸棉蓝染色液中，制成霉菌制片镜检。由于霉菌菌丝粗大，细胞易收缩变形，而且孢子很容易飞散，若将菌丝置于水中易变形，所以霉菌不宜用水制片。霉菌的菌丝染色往往不均匀，因为菌丝对染料的亲和力不一样。幼龄菌丝易着色，老龄菌丝不易着色。

2. 载玻片培养观察法

用无菌操作将马铃薯葡萄糖琼脂培养基置于载玻片上，接种后盖上盖玻片于 28 ℃ 环境下培养，霉菌即可在载玻片和盖玻片之间的有限空间内沿盖玻片横向生长。此方法既可以保持并观察霉菌的自然生长状态，又便于观察不同发育期的霉菌。

3. 玻璃纸透析培养法

将玻璃纸覆盖在琼脂平板表面，再将霉菌接种在玻璃纸上，利用玻璃纸的透析性。经培养，霉菌在玻璃纸上生长形成菌苔，然后将此玻璃纸取下放在载玻片上直接镜检。用此方法既可以得到清晰、完整、保持自然生长状态的霉菌形态，又便于观察不同生长期的霉菌形态特征。

三、实验材料与仪器

1. 菌种

黑根霉、总状毛霉、产黄青霉。

2. 染色液与试剂

乳酸石炭酸棉蓝染色液、无菌水、生理盐水。

3. 培养基

马铃薯葡萄糖琼脂培养基、米曲汁琼脂培养基、察氏琼脂培养基。

4. 仪器和用具

普通光学显微镜、恒温箱、接种环、载玻片、盖玻片、培养皿、拨针、酒精灯、火柴等。

四、实验方法与步骤

1. 直接制片观察法

（1）制备霉菌培养物

将总状毛霉、黑根霉、米曲毒、产黄青霉分别接种在米曲汁琼脂培养基斜面上，在 28～30 ℃恒温箱中培养 2～3 d。

（2）涂菌

取一块洁净的载玻片，于载玻片中央加 1 滴乳酸石碳酸棉蓝染色液，用接种环挑取少许霉菌涂于其中，用拨针将菌丝摊开。

（3）盖上盖玻片

用镊了夹一洁净的盖玻片，先使其一边接触染液，然后慢慢地放下盖玻片，避免产生气泡，否则影响观察结果。

（4）镜检

用低倍镜或高倍镜观察。注意区别总状毛霉与黑根霉的异同点。观察菌丝有无隔膜，以及假根、匍匐菌丝、孢子囊梗、孢子囊及孢囊孢子的形态特点；观察米曲霉菌丝有无横隔膜，以及分生孢子梗、顶囊、小梗及分生孢子的形态特点；观察产黄青霉菌丝有无横膈膜，以及分子孢子梗、小梗及分生孢子的形态特点。

2. 载玻片培养观察法

以下均为无菌操作。

（1）取一套无菌培养皿，其内放一层已吸润 20% 甘油的滤纸，在此滤纸上放两根无菌的短玻璃棒。

（2）取一块干燥无菌的载玻片，于载玻片的中央加 1 滴融化的察氏琼脂培养基，并使此滴培养基直径不大于 0.5 cm，在培养基凝固前，点植接种霉菌孢子，再用无菌镊子夹一块干燥无菌的盖玻片，立即盖于其上。盖玻片与载玻片之间的距离不高于 0.04 mm，但盖玻片不能紧贴在载玻片上，要有极小缝隙，以便通气和霉菌各部分平行排列生长，便于观察。

（3）将制好的载玻片放入培养皿中的玻璃棒上，盖好培养皿盖。

（4）将制备好的培养皿置于 28 ℃恒温箱中培养 3～5 d。

（5）在不同时期用显微镜直接观察。

3. 玻璃纸透析培养法

以下均为无菌操作。

方法一

（1）在长有孢子的霉菌斜面培养物中加入无菌水，用接种环将霉菌挑起，制成菌悬液。

（2）用无菌镊子夹取直径为 9 cm 的无菌玻璃纸，覆盖在察氏琼脂培养基平板的表面。

（3）用无菌吸管吸取 1 mL 菌悬液加到玻璃纸表面，用无菌涂布棒涂匀。

（4）将接种后的平板培养基倒置于 28 ℃恒温箱中培养 48 h。

（5）取出玻璃纸，用剪刀剪成小条放于洁净的载玻片上，置于显微镜下观察。

方法二

（1）将无菌的玻璃纸剪成似盖玻片大小的小块。

（2）将无菌的玻璃纸片铺在察氏琼脂培养基平板的表面，用无菌涂布棒或接种环将玻璃纸压平，使其紧贴在培养基平板表面，不留空隙，每个平板可铺 5～10 块玻璃纸片。

（3）用接种环挑取霉菌斜面培养物在玻璃纸片上面划线接种。

（4）将接种后的平板倒置于 28 ℃恒温箱中培养 3～5 d。

（5）取出 1 块玻璃纸片，放于洁净的载玻片上，置于显微镜下观察。

4. 粘片观察法

取一块洁净的载玻片，在载玻片中央加 1 滴乳酸石炭酸棉蓝染色液，用一段透明胶带在霉菌平板培养物上粘取菌体，然后将此胶带粘面（有菌面）朝下，放在载玻片上的染液上，将此载玻片置于显微镜下观察。

5. 假根培养观察法

以下均为无菌操作。

（1）用接种环取根霉菌孢子，在马铃薯葡萄糖琼脂平板培养基表面划线接种。

（2）将接种后的平板培养基倒置，并在培养皿盖内放一块无菌载玻片，然后将此倒置的平板培养基放在 28 ℃恒温箱中培养 2～3 d 后，即可见到根霉的气生菌丝倒挂成胡须状，有许多菌丝与载玻片接触，并在载玻片上分化出假根和匍匐菌丝等结构。

（3）取出培养皿盖内的载玻片，在附着有菌丝体的一面盖上盖玻片，置于显微镜下观察，在低倍镜下即可观察到匍匐菌丝，假根，从根节上分化出的孢子囊梗、孢子囊及孢囊孢子。

五、实验结果

1. 绘出所观察到的各种霉菌的形态图，并注明各种菌株的名称、使用放大倍数。

2. 说明各种霉菌的特点。

六、思考题

1. 显微镜下如何区分毛霉、根霉、曲霉、青霉？

2. 观察霉菌的方法有哪些？各有何特点？

技能二　细菌的简单染色法

一、实验目的

1. 学习微生物涂片、染色的基本技术，掌握简单染色方法。

2. 初步认识细菌的形态特征。

二、实验原理

参看项目二任务二中"简单染色法"部分内容。

三、实验材料与仪器

菌种：大肠杆菌 18～24 h 斜面培养物。

美蓝染液或石炭酸复红染色液、显微镜、酒精灯、载玻片、盖玻片、接种环、香柏油、二甲苯、擦镜纸、生理盐水或蒸馏水等。

四、实验方法与步骤

1. 涂片：取一块洁净无油的载玻片，在无菌条件下滴加一小滴生理盐水（或蒸馏水）于玻片中央，用接种环以无菌操作，从大肠杆菌斜面上挑取少许菌苔于水滴中，混匀并涂成直径约 1.5 cm 的薄膜。

2. 干燥：室温自然干燥。也可以将有菌面朝上在酒精灯上方稍微加热，使其干燥。

3. 固定：有菌面朝上快速通过火焰 2～3 次，进行固定。

4. 染色：将载玻片平放于桌面上，滴加美蓝染液 1～2 滴，染色 1～2 min。

5. 水洗：倾去染液，用自来水从载玻片一端轻轻冲洗，直至从涂片上流下的水无色为止。

6. 干燥：自然干燥、电吹风吹干或用吸水纸吸干均可以。注意勿擦拭涂菌区域。

7. 镜检：涂片完全干燥后，用显微镜观察。先用低倍镜确定观察区域，再用高倍镜、油镜观察菌体形态。

五、实验结果

根据观察结果，绘出两种细菌的形态图。

六、思考题

1. 制备细菌染色标本时，应该注意哪些环节？

2. 为什么要求制片完全干燥后才能用油镜观察？

3. 如果涂片未经热固定，将会出现什么问题？加热温度过高、时间太长，又会怎样呢？

技能三　细菌的革兰氏染色法

一、实验目的

1. 理解革兰氏染色法的原理及其在细菌分类鉴定中的重要性。

2. 掌握革兰氏染色技术。

二、实验材料与仪器

菌种：大肠杆菌、金黄色葡萄球菌18～24 h斜面培养物。

结晶紫染色液、卢戈氏碘液、95%酒精、番红染色液、显微镜、酒精灯、载玻片、盖玻片、接种环、香柏油、二甲苯、擦镜纸、生理盐水或蒸馏水等。

三、实验原理

参看项目二任务二中"革兰氏染色法"部分内容。

四、实验方法与步骤

1. 涂片：取一块洁净的载玻片，用马克笔在载玻片的左右两侧标上菌号，并在两端各滴一小滴蒸馏水，无菌操作分别挑取少量大肠杆菌和金黄色葡萄球菌菌苔于水滴中，混匀并涂成直径约1.5 cm的薄膜。

2. 干燥、固定：同技能二"细菌的简单染色法"。

3. 初染：滴加适量结晶紫于两个玻片的涂面上，染色1～2 min，倾去染色液，水洗至洗出液为无色，将载玻片上水甩净。

4. 媒染：滴加适量卢戈氏碘液，媒染约1 min，水洗，将载玻片上水甩净。

5. 脱色：用滤纸吸去玻片上的残水，将玻片倾斜，在白色背景下，用滴管流加95%的乙醇脱色，直至流出的乙醇无紫色时，立即水洗，终止脱色，将载玻片上水甩净。注意脱色时间一般控制在20～30 s。

6. 复染：在涂片上滴加番红液复染约2～3 min，水洗，然后用吸水纸吸干。

7. 镜检：干燥后，用油镜观察。判断两种菌体染色反应性。菌体被染成蓝紫色的是革兰氏阳性菌（G^+），被染成红色的为革兰氏阴性菌（G^-）。

五、实验结果

简述两株细菌的染色结果（菌株的形状、颜色和革兰氏染色反应）。

六、思考题

1. 哪些环节会影响革兰氏染色结果的正确性？其中最关键的环节是什么？

2. 进行革兰氏染色时，为什么强调菌龄不能太老，用老龄细菌染色会出现什么问题？

3. 革兰氏染色时，初染前能加碘液吗？乙醇脱色后复染之前，革兰氏阳性菌和革兰氏阴性菌应分别是什么颜色？

4. 不经过复染这一步，能否区别革兰氏阳性菌和革兰氏阴性菌？

技能四　酵母菌死活细胞观察及数目测定

一、实验目的

1. 掌握鉴别酵母菌死活细胞的染色方法。

2. 了解血球计数板的构造、计数原理和计数方法。

3. 掌握显微镜下直接计数的技能。

二、实验原理

酵母菌是一种单细胞真核微生物，活细胞具有较强的还原力，能使美蓝由蓝色的氧化型变为无色的还原型，因此酵母活细胞是无色的，而死细胞或衰老细胞则呈蓝色或淡蓝色，以此进行鉴别。

测定酵母细胞数量的方法很多，通常采用的有显微直接计数法和平板计数法。显微直接计数法适用于各种含单细胞菌体的纯培养悬浮液，计数工具为血球计数板。血球计数板是一块特制的厚型载玻片，载玻片上有 4 条槽而构成 3 个平台。中间的平台较宽，其中间又被一短横槽分隔成两半，每个半边上面各有一个计数区，计数区的刻度有两种：一种是计数区分为 16 个大方格（大方格用三线隔开），而每个大方格又分成 25 个小方格；另一种是一个计数区分成 25 个大方格（大方格之间用双线分开），而每个大方格又分成 16 个小方格。但是不管计数区是哪一种构造，它们都有一个共同特点，即计数区都由 400 个小方格组成。

计数区边长为 1 mm，则计数区的面积为 1 mm^2，每个小方格的面积为 1/400 mm^2。盖上盖玻片后，计数区的高度为 0.1 mm，所以每个计数区的体积为 0.1 mm^3，每个小方格的体积为 1/4000 mm^3。

使用血球计数板计数时，先要测定每个小方格中微生物的数量，再换算成每毫升菌液（或每克样品）中微生物细胞的数量。

$$每 mL 菌悬液中含有细胞数 = N \times K \times d$$

N：每个小方格中细胞平均数。

K：1 mm^3 体积应含有小方格数为 4×10^6 个小方格，即系数 K = 4×10^6。

d：菌液稀释倍数。

三、实验材料与仪器

1. 菌种：酵母菌培养液。

2. 染液及溶液：美蓝染液。

3. 其他物品：显微镜、血球计数板、盖玻片（22 mm×22 mm）、擦镜纸等。

四、实验方法与步骤

（一）酵母菌死活细胞鉴定

1. 在载玻片中央加一滴美蓝染色液，用滴管取 1 滴酵母菌菌液于染液中，混合均匀。

2. 加盖玻片。注意不要产生气泡。

3. 将制片放置约 3 min 后镜检，先用低倍镜然后用高倍镜观察酵母菌的形态和出芽情况，并根据颜色区别死、活细胞。

4. 染色约 0.5 h 后再次进行观察，注意死细胞数量是否增加。

5. 绘图说明你所观察到的酵母菌的形态特征。

（二）酵母菌细胞数目测定

1. 根据待测菌悬液浓度，加无菌水进行适当倍数的稀释。

2. 取洁净的血球计数板一块，在计数区盖上一块盖玻片。

3. 将酵母菌悬液摇匀，用滴管吸取少许，从计数板中间平台两侧的沟槽内沿盖玻片的下边缘摘入一小滴（不宜过多），让菌悬液利用液体的表面张力充满计数区（勿使产生气泡），并用吸水纸吸去沟槽中流出的多余菌悬液。也可以将菌悬液直接滴加在计数区上，不要使计数区两边平台沾上菌悬液，以免加盖盖玻片后，造成计数区深度的升高。然后加盖盖玻片（勿使产生气泡）。

4. 静置片刻，将血球计数板置于载物台上夹稳，先在低倍镜下找到计数区后，再转换高倍镜观察并计数。由于生活细胞的折光率和水的折光率相近，观察时应减弱光照的强度。

5. 计数时若计数区是由 16 个大方格组成，按对角线方位，数左上、左下、右上、右下的 4 个中方格（即 100 个小方格）的菌数。如果是 25 个大方格组成的计数区，除数上述四个中方格外，还需数中央 1 个中方格的菌数（即 80 个小方格）。如菌体位于中方格的双线上，计数时则数上线不数下线，数左线不数右线，以减少误差。

6. 对于出芽的酵母菌，芽体达到母细胞大小一半时，即可作为两个菌体计算。每个样品重复计数 2～3 次（每次数值不应相差过大，否则应重新操作），求出每一个小方格中细胞平均数（N），按公式计算出每 mL 菌悬液所含酵母菌细胞数量。

7. 测数完毕，取下盖玻片，用水将血球计数板冲洗干净，切勿用硬物洗刷或抹擦，以免损坏网格刻度。洗净后自行晾干或用吹风机吹干，放入盒内保存。

五、实验结果

1. 描述酵母菌的个体特征，根据观察结果绘图。

2. 将计数结果填入下表中。

计数次数	每个大中方格菌数					稀释倍数	1 mL 菌液总菌数	平均值
	1	2	3	4	5			
第一次								
第二次								

六、思考题

1. 随时间的迁移，视场中被染成蓝色的酵母菌细胞数有何变化？试分析其原因。

2. 显微直接计数法与平板菌落计数法计数结果有何不同？

技能五　微生物的大小测定

一、实验目的

1. 了解目镜测微尺和镜台测微尺的构造和使用原理。

2. 学习目镜测微尺的校正方法。

3. 学习并掌握使用显微镜测定微生物大小的方法。

二、实验原理

细胞的大小是微生物的形态特征之一，也是分类鉴定的依据之一。微生物菌体很小，只能在显微镜下测量。用来测量微生物细胞大小的工具有目镜测微尺和镜台测微尺。

目镜测微尺是一块可放在接目镜内的隔板上的圆形小玻片，中央刻有精确的刻度，有等分 50 小格或 100 小格两种，每 5 小格间有一长线相隔。由于所用接目镜放大倍数和接物镜放大倍数不同，目镜测微尺每小格所代表的实际长度也就不同，因此，目镜测微尺不能直接用来测量微生物的大小，在使用前必须用镜台测微尺进行校正，以求得在一定放大倍数的接目镜和接物镜下该目镜测微尺每小格的相对值，然后才可用来测量微生物的大小。

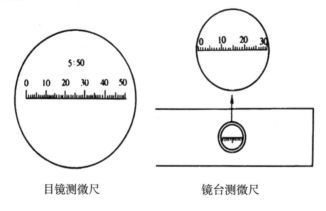

目镜测微尺　　　　　　　　镜台测微尺

图 2 - 15　目镜测微尺与镜台测微尺示意图

三、实验材料与仪器

1. 菌种：酿酒酵母。

2. 试剂：香柏油、二甲苯、无菌生理盐水等。

3. 仪器与其他用具：光学显微镜、目镜测微尺、镜台测微尺、载玻片、盖玻片、滴管、接种环、擦镜纸等。

四、实验流程

取镜→安装目镜测微尺→校正→测定大小→计算→整理

五、实验方法与步骤

1. 目镜测微尺的校正

（1）放置目镜测微尺

首先取出目镜，将目镜上的透镜旋下，将目镜测微尺的刻度朝下放在目镜筒内的隔板上，然后旋上目镜透镜，最后将目镜插入镜筒内。

（2）放置镜台测微尺

将镜台测微尺置于显微镜的载物台上，使刻度面朝上。

（3）校正目镜测微尺

先用低倍镜观察，对准焦距，当看清镜台测微尺后，转动目镜，使目镜测微尺的刻度与镜台测微尺的刻度平行，移动推动器，使目镜测微尺和镜台测微尺的某一区间的两对刻度线完全重合，根据计数得到的目镜测微尺和镜台测微尺重合线之间各自所占的格数，通过如下公式换算出目镜测微尺每小格所代表的实际长度。

$$目镜测微尺每格长度（\mu m）= \frac{两重合线间镜台测微尺格数 \times 10}{两重合线间目镜测微尺格数}$$

同法，校正在高倍镜和油镜下目镜测微尺每小格所代表的长度。

注意：用高倍镜或油镜时光线不宜过强，否则难以找到镜台测微尺的刻度。同时，操作时需防止镜头压坏镜台测微尺。

2. 菌体大小的测定

（1）将啤酒酵母菌斜面制成一定浓度的菌悬液。

（2）取一滴酵母菌菌悬液制成水浸片。

（3）移去镜台测微尺，换上酵母菌水浸片，先在低倍镜下找到目的物，然后在高倍镜下用目镜测微尺来测量酵母菌菌体的长、宽各占几格（不足 1 格的部分估计到小数点后一位数）。测出的格数乘上目镜测微尺每格的校正值，即等于该菌的长和宽。一般测量菌体的大小时要在同一个标本片上测定 10~20 个处在对数生长期的菌体，求出平均值，才能代表该菌的大小。

3. 取出目镜测微尺

测定完毕，取出目镜测微尺，并将目镜放回镜筒，再将目镜测微尺和镜台测微尺分别用擦镜纸擦拭后，放回盒内保存。

油镜使用完毕后，需用擦镜纸擦去镜头上的香柏油，再用擦镜纸蘸少许二甲苯擦掉残留的香柏油，最后再用干净的擦镜纸擦干残留的二甲苯。

六、注意事项

1. 使用镜台测微尺进行校正时，若一时无法直接找到测微尺，可先将显微镜的物镜镜头对准测微尺外的圆圈线，随后移动标本推进器寻找测微尺刻度线。

2. 细菌的个体微小，在进行细胞大小测定时一般应选用油镜，以减小误差。

3. 镜台测微尺的玻片较薄，在标定油镜时要格外小心，以免压碎镜台测微尺或损坏显微镜镜头。

4. 镜台测微尺的圆形盖玻片是用树脂封合的，当擦去香柏油时不宜过多使用二甲苯，否则易将树脂溶解，使得盖玻片脱落。

七、实验结果

1. 将目镜测微尺校正结果填入下表。

接物镜	物镜倍数	目镜测微尺格数	镜台测微尺格数	目镜测微尺每格代表的长度/μm
低倍镜				
高倍镜				
油镜				

接目镜倍数_____

2. 在高倍镜和油镜下测量菌体细胞的大小，并将测定结果填入下表。

名称	目镜测微尺每格代表的长度/μm	宽		长		菌体大小（宽×长）/（μm×μm）
		目镜测微尺平均格数	长度/μm	目镜测微尺平均格数	宽度/μm	
酿酒酵母						

注：结果计算为长（μm）＝平均格数×校正值；宽（μm）＝平均格数×校正值；菌体大小表示为宽（μm）×长（μm）。

八、思考题

1. 接目镜不变，目镜测微尺也不变，只改变接物镜，目镜测微尺每格所测量的镜台上物体的实际长度是否相同？为什么？

2. 为什么一般测量菌体的大小时，要在同一个标本片上测定10～20个处在对数生长期的菌体，求出平均值才能代表该菌的大小?

技能六　培养基的配置与灭菌

一、实验目的

1. 掌握微生物实验室常用玻璃器皿的清洗及包扎方法。

2. 掌握培养基的配制方法。

3. 掌握高压蒸汽灭菌锅的操作方法。

二、实验原理

参看项目二任务三、任务四的部分内容。

三、实验材料

1. 培养基

（1）牛肉膏蛋白胨琼脂培养基（培养细菌用）

（2）察氏培养基（培养霉菌用）

（3）马铃薯葡萄糖琼脂培养基（简称 PDA，培养真菌用）

（4）高氏一号培养基（培养放线菌用）

2. 药品与试剂

各种培养基的组成成分、1 mol/L NaOH 和 HCl 溶液。

3. 仪器与其他物品

电子天平、高压蒸汽灭菌锅、移液管、试管，烧杯、量筒、锥形瓶、培养皿、玻璃漏斗、药匙、称量纸、pH 试纸、记号笔、纱布、棉花等。

四、实验流程

称量→溶解→调节 pH 值→加琼脂→过滤→分装→包扎→灭菌→摆斜面或制作平板→无菌检查

五、操作步骤

1. 玻璃器皿的洗涤和包装

（1）玻璃器皿的洗涤

玻璃器皿在使用之前必须洗刷干净。将锥形瓶、试管、培养皿、量筒等浸入含有洗涤剂的水中，用毛刷刷洗，然后用自来水及蒸馏水冲净。移液管先用含有洗涤剂的水浸泡，再用自来水及蒸馏水冲洗。洗刷干净的玻璃器皿直接置于烘箱中烘干，备用。新购买的玻璃器皿常附有游离碱基，不可直接使用，可在2%盐酸中浸泡数小时后，再用自来水冲洗干净。

（2）灭菌前玻璃器皿的包装

①培养皿的包扎　培养皿由一盖一底组成一套，可用报纸将几套培养皿包成一包，包装培养皿时，双手同时折报纸往前卷，并边卷边收边，使报纸贴于培养皿的边缘，最后的报纸边折叠结实即可；或者将几套培养皿直接置于特制的铁皮圆筒内，加盖灭菌。包扎后的培养皿须经灭菌之后才能使用。

②移液管的包扎　先将报纸裁成宽约 5 cm 左右的长纸条，然后将移液管尖端放在长条报纸的一端，约成 45 度角，折叠纸条包住尖端，用左手握住移液管身，右手将移液管压紧，在桌面上向前搓转，以螺旋式包扎起来。上端剩余纸条，折叠打结，准备灭菌。

2. 培养基的配制过程

参看项目二任务三中"配制培养基的基本步骤"部分内容。

3. 培养基的分装

根据不同需要，可将已配好的培养基分装入试管或锥形瓶内，分装时注意不要使培养基沾污管口或瓶口，造成污染。如操作不小心，培养基沾污管口或瓶口，可用镊子夹一小块脱脂棉，擦去管口或瓶口的培养基，并将脱脂棉弃去。

（1）分装于试管

取一个玻璃漏斗，装在铁架上，漏斗下连一根橡皮管，橡皮管下端再与另一玻璃管相接，橡皮管的中部加一弹簧夹。分装时，用左手拿住空试管中部，并将漏斗下的玻璃管嘴插入试管内，以右手拇指及食指开放弹簧夹，中指及无名指夹住玻璃管嘴，使培养基直接流入试管内。装入试管培养基的量视试管大小及需要而定，所用试管大小为 15 mm × 150 mm 时，液体培养基可分装至试管高度 1/4 左右；分装固体或半固体培养基时，在琼脂完全熔化后，应趁热分装于试管中。用于制作斜面的固体培养基的分装量为管高的 1/5（约 3～4 mL），半固体培养基分装量为管高的 1/3 为宜。

（2）分装于锥形瓶

用于振荡培养微生物时，可在 250 mL 锥形瓶中加入 50～100 mL 的液体培养基；用于制作平板培养基用时，可在 250 mL 锥形瓶中加入 150 mL 培养基，然后再加入 3 g 琼脂粉（按 2% 计算），灭菌时瓶中琼脂粉会被熔化。

4. 试管、锥形瓶的包扎

培养好气性微生物需提供优良的通气条件，同时为防止杂菌污染，必须对通入试管或锥形瓶内的空气预先进行过滤除菌。通常方法是在试管及锥形瓶口加上棉花塞等。

（1）试管的包扎

目前所采用的方法是用硅胶塞代替棉塞直接塞在试管口上。将装好培养基并塞好棉塞或硅胶塞的试管捆成一捆，外面包上一层牛皮纸。用记号笔注明培养基名称及配制日期，灭菌待用。

（2）锥形瓶的包扎

将硅胶塞直接盖在瓶口上。在盖好硅胶塞的锥形瓶口上，再包上一层牛皮纸并用线绳捆好，灭菌待用。

5. 培养基的灭菌

培养基经分装包扎后，应立即按配制方法规定的灭菌条件进行高压蒸汽灭菌。

高压蒸汽灭菌是将物品放在密闭的高压蒸汽灭菌锅内，在一定的压力下保持 121 ℃，灭菌 15 ~ 30 min。此法适用于培养基、无菌水、工作服等物品的灭菌，也可用于玻璃器皿的灭菌。

将待灭菌的物品放在一个密闭的加压灭菌锅内，通过加热，使灭菌锅夹套间的水沸腾而产生蒸汽，待水蒸气急剧地将锅内的冷空气从排气阀中排尽，然后关闭排气阀，继续加热。此时由于热气不能溢出，而增加了灭菌锅内的压力，从而使沸点增高，获得高于 100 ℃ 的温度，导致菌体蛋白质凝固变性而达到灭菌的目的。

在相同的温度下，湿热灭菌的效果好于干热灭菌，有三点原因：①在湿热灭菌中固体吸收水分，蛋白质容易凝固变性，蛋白质随着含水量的增加，所需凝固温度降低；②湿热灭菌中蒸汽的穿透力比干燥空气大；③蒸汽在灭菌物体表面凝结，释放出大量的汽化潜热，能迅速提高灭菌物体表面的温度，从而增加灭菌效力。

实验室常用的灭菌锅有非自控手提式高压蒸汽灭菌锅［图 2 - 16（a）］和自控式高压蒸汽灭菌锅［图 2 - 16（b）］，其结构和工作原理是相同的。

（a）非自控手提式高压蒸汽灭菌锅　　　（b）自控式高压蒸汽灭菌锅

图 2 - 16　高压蒸汽灭菌锅

本实验介绍的是非自控手提式高压蒸汽灭菌锅，自控式灭菌锅的使用可参考厂家说明书。具体操作步骤如下：

（1）加水

首先将内层锅取出，再向外层锅内加入适量的水，使水面没过加热蛇管，与三角搁架相平为宜。切勿忘记检查水位，若加水量过少，则灭菌锅会发生干烧，引起炸裂事故。

（2）装料

放回内层锅，并装入待灭菌的物品。注意不要装得太挤，以免妨碍蒸汽流通而影响灭菌效果。装有培养基的容器放置时要防止液体溢出，锥形瓶与试管口端勿与桶壁接触，以免冷凝水淋湿包扎的纸而透入硅胶塞。

（3）加盖

将盖上与排气孔相连的排气软管插入内层锅的排气槽内，摆正锅盖，对齐螺口，然后以对角线方式同时旋紧相对的两个螺栓，使螺栓松紧一致，勿使漏气，并打开排气阀。

（4）排气

打开电源加热灭菌锅，将水煮沸，使锅内的冷空气和水蒸气一起从排气孔中排出。一般认为当排出的气流很强并有嘘声时，表明锅内的空气已排尽，沸腾后约需 5 min。

注意：锅内的冷空气必须完全排尽后，才能关闭排气阀，维持所需压力。

（5）升压

冷空气完全排尽后，关闭排气阀，继续加热，锅内压力开始上升。

（6）保压

当压力表指针达到所需压力时，控制电源，开始计时并维持压力至所需的时间。如本实验中采用 0.1 MPa，121 ℃，灭菌 20 min。

（7）降压

达到灭菌所需的时间后，切断电源，让灭菌锅温度自然下降，当压力表的压力降至"0"后，方可打开排气阀，排尽余下的蒸汽，旋松螺栓，打开锅盖，取出灭菌物品，倒掉锅内剩水。压力一定要降到"0"后，才能打开排气阀，开盖取物，否则就会因锅内压力突然下降，使容器内的培养基或试剂由于内外压力不平衡而冲出容器口，造成瓶口污染，甚至灼伤操作者。

（8）无菌检查

将已灭菌的培养基放入 37 ℃恒温培养箱培养 24 h，检查无杂菌生长后，即可使用。

6. 斜面和平板的制作

（1）斜面的制作

将已灭菌、装有琼脂培养基的试管趁热置于书本边缘或玻璃棒上，使之成适当斜度，凝固后即成斜面。斜面长度以不超过试管长度的 1/2 为宜。制作半固体或固体深层培养基时，灭菌后则应垂直放置至凝固。

（2）平板的制作

分装在锥形瓶中已灭菌的培养基冷至 50 ℃ 左右时倾入无菌培养皿中。温度过高时，皿盖上的冷凝水太多；温度低于 50 ℃ 时，培养基易于凝固而无法制作平板。制作平板通常采用培养皿架法或培养皿手持法。平板的制作应在火旁进行，左手拿培养皿，右手拿锥形瓶的底部，左手同时用小指和手掌将硅胶塞打开，灼烧瓶口，用左手大拇指将培养皿盖打开一条缝，至瓶口正好伸入，倾入 10 ~ 15 mL 培养基，迅速盖好皿盖，置于桌上，轻轻旋转平皿，使培养基均匀分布于整个平皿中，冷凝后即成平板。

7. 培养基的灭菌检查

制作的斜面和平板，一般需进行无菌检查。通常取出 1 ~ 2 管（板），置于 37 ℃ 恒温培养箱中培养 24 ~ 48 h，确定无菌后方可使用。

8. 无菌水的制备

在每个 250 mL 的锥形瓶内装 100 mL 的蒸馏水并塞上硅胶塞。在每支试管内装 4.5 mL 蒸馏水，塞上硅胶塞，再在硅胶塞上包上一张牛皮纸，高压蒸汽灭菌 15 ~ 30 min。

六、实验结果及报告

1. 如何检验灭菌后的培养基是否合格？你做的培养基合格吗？

2. 你制作的棉塞是否合格？从灭菌锅中取出时是否有脱落？

七、思考题

1. 简述移液管和培养皿的包扎注意事项。

2. 简述配制培养基的基本步骤及注意事项。

3. 培养基配制好后，为什么要立即灭菌？

4. 高压蒸汽灭菌为什么比干热灭菌要求温度低、时间短？

5. 高压蒸汽灭菌开始之前，为什么要将锅内冷空气排尽？灭菌完毕后，为什么要待降到"0"时才能打开排气阀，开盖取物？

技能七　微生物无菌操作及接种

一、实验目的

1. 了解微生物无菌操作的意义。

2. 掌握微生物的接种技术以及各种微生物的培养温度。

二、实验原理

接种技术是微生物学实验及研究中的一项最基本的操作技术。接种是将纯种微生物在无菌操作条件下移植到已灭菌并适宜该菌生长繁殖的培养基中。为了获得微生物的纯种培养（指一株菌种或一个培养物中所有的细胞或孢子都是由一个细胞分裂、繁殖而产生的后代），要求接种过程中必须严格进行无菌操作，一般是在无菌室内、超净工作台火焰旁或实验室火焰旁进行。

三、实验材料与仪器

1. 菌种：大肠杆菌、枯草芽孢杆菌、酵母菌、霉菌。

2. 培养基：牛肉膏蛋白胨培养基、高氏一号培养基、查氏培养基、酵母菌培养基。

3. 其他器材：恒温水浴锅、无菌玻璃涂棒、无菌吸管、无菌培养皿、酒精灯、玻璃铅笔、试管架、接种环、接种针、接种钩、滴管、移液管、玻璃刮刀等接种工具。

四、实验方法与步骤

1. 微生物的斜面接种技术

从已长好微生物的菌种管中挑取少许菌苔接种至空白斜面培养基上的过程。斜面接种的操作方法：

（1）操作前，先用75%酒精擦手，做表面消毒，待酒精挥发后才能点燃酒精灯。

（2）用斜面接种时，将菌种管和斜面管握在左手的大拇指和其他四指之间，使斜面和有菌种的一面向上，并处在水平位置。

（3）先将菌种管和斜面管的试管塞旋转一下，以便接种时便于拔出。

（4）右手拿接种环，拿的方式与日常拿笔一样。将要伸入试管部分的金属柄和金属丝在酒精灯火焰上灼烧灭菌。

（5）用右手小指、无名指或手掌将菌种管和斜面管的试管塞同时拔出，并把塞子握住，不得任意放在桌上或与其他物品接触，再以火焰烧管口。

（6）将上述在火焰上灭菌过的接种环伸入菌种管内，使接种环在接种菌种前先在试管内壁上或空白培养基接触一下，使接种环充分冷却，以免烫死菌种，然后用接种环在菌落上轻轻地接触，刮取少许后将接种环自菌种管内抽出。抽出时勿与管壁相碰，也勿使再通过火焰。

（7）迅速将沾有菌种的接种环伸入斜面培养管中，在斜面上，自下而上划线，使菌种沾附在培养基上，划线时勿用力，否则会使培养基表面划破。

（8）接种完毕后将接种环抽出，灼烧管口，塞上试管塞。塞试管塞时勿要用试管口去迎试管塞，以免试管在移动时侵入杂菌。

（9）接种环在放回原位前，要经火焰灼烧灭菌，同时须将试管塞进一步塞紧以免脱落。

2. 液体接种

液体接种是用接种环、移液管等接种工具，将斜面菌种或菌液移接到无菌新鲜液体培养基中的一类接种方法。此法常用于观察细菌和酵母菌的生长特性、生化反应特性及发酵生产中菌种的扩大培养等。

（1）将斜面菌种接种到液体培养基中的方法

当向液体培养基中接种的菌量较小时，其操作步骤与斜面接种时基本相同，区别是挑取少量菌苔的接种环移入液体培养基试管后，应将环在液体表面处的试管内壁上轻轻摩擦，把菌苔研开，然后退出接种环，塞好棉塞，振摇

图 2 - 17 液体接种操作

试管，使接种的细胞均匀地散布在液体培养基中。当向液体培养基中接种的菌量较大时，可先在斜面菌种试管中倒入适量无菌水或液体培养基，用接种环将菌苔刮下，用力振摇试管，使之成为均匀的菌悬液，然后按液体接种法将菌种移接至液体培养基中。如图 2 - 17 所示。

（2）将液体菌种接种至液体培养基中的方法

可用无菌移液管定量吸取液体菌种加入新鲜液体培养基中，也可将液体菌种直接倒入新鲜液体培养基中。

3. 穿刺接种

穿刺接种是用沾有菌种的接种针将菌种接种到试管深层培养基中。经穿刺接种后的菌种常作为保藏菌种的一种形式。此法还在鉴定细菌时用于观察细菌的生理生化特征，如观察细菌的运动能力或明胶水解性能时，均采用穿刺接种法。接种前后对接种针及试管口的处理

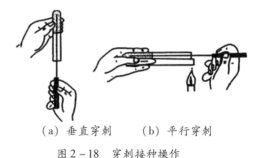

（a）垂直穿刺　　（b）平行穿刺

图 2 - 18 穿刺接种操作

与斜面接种法相同，接种时将针尖蘸取少许菌种的接种针从半固体培养基中心垂直刺入，直到接近管底，但不要穿到管底，然后立即从原穿刺线退出。刺入和退出时均不可使接种针左右摇动，如图 2 - 18 所示。

4. 平板接种

平板接种即将菌种接种在平板培养基上，此法常用于微生物菌落形态观察及菌种的分离纯化。

5. 生物的培养技术——培养箱恒温培养法

将接种好的斜面试管置于最适合该菌种生长的恒温培养箱里。

一般细菌于 37 ℃恒温培养箱培养 1 ~ 2 d。

一般霉菌和酵母菌于 30 ℃恒温培养箱培养 2 ~ 3 d。

五、实验结果

分别观察记录并描绘斜面和固体平板接种的微生物生长情况和培养特征。

六、思考题

以斜面上的菌种接种到新的斜面培养基为例，说明操作方法和注意事项。

技能八　微生物菌种简易保藏法

一、实验目的

1. 理解菌种保藏的原理。

2. 掌握几种菌种简易保藏方法。

二、实验原理

为了保持微生物菌种原有的各种优良特征及活力，使其存活，不污染，不发生变异，根据微生物自身的生物学特点，通过人为的创造条件，使微生物处于低温、干燥、缺氧的环境中，以使微生物的生长受到抑制，新陈代谢作用限制在最低范围内，生命活动基本处于休眠状态，从而达到保藏的目的。

常用简易保藏法包括常规转接斜面低温保藏法、液体石蜡保藏法、含甘油培养物保藏法等。由于这些保藏方法不需要特殊实验设备，操作简便易行，故为一般实验室及生产单位所广泛采用。

常规转接斜面低温保藏法是将在斜面培养基上已生长好的培养物置于 4 ~ 5 ℃冰箱中保藏，并定期移植。这种方法是利用低温抑制微生物生长繁殖，从而延长保藏时间。

液体石蜡保藏法是在新鲜的斜面培养物上，覆盖一层已灭菌的液体石蜡，再置于 4 ~ 5 ℃冰箱中保藏。液体石蜡主要起隔绝空气的作用，使外界空气不与培养物直接接触，从而降低对微生物氧的供应量。培养物上面的液体石蜡层也能减少培养基水分的蒸发。故此法是利用缺氧及低温双重抑制微生物生长，从而延长保藏时间。

含甘油培养物保藏法是在液体的新鲜培养物中加入 15% 已灭菌的甘油，然后再置于 -20 ℃或 -70 ℃冰箱内保藏。此法是利用甘油作为保护剂，甘油透入细胞后，能强烈降低细胞的脱水作用，而且在 -20 ℃或 -70 ℃条件下，可使细胞代谢水平大大降低，但却仍能维持生命活动状态，从而达到延长保藏时间的目的。

三、实验材料与仪器

1. 菌种：枯草芽孢杆菌 18 ~ 24 h 斜面培养物。

2. 设备和材料：灭菌吸管、灭菌滴管、灭菌试管、冰箱、烘箱。

3. 培养基和试剂：肉膏蛋白胨斜面培养基、液体石蜡、甘油、95%酒精。

四、实验方法与步骤

（一）斜面传代保藏法

1. 贴标签：取无菌肉膏蛋白胨斜面试管数支，将注有菌株名称（枯草芽孢杆菌）和接种日期的标签贴在试管斜面的正上方，距试管口 2～3 cm 处。

2. 斜面接种：将枯草芽孢杆菌菌种用接种环以无菌操作法移接至试管斜面上。

3. 培养：37 ℃恒温培养 18～24 h。

4. 保藏：斜面长好后，可直接放入 4 ℃冰箱保藏。

（二）液体石蜡保藏法

1. 液体石蜡灭菌：在 250 mL 三角烧瓶中装入 100 mL 液体石蜡，塞上棉塞，并用牛皮纸包扎，121 ℃湿热灭菌 30 min，于 105～110 ℃烘箱中干燥 1 h，以除去石蜡中的水分。

2. 接种培养：同"斜面传代保藏法"。

3. 加液体石蜡：用无菌滴管吸取液体石蜡，以无菌操作加到已长好的菌种斜面上，加入量以高出斜面顶端约 1 cm 为宜。

4. 保藏：棉塞外包牛皮纸，将试管直立放置于 4 ℃冰箱中保存。

（三）含甘油培养物保藏法

1. 将 80%甘油按 1 mL/瓶的量分装到甘油瓶（3 mL）中，121 ℃灭菌 20 min。

2. 将要保藏的菌种接种到新鲜的斜面（也可用液体培养基振荡培养成菌悬浮液）。

3. 在培养好的斜面中注入 3～5 mL 无菌水，刮下斜面的培养物，振荡使细胞充分分散成均匀的悬浮液，并且调节细胞浓度为 10^8～10^{10} 个/mL。

4. 将菌悬液吸取 1 mL 于上述装好甘油的无菌甘油瓶中，充分混匀后，使甘油终浓度为 40%～50%，然后置于 -20 ℃（或 -80 ℃）下保存。

五、思考题

1. 微生物菌种保藏的目的是什么？

2. 比较分析上述三种菌种简易保藏法的优缺点。

复习思考题

一、名词解释

机械筒长　　酸性染料　　中性（复合）染料　　单纯染料　　碳氮比　　备用

碱　　氧化还原电势　　微生物的纯培养　　无菌技术　　稀释涂布平板法　　稀释

倾注平板法　　平板划线法　　单细胞挑取法　　衰退　　复壮

二、选择题

1. 测定食品中的细菌总数常采用（　　　）。

A. 稀释倾注平板法　　　　　　　　B. 稀释涂布平板法

C. 显微镜直接镜检计数法　　　　　D. 平板划线分离法

2. 干热灭菌法要求的温度和时间分别为（　　　）。

A. 105 ℃　2 h　　　B. 121 ℃　30 min　　　C. 160 ℃　2 h　　　D. 160 ℃　4 h

3. 使用高压锅灭菌时，打开排气阀的目的是（　　　）。

A. 防止高压锅内压力过高而使培养基成分受到破坏　B. 排尽锅内有害气体

C. 防止锅内压力过高造成灭菌锅爆炸　D. 排尽锅内冷空气

4. 琼脂在培养基中的作用是充当（　　　）。

A. 碳源　　　　　　B. 氮源　　　　　　C. 凝固剂　　　　　D. 生长调节剂

5. 用乙醇作为消毒剂时，使用浓度为（　　　）。

A. 60%　　　　　　B. 70%　　　　　　C. 80%　　　　　　D. 100%

6. 仅杀死物体表面或内部一部分对人体或其他动植物有害的病原菌的方法是指（　　　）。

A. 消毒　　　　　　B. 灭菌　　　　　　C. 防腐　　　　　　D. 抗菌

7. 菌种衰退的原因是发生了（　　　）。

A. 基因重组　　　　　　　　　　　B. 基因突变

C. 自发突变　　　　　　　　　　　D. 细胞衰老

8. 低温保藏菌种的原理是（　　　）。

A. 使微生物死亡　　　　　　　　　B. 阻止微生物生长

C. 减少微生物生长　　　　　　　　D. 防止微生物产毒

三、填空题

1. 机械装置包括_____、_____、_____、_____等。

2. 按原料来源分，染料有_____和_____。

3. 在制片时，进行固定的目的是_____、_____、_____，固定的方法有_____和_____。

4. 培养基中可加入一定量的_____来调节渗透压。

5. 接种环最常用的灭菌方法是_____。

6. 实验室中常用的干热灭菌手段为_____、_____。

7. 按原料来源分类，染料有_____和_____。

8. 影响革兰氏染色结果的最关键环节是_____。

9. 对于不耐热物品如含糖培养基、血清，可采用_____方法灭菌。

10. 实验室最常用的菌种保藏方法有_____、_____、_____等。

四、简述题

1. 使用显微镜观察标本时，为什么必须按照从低倍镜到高倍镜，再到油镜的顺序进行？

2. 普通光学显微镜的构造主要分为哪几部分？

3. 如果标本放反了，可用高倍镜或油镜找到标本吗？为什么？

4. 如何判断视野中所见到的污点是否在目镜上？

5. 选择设计培养基的原则与方法是什么？

6. 简述培养基的一般配制程序是什么。

7. 干热灭菌完成后，在什么情况下能够开箱取物？为什么？

8. 为什么干热灭菌比湿热灭菌所需要的温度高、时间长？

9. 为什么湿热灭菌比干热灭菌的效率高？

10. 一般用什么方法检查培养基灭菌是否彻底？

11. 高压蒸汽灭菌开始之前，为什么要将锅内冷空气排尽？

12. 灭菌完毕后，为什么要待压力降到"0"时才能打开排气阀开盖取物？

13. 简述革兰氏染色法的原理及染色过程。

14. 什么叫衬托染色法？为什么观察荚膜时要采用这种染色方法？

15. 进行鞭毛染色时有哪些注意事项？

16. 简述用于放线菌观察的方法，并分析此观察方法的优缺点。

17. 简述有哪些方法可以用于霉菌的观察，并比较各种方法适用于何种观察。

18. 简述湿热灭菌的适用范围及哪些物品不适合湿热灭菌。

19. 如何防止菌种衰退？

20. 如何对衰退的菌种进行复壮？

21. 简述砂土管保藏的方法及该方法适用于哪些微生物的保藏。

22. 液体石蜡保藏法的优缺点有哪些？不适合于何种微生物的保藏？

项目三　**微生物与食品生产**

【知识目标】

1. 了解食品工业常用微生物的形态特征、理化特性、常见种类。

2. 了解微生物进行食品生产的工艺及其控制措施。

3. 熟悉食品工业中微生物酶制剂的常见种类、性质及生产菌。

4. 熟悉微生物酶制剂在食品工业中的应用。

【技能目标】

1. 能够用简单方法制作（生产）酸牛乳。

2. 能够用简单方法自制黄酒。

任务一　微生物在食品工业中的应用

一、食品工业中的细菌及其应用

（一）乳酸菌

1. 乳酸菌的概念及其分布

乳酸菌是可利用碳水化合物，并能够产生乳酸的革兰氏染色阳性、无芽孢的细菌的统称。乳酸菌在自然界中广泛分布，它们不仅栖息在人和各种动物的肠道及其他器官中，而且在植物的表面和根际、食品、动物饲料、有机肥料、江河湖海中都有大量乳酸菌的存在。乳酸菌在与人们生活相关的工农业、医药等领域中具有极高的应用价值。其在宿主肠道中有许多生理功能，如维持肠道平衡、降低血清胆固醇、增强宿主免疫力、缓解乳糖不耐症、抗肿瘤、抑制肠道腐败菌、改善便秘和腹泻、缓解过敏等。乳酸菌主要包括乳杆菌属、链球菌属、明串珠菌属、片球菌属和双歧杆菌属。

2. 乳杆菌属

（1）乳杆菌属的形态特征及生理生化特点

乳杆菌属菌体细胞呈多样形杆状，长或细长杆状、弯曲形短杆状及棒形球杆状，单个存在或呈链状排列，革兰氏染色阳性，无芽孢，通常不运动，有的能够运动且有周生鞭毛；耐氧或微好氧性，厌氧培养生长良好，最适生长温度为 30 ~ 40 ℃；耐酸性强，生长最适 pH 值为 5.5 ~ 6.2，在 pH 值小于 5 的环境中可生长，而在中性或碱性条件下生长速率降低。

该菌属细菌多为化能异养型，营养要求严格，生长繁殖需要多种氨基酸、生物素、肽、核酸衍生物。根据碳水化合物发酵类型，可将乳杆菌属划分为三个类群，即：①同型乳酸发酵群：发酵葡萄糖产生 85% 以上的乳酸，不能发酵某些戊糖和葡萄糖酸盐，包括德氏乳杆菌、嗜酸乳杆菌、瑞士乳杆菌、香肠乳杆菌等。②兼性异型乳酸发酵群：发酵葡萄糖产生 85% 以上的乳酸，能发酵某些戊糖和葡萄糖酸盐，包括干酪乳杆菌、植物乳杆菌、戊糖乳杆菌、米酒乳杆菌等。③专性异型乳酸发酵群：发酵葡萄糖产生等物质量的乳酸、乙酸和乙醇、CO_2，pH 值为 6.0 以上可还原硝酸盐，不液化明胶，不分解酪素，不产生吲哚和 H_2S，多数菌株可产生少量的可溶性氮，在自然界分布广泛，极少有致病性菌株，包括发酵乳杆菌、短乳杆菌、高加索乳杆菌等。

（2）乳杆菌属的代表种

乳杆菌属广泛存在牛乳、肉、鱼、果蔬制品及动植物发酵产品中，常作为生产乳酸、干酪、酸乳等产品的发酵剂菌株。植物乳杆菌还用于泡菜、青贮饲料发酵。常见的乳杆菌包括干酪乳杆菌、嗜酸乳杆菌、植物乳杆菌、瑞士乳杆菌、发酵乳杆菌、弯曲乳杆菌、米酒乳杆菌、保加利亚乳杆菌等。

①保加利亚乳杆菌：细胞形态呈长杆状，两端钝圆；固体培养基生长的菌落呈棉花状，易与其他乳酸菌区别；能利用葡萄糖、果糖、乳糖进行同型乳酸发酵产生 D 型乳酸（有酸涩味，适口性差），不能利用蔗糖。该菌是乳酸菌中产酸能力最强的菌种，其产酸能力与菌体形态有关，菌形越大，产酸越多，最高产酸量为 2%；如果菌形为颗粒状或细长链状，产酸较弱，最高产酸量为

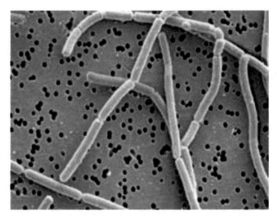

图 3 – 1　保加利亚乳杆菌

1.3% ~2.0%。该菌蛋白质分解力较弱，发酵乳中可产生香味物质乙醛；最适生长温度为 37 ~45 ℃，温度高于 50 ℃或低于 20 ℃不生长；常作为发酵酸奶的生产菌。

②嗜酸乳杆菌：菌体呈杆状，两端为圆形，大小为 (0.6 ~0.9) μm × (1.5 ~6.0) μm，以单个、成双或短链排列；不运动，无鞭毛，无芽孢，革兰染色为阳性。

该菌菌落通常粗糙，用显微镜观察一般显示为缠绕或微毛丝状物，从菌堆中心放射出来，深层菌落呈放射或分枝的不规则形状，无特有的色素。嗜酸乳杆菌在改良 MC 培养基上的菌落特征为平皿底呈粉红色，菌落较小，圆形，红色，边缘似星状，直径为 (2±1) mm。在培养时，需要乙酸盐或甲羟戊酸、核黄素、泛酸钙、烟酸、叶酸，不需要外源硫胺素、吡哆醛、胸腺嘧啶核苷，通常不需要维生素 B_1，变异株可能需要脱氧核苷，15 ℃条件下不生长，在 22 ℃条件下也可能不生长，通常在 45 ℃条件下生长，在 48 ℃条件下可能生长，最适生长温度为 35 ~38 ℃；生长初始 pH 值为 5 ~7，最适 pH 值为 5.5 ~6.0；具有耐酸、耐胆盐特性，能在其他乳酸菌不能生长的酸性环境中生长繁殖。

嗜酸乳杆菌是能够在人体肠道定殖的少数有益微生物菌群之一，与宿主健康息息相

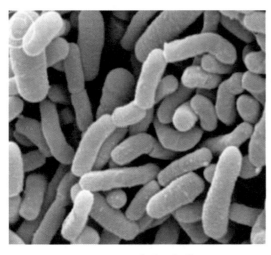

图 3 - 2　嗜酸乳杆菌

关，其代谢产物有机酸和抗菌物质——乳杆菌素、嗜酸乳素、酸菌素可抑制病原菌和腐败菌的生长。另外，该菌在改善乳糖不耐症，治疗便秘，调节肠道微生物菌群，增强免疫力，降低血脂等方面都具有一定的功效，现已被越来越多地用于食品、医药、饲料等领域。

3. 链球菌属

（1）链球菌属的形态特征及生理生化特点

链球菌属为革兰氏阳性球菌，细胞呈球形或卵圆形，细胞成对地链状排列，无芽孢，一般不运动，不产生色素；营养类型为化能异养型，同型乳酸发酵产生右旋乳酸，兼性厌氧型，厌氧培养生长良好；生长温度范围为 25~45 ℃，最适温度为 37 ℃。

链球菌属常见于人和其他动物口腔、上呼吸道、肠道等处，多数为有益菌，是生产发酵食品的有用菌种，如嗜热链球菌、乳酸链球菌、乳脂链球菌等可用于乳制品的发酵；但有些种是人畜的病原菌，如引起牛乳房炎的无乳链球菌、引起人类咽喉等病的溶血链球菌；有些种又是引起食品腐败变质的细菌，如液化链球菌可引起食品变质。

（2）链球菌属的代表种

①嗜热链球菌：细胞形态呈链球状，能利用葡萄糖、果糖、乳糖和蔗糖进行同型乳酸发酵产生 L 型乳酸（适口性好）。嗜热链球菌的最佳培养基为乳酸菌培养基，该菌的主要特征是能在高温下产酸，能耐 65~68 ℃ 的高温，最适培养温度为 42 ℃，温度低于 20 ℃ 不产酸，最适酸碱度为 pH 6.8；常作为发酵酸乳、瑞士干酪的生产菌。嗜热链球菌没

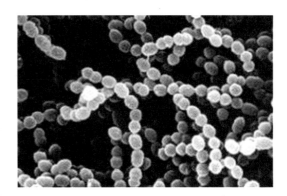

图 3 - 3　嗜热链球菌

有分解淀粉和大分子碳水化合物的酶系，不能利用大分子物质作碳源，只能利用葡萄糖等单糖和一些寡糖作为碳源。嗜热链球菌体内的蛋白酶活性通常较弱甚至缺乏必要的蛋白酶。

②乳酸链球菌：细胞形态呈双球、短链或长链状；同型乳酸发酵；产酸能力弱，

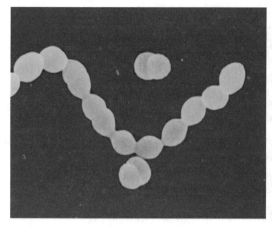

图3-4 乳酸链球菌

最大乳酸生物量为0.9%~1.0%；可在4%NaCl肉汤培养基和0.3%亚甲基蓝牛乳中生长；能水解精氨酸产生NH_3，对温度适应范围广泛，10~40℃均产酸，最适生长温度为30℃；而对热抵抗力弱，60℃环境下30 min全部死亡；常作为干酪、酸制奶油及乳酒和酸泡菜发酵剂的菌种。

③乳脂链球菌：细胞比乳酸链球菌大，长链状；同型乳酸发酵，产酸和耐酸能力均较弱；产酸温度较低，为18~20℃，37℃以上不产酸、不生长；不能在4%NaCl肉汤培养基中生长，不水解精氨酸。此菌常作为干酪、酸制奶油发酵剂的菌种。

4. 明串珠菌属

（1）明串珠菌属的形态特征及生理生化特点

明串珠菌属为革兰氏阳性，球菌，菌体细胞呈圆形或卵圆形，常排列成链状，不运动，不形成芽孢，兼性厌氧，最适生长温度为20~30℃；固体培养，菌落一般小于1.0mm，光滑、圆形、灰白色；液体培养，通常浑浊均匀，但长链状菌株可形成沉淀。

明串珠菌属营养要求复杂，在乳中生长较弱而缓慢，加入可发酵性糖类和酵母汁能促进其生长，生长繁殖需要复合生长因子——烟酸、硫胺素、生物素和氨基酸，不需要泛酸及其衍生物；利用葡萄糖进行异型乳酸发酵产生D型乳酸、乙酸或醋酸、CO_2，可使苹果酸转化为L型乳酸；通常不酸化和凝固牛乳，不水解精氨酸，不水解蛋白，不还原硝酸盐，不溶血，不产吲哚；多数为有益菌，常存在于水果、蔬菜、牛乳中。食品中常用的菌种有肠膜明串珠菌及其乳脂亚种、酒明串珠菌、噬橙明串珠菌和戊糖明串珠菌等。

（2）明串珠菌属的代表种——肠膜明串珠菌

肠膜明串珠菌细胞呈球形或豆状，成对或短链排列；固体培养，菌落直径小于1.0 mm；液体培养，浑浊均匀；利用葡萄糖进行异型乳酸发酵，在高浓度的蔗糖溶液中生长，合成大量荚膜物质——葡聚糖，形成特征性黏液，最适生长温度为25℃，生长pH范围为3.0~6.5，具有一定的嗜渗透压性，可在4%~6%的NaCl培养基中生长。肠膜明串珠菌可增

图3-5 明串珠菌

加酸奶的黏度，可用于生产右旋糖酐，作为代血浆的主要成分，也可以作为泡菜等的发酵菌剂。

5. 片球菌属

（1）片球菌属的形态特征

细胞球形，成对或四联球排列，单个罕见。革兰氏染色阳性，无芽孢，不运动，固体培养，菌落大小可变，直径为 1.0～2.5 mm，无细胞色素。

（2）片球菌属的生理生化特点

图 3－6　片球菌

兼性厌氧，化能异养型，生长时需要有复合的生长因子和氨基酸，还需要烟酸、泛酸和生物素。无细胞色素，通常不酸化和凝固牛乳，不分解蛋白，不产生吲哚，不还原硝酸盐，不水解马尿酸钠。同型发酵产生乳酸，生长温度范围为 25～40 ℃，最适生长温度为 30 ℃。可以在含 6%～8% 的 NaCl 环境中生长，耐 NaCl 浓度 13%～20%。主要存在于发酵的植物材料和腌制蔬菜中，常用于泡菜、香肠等的发酵，也常引起啤酒等酒精饮料的变质。常见的有啤酒片球菌、乳酸片球菌、戊糖片球菌、嗜盐片球菌等。

6. 双歧杆菌属

（1）双歧杆菌属的形态特征

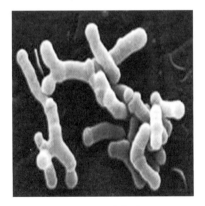

图 3－7 双歧杆菌

不规则无芽孢杆菌，呈多形态，如 Y 字形、V 字形、弯曲状、棒状、勺状等，专性厌氧，无芽孢和鞭毛，不运动。革兰氏染色阳性，营养要求苛刻。

（2）双歧杆菌属的生理生化特点及其功能性

化能异养型，对营养要求苛刻，生长繁殖需要多种双歧因子（能促进双歧杆菌生长，不被人体吸收利用的天然或人工合成的物质），能利用葡萄糖、果糖、乳糖和半乳糖，通过果糖－6－磷酸支路生成物质的量之比为 2:3 的乳酸和乙酸及少量的甲酸和琥珀酸。最适生长温度为 37～41 ℃，最适 pH 为 6.5～7.0，在 pH 4.5～5.0 或 8.0～8.5 不生长。发酵碳水化合物活跃，发酵产物主要是乳酸，不产生 CO_2。

双歧杆菌是 1899 年法国巴斯德研究所的 Tisster 发现并首先从健康母乳喂养的婴儿

粪便中分离出来的。其主要存在于人和各种动物的肠道内，目前报道的已有 32 个种，其中常见的是长双歧杆菌、短双歧杆菌、两歧双歧杆菌、婴儿双歧杆菌及青春双歧杆菌。

作为人体肠道有益菌群，它可定殖在宿主的肠黏膜上形成生物学屏障，具有抵抗致病菌、改善微生态平衡、合成多种维生素、提供营养、抗肿瘤、降低内毒素、提高免疫力、保护造血器官、降低胆固醇水平等重要生理功能，目前已风行于保健饮品市场，许多发酵乳制品及一些保健饮料中常常加入双歧杆菌以提高保健效果。

7. 乳酸菌在食品工业中的应用

在发酵食品行业中应用最广泛的是乳酸菌。经过乳酸菌发酵作用制成的食品称为乳酸发酵食品。科学研究的不断深入，逐步揭示了乳酸菌对人体健康有益作用的机理，因而乳酸发酵食品更加受到人们的重视，在食品工业中占有越来越重要的地位。

（1）发酵乳制品

发酵乳制品是指良好的原乳经过微生物（主要是乳酸菌）发酵后制成的具有特殊风味、较高营养价值和一定保健功能的乳制品，其种类包括：发酵乳饮料（酸牛乳、酸豆乳、乳酒等）、干酪和酸制奶油等。

酸牛乳是以新鲜优质乳或者乳制品为原料，并添加一定量的蔗糖，经均质或不均质，杀菌，冷却后，加入特定的乳酸菌发酵剂发酵而制成的一类产品。根据其生产方式可分为凝固型、搅拌型和饮料型三种。

发酵剂是指用于酸奶、酸牛乳酒、奶油、干酪和其他发酵产品生产的细菌以及其他微生物的培养物。通常用于酸牛乳生产的发酵剂菌种是保加利亚乳杆菌和嗜热链球菌混合发酵剂。两菌株的混合比例对酸牛乳的风味和质地起重要作用。常见的杆菌和球菌的比例是 1:1 或 1:2。

酸牛乳发酵剂制备的工艺流程为：菌种活化→加母发酵剂→加中间发酵剂→加工作发酵剂。

①凝固型酸牛乳的生产

凝固型酸牛乳的生产是以新鲜牛乳为主要原料，经过净化、标准化、均质、杀菌、接种发酵剂、分装后，通过乳酸菌的发酵作用，使乳糖分解为乳酸，导致牛乳的 pH 值下降，酪蛋白凝固，同时产生醇、醛、酮等风味物质，再经冷藏和后熟制成乳凝状的过程。

图 3-8　凝固型酸乳

其生产工艺流程为：原料鲜乳→净化 ↘标准化→预热均质→热力杀菌→冷却→接种→分装→发酵→冷却→后熟→成品。

酸奶必须在 0～4 ℃条件下存放 12 h 以上以促进芳香物质，例如风味成分双乙酰等的产生。一般冷却 24 h，双乙酰含量达到最高，超过 24 h 又会减少。此外，后熟对于菌株的产黏也是十分有利的，黏稠度增加后，最终产品呈现出胶体状，白色不透明，组织光滑，具有柔软蛋奶羹状的硬度，从而促进良好组织状态及较好口感风味的形成，在冷藏期间，酸度会有所上升，所以一般最长贮藏期为 7～14 天。

②搅拌型酸乳（纯酸乳）的生产

搅拌型酸乳即纯酸乳，其生产工艺与凝固型酸乳相似，所不同的是前者为先发酵，再搅拌，后分装；后者为先分装，后发酵，不搅拌。

搅拌型酸乳的生产工艺流程为：原料鲜乳→净化→标准化调制→预热均质→热力杀菌→冷却→接种发酵剂→发酵→搅拌破乳→冷却→分装→冷藏后熟→成品。

③饮料型酸乳（活性乳）的生产

饮料型酸乳是酸凝乳与适量无菌水、稳定剂和香精混合，再经均质处理、分装、冷却后制成的凝乳粒子直径在 0.01 mm以下，呈液体状的酸牛乳。

图 3-9　搅拌型酸乳

饮料型酸乳的生产工艺流程为：原料鲜乳→净化→标准化调制→均质→杀菌→冷却→接种发酵剂→发酵→混合（无菌水、稳定剂、香精）→均质→分装→冷却→成品→入库冷藏。

（2）干酪

干酪是以牛乳、奶油、部分脱脂乳、酪乳或这些产品的混合物为原料，经凝乳后分离乳清而制得的新鲜或发酵成熟的乳制品。未经发酵的产品称为新鲜干酪，经发酵成熟后的产品称为成熟干酪。

图 3-10　饮料型酸乳

这两种干酪统称为天然干酪，而以天然干酪为原料可再加工制成加工干酪和干酪食品。目前，干酪是乳制品中耗乳量最大的品种。干酪的种类目前已达 800 余种，根据原料，有牛乳干酪和羊乳干酪之分；根据乳脂肪含量，有脱脂干酪、全脂干酪和稀奶油干酪之别；根据含水量和硬度，分为特硬质干酪、硬质干酪、半硬质干酪、软质干酪；根据成熟度，分为新鲜干酪（生干酪）和成熟干酪。

用于发酵剂的菌种大多是乳酸菌，但有的干酪使用丙酸菌和霉菌。多数乳酸菌发酵剂为多菌混合发酵剂，根据最适生长温度不同，可将干酪生产的乳酸发酵剂菌种分为两大类：一类是嗜温型乳酸菌，包括乳酸链球菌、乳脂链球菌、乳脂明串珠菌、丁二酮链球菌和嗜柠檬酸链球菌，前三种链球菌主要将乳糖转化为乳酸，后两种链球菌主要将柠檬酸转化为丁二酮；另一类是嗜热型乳酸菌，包括嗜热链球菌、坚忍链球菌、乳酸乳杆菌、嗜热乳杆菌、保加利亚乳杆菌、瑞士乳杆菌、嗜酸乳杆菌、发酵乳杆菌（异型）、短乳杆菌（异型）、布氏乳杆菌（异型）、干酪乳杆菌（兼异型）、植物乳杆菌（兼异型），其中后两种乳杆菌具有脂肪分解酶和蛋白质分解酶。

干酪的生产工艺流程为：原料乳→标准化→杀菌→冷却→添加发酵剂→调整酸度→加氯化钙→加色素→加凝乳酶→凝块切割→搅拌→加温→乳清排出→成型压榨→盐渍→成熟→上色挂蜡→成品。

（3）酸制奶油

目前都采用混合乳酸菌发酵剂生产酸制奶油。菌种要求产香能力强，而产酸能力相对较弱，因此，可将发酵剂菌种分为两大类：一类是产酸菌种，主要是乳酸链球菌和乳脂链球菌，它们可将乳糖转化为乳酸，但乳酸生成量较低；另一类是产香菌种，包括嗜柠檬酸链球菌、副嗜柠檬酸链球菌和丁二酮链球菌，它们可将柠檬酸转化为羟丁酮，再进一步氧化为丁二酮，赋予酸制奶油特有的香味。

酸制奶油的生产工艺流程为：原料乳→离心分离→脱脂乳→稀奶油→标准化调制→加碱中和→杀菌→冷却→接种发酵剂→发酵→物理成熟→添加色素→搅拌→排出酪乳→洗涤→加盐压炼→包装→成品。

（4）果蔬汁乳酸菌发酵饮料

果蔬汁乳酸菌发酵饮料是一种新型饮料，它综合了乳酸菌和果蔬汁两方面的营养保健功能，而且产品的原料风味和发酵风味浑然一体，所以深受消费者喜爱。

其生产工艺流程为：新鲜果蔬→清洗→热烫→榨汁→均质→调节 pH 值→杀菌→冷却→接种发酵剂→发酵→加糖调配→包装→成品。

（5）益生菌制剂

益生菌，又称正常菌群或生理性菌群，是指与人或其他动物保持共生关系的一类有益微生物，对宿主具有改善生态平衡、提供营养、提高免疫力、促进健康等重要的生理功能，常见种类有双歧杆菌、嗜酸乳杆菌等。益生菌制剂是一类新型生物制剂，国外称益生素，国内则称微生态制剂。

就双歧杆菌制品来看，目前生产规模和产量逐年增加，品种已达70多种，产品形式分为液态型和固态型两种。液态产品有双歧杆菌发酵乳饮料、双歧杆菌口服液、双歧杆菌果蔬复合汁饮料；固态产品有双歧杆菌乳粉和干酪、双歧杆菌干制糖果和糕点、双歧杆菌粉剂和胶囊。

目前常见的双歧杆菌酸牛乳饮料生产工艺流程为：原料鲜乳→净化→标准化调配→均质→杀菌→冷却→接种双歧杆菌工作发酵剂→发酵→冷却→接种普通酸奶工作发酵剂→发酵→冷却→按一定比例混合→灌装→冷藏→成品。

（二）醋酸菌

1. 醋酸菌的主要种类

醋酸菌是一类能够氧化乙醇或糖类为乙酸或葡萄糖酸等有机酸的革兰氏阴性菌，在细菌分类学中主要分布于醋酸杆菌属和葡萄糖氧化杆菌属。前者最适生长温度为30℃以上，氧化酒精生成醋酸的能力强，有些能继续氧化醋酸生成 CO_2 和 H_2O，而氧化葡萄糖生成葡萄糖酸的能力弱；后者最适生长温度为30℃以下，氧化葡萄糖生成葡萄糖酸的能力强，而氧化酒精生成醋酸的能力弱，不能继续氧化醋酸生成 CO_2 和 H_2O，需要维生素，不能同化主要有机酸。用于酿醋的醋酸菌种大多属于醋酸杆菌属。

2. 醋酸杆菌属的生物学特性

醋酸杆菌属细胞呈椭圆形杆状，革兰氏染色阴性，无芽孢，有鞭毛或无鞭毛，运动或不运动，其中极生鞭毛菌不能将醋酸氧化为 CO_2 和 H_2O，而周生鞭毛菌可将醋酸氧化成 CO_2 和 H_2O，不产色素，菌体培养形成菌膜；一般单个、成对或成链出现，呈椭圆或杆状、直形或弯曲；一般不产芽孢和荚膜，菌落呈灰色，一般不产生色素但少数菌株产水溶性色素。

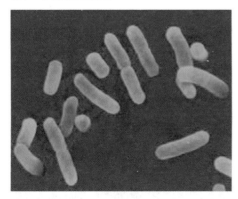

图 3-11　醋酸杆菌

醋酸杆菌属为化能异养型，能利用葡萄糖、果糖、蔗糖、麦芽糖、酒精作为碳源，可利用蛋白质水解物、尿素、硫酸铵作为氮源，生长繁殖需要的无机元素有 P、K、Mg；严格好氧，具有醇脱氢酶、醛脱氢酶等氧化酶类，因此除能氧化酒精生成醋酸外，还可氧化其他醇类和糖类生成相应的酸和酮；具有一定的产酯能力；最适生长温度为30～35℃，不耐热；

最适生长 pH 值为 3.5 ~ 6.5；某些菌株耐酒精和耐醋酸能力强，不耐食盐，因此醋酸发酵结束后，添加食盐除调节食醋风味外，还可阻止醋酸菌继续将醋酸氧化为 CO_2 和 H_2O。

3. 主要醋酸菌种

（1）纹膜醋酸杆菌

其培养时液面形成乳白色、皱褶状的黏性菌膜；摇动时，液体变浑浊，能产生葡萄糖酸，最高产醋量为 8.75%，生长温度范围为 4 ~ 42 ℃，最适生长温度为 30 ℃，能耐 14% ~ 15% 的酒精。

（2）奥尔兰醋酸杆菌

它是纹膜醋酸杆菌的亚种，也是法国奥尔兰地区用葡萄酒生产食醋的菌种，能产生葡萄糖酸，产酸能力较弱，最高产醋酸量为 2.9%，耐酸能力强，能产少量的醋；生长温度范围为 7 ~ 39 ℃，最适生长温度为 37 ℃。

（3）许氏醋酸杆菌

它是法国著名的速食醋菌种，产酸能力强，产酸量达 11.5%；对醋酸没有进一步的氧化作用，耐酸能力较弱；最适生长温度为 25 ~ 27.5 ℃，最高生长温度为 37 ℃。

（4）ASI. 41 醋酸杆菌

它属于恶臭醋酸杆菌的变种，是我国酿醋工业的常用菌种之一；细胞呈杆状，常呈链状排列；固体培养，菌落隆起，表面光滑，灰白色；液体培养，液面形成菌膜并沿容器上升，液体不混浊；产酸量为 6% ~ 8%，产葡萄糖酸能力弱，可将醋酸进一步氧化为 CO_2 和 H_2O；最适生长温度为 28 ~ 30 ℃，最适生长 pH 值为 3.5 ~ 6.5，耐酒精浓度为 8%。

（5）沪酿 1.01M 醋酸杆菌

它属于巴氏醋酸菌的巴氏亚种，是从丹东速酿醋中分离得到的，也是目前我国酿醋工业常用种之一；细胞呈杆状，常成链排列；液体培养时液面形成青色薄层菌膜；氧化酒精生成酸的转化率达 93% ~ 95%。

（三）谷氨酸菌

1. 谷氨酸菌的主要种类

谷氨酸菌在细菌分类学中是属于棒杆菌属、短杆菌属、小杆菌属和节杆菌属中的细菌。目前我国谷氨酸发酵最常见的生产菌种是北京棒杆菌 AS1.299 和钝齿棒杆菌 AS1.542。

（1）北京棒杆菌 AS1.299

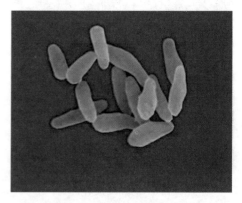

图 3 – 12　谷氨酸棒杆菌

其细胞呈短杆或棒状，有时略呈弯曲状，两端钝圆，排列为单个、成对或 V 字形；革兰氏染色阳性；无芽孢，无鞭毛，不运动；普通肉汁固体平皿培养，菌落圆形，中间隆起，表面光滑湿润，边缘整齐，菌落颜色开始呈白色，直径 1 mm，随培养时间延长变为淡黄色，直径增大至 6 mm，不产水溶性色素；普通肉汁液体培养，稍混浊，有时表面呈微环状，管底有粒状沉淀。

北京棒杆菌 AS1.299 为化能异养型，能利用葡萄糖、果糖、甘露糖、麦芽糖、蔗糖以及乙酸、柠檬酸作为碳源迅速进行谷氨酸发酵，不分解淀粉、纤维素，铵盐和尿素均可作为氮源，能还原硝酸盐，不同化酪蛋白；需要多种无机盐离子；需要生物素作为生长因子；好氧或兼性厌氧，最适生长温度为 30~32 ℃，最适生长 pH 值为 6.0~7.5；在 7.5% 的 NaCl 或 2.6% 的尿素肉汁培养基中生长良好，在 10% 的 NaCl 或 3% 的尿素肉汁培养基中生长受到抑制。

（2）钝齿棒杆菌 AS1.542

钝齿棒杆菌 AS1.542 细胞呈短杆或棒状，两端钝圆，排列为单个、成对或 V 字形；革兰氏染色阳性；无芽孢，无鞭毛，不运动；细胞内次极端有异染颗粒并存在数个横膈；普通肉汁固体平皿培养，菌落扁平，呈草黄色，表面湿润无光泽，边缘较薄呈钝齿状，不产水溶性色素，直径 3~5 mm；普通肉汁液体培养混浊，表面有薄菌膜，管底有较多沉淀。

它是化能异养型，能利用葡萄糖、果糖、甘露糖、麦芽糖、蔗糖、水杨苷、七叶灵以及乙酸、柠檬酸、乳酸、葡萄糖酸、延胡索酸等多种有机酸作为碳源迅速进行谷氨酸发酵，不分解淀粉、纤维素、油脂和明胶；利用铵盐和尿素作为氮源，能还原硝酸盐，不同化酪蛋白。

其生长要求多种无机离子，需要生物素作为生长因子；好氧或兼性厌氧；20~37 ℃生长良好，39 ℃生长微弱，最适生长温度为 30 ℃；pH 值为 6~9 生长良好，pH 值为 10 生长减弱，pH 值为 4~5 不生长；在 7.5% 的 NaCl 或 2.5% 的尿素肉汁培养基中生长良好，10% 的 NaCl 和 3% 的尿素肉汁培养基中生长受到抑制。

2. 谷氨酸发酵及味精生产

L－谷氨酸单钠，俗称味精，相对分子质量为 187.13。它具有强烈的肉类鲜味，用水稀释 3000 倍，仍能感觉到鲜味，所以被广泛用于食品菜肴的调味。我国于 1963 年开始采用谷氨酸发酵法生产味精。

（1）谷氨酸菌的扩大培养

谷氨酸发酵生产通常采用谷氨酸菌二级扩大的种子液获得发酵所需的菌量。

扩大培养的工艺流程为：斜面原种→斜面活化（32 ℃，18~24 h）→200 mL 液体振荡培养（32 ℃，12 h）→1000 mL 三角瓶（一级种子）培养→50～500 L 种子罐（二级种子）培养。

（2）谷氨酸发酵及味精生产工艺

淀粉质原料→粉碎→调浆→水解糖化→冷却→中和→脱色→过滤→添加氮源、无机盐和生长因子→接种二级种子→谷氨酸发酵→谷氨酸提取→加碱中和→除铁脱色→浓缩→干燥→过筛→包装→成品味精。

图 3 - 13　味精

二、食品工业中的酵母菌及其应用

酵母属是酵母菌中应用最为广泛的一类，以酿酒酵母为代表，最早被人们用来酿酒和发面。随着对酵母属的形态、生长和繁殖特征的研究以及对酵母属分类的进一步明确，其在食品工业中的应用越来越广泛。

（一）酵母菌属

酵母菌不是分类学上的名称，而是一类以出芽繁殖为主要特征的单细胞真菌的统称。酵母菌属为真菌界子囊菌门、酵母亚门、酵母纲、酵母目、酵母科、酵母属。本属酵母菌细胞为圆形、卵圆形、腊肠形，有或无假菌丝；无性繁殖为多边出芽型，有性繁殖可产生 1～4 个子囊孢子；具有强烈的发酵作用，能发酵多

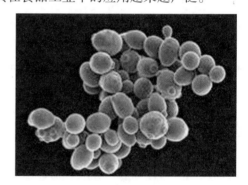

图 3 - 14　酵母菌

种糖类生成乙醇和二氧化碳，但不发酵乳糖、高级烃和硝酸盐；生长适温为 25～26 ℃。

其菌落通常扁平光滑，表面湿润、黏稠，有分泌物，或者反光或者暗淡，菌落不透明，颜色则是奶油色至棕奶油色的；与培养基结合不紧密（无菌丝），易被接种针挑起；在液体培养基中生长，有的在底部生长，易于凝集沉淀；有的均匀生长，使培养液变浑浊。酵母属的菌种通常具有可以发酵各种碳水化合物，而不能利用硝酸盐的特点，液体培养时无菌醭。

酵母菌属广泛存在于水果、蔬菜、果园的土壤、酒曲中，许多种类在工业上有广泛的应用。酵母菌属在发酵、调味品工业中占有重要地位，几乎所有用于酿造的酵母都在本属内，其中以啤酒酵母和葡萄酒酵母最重要。

1. 啤酒酵母

啤酒酵母又称酿酒酵母，是酵母菌属中的典型菌种，属于典型的上面酵母，广泛

用于啤酒、白酒、果酒的酿造和面包的制造，由于其体内含有丰富的蛋白质和维生素而被当作饲料酵母和药用酵母。

（1）啤酒酵母的形态特征

啤酒酵母在麦芽汁培养基上于 25 ℃培养 3 d，细胞经历由圆形、卵形、椭圆形到腊肠形的变化；大小为（3～7）μm×（5～10）μm，通常聚集在一起，不运动。按细胞长与宽的比例，可将其分为三组，第一组的细胞多为圆形、短卵形或卵形，细胞长与宽之比一般小于 2，在啤酒、白酒和酒精发酵制造中多用这类菌种；第二组的细胞为卵形或长卵形，长与宽之比通常为 2，主要供葡萄酒和果酒酿造用；第三组的细胞为长圆形，长与宽之比一般大于 2，这组酵母比较耐高渗透压，可在以甘蔗糖蜜为原料生产酒精时利用。

（2）啤酒酵母的培养特征

麦芽汁固体培养，菌落呈乳白色，不透明，有光泽，表面光滑湿润，边缘略呈锯齿状；随培养时间延长，菌落颜色变暗，失去光泽。麦芽汁液体培养，表面产生泡沫，液体变浑浊，培养后期菌体悬浮在液面上形成酵母泡盖，因此称上面酵母。

（3）啤酒酵母的生理生化特性

啤酒酵母为化能异养型，能发酵葡萄糖、果糖、半乳糖、蔗糖、麦芽糖和麦芽三糖以及 1/3 的棉子糖，不发酵蜜二糖、乳糖和甘油醛，也不发酵淀粉、纤维素等多糖；不分解蛋白质，可同化氨基酸和氨态氮，不同化硝酸盐；需要 B 族维生素和 P、S、Ca、Mg、K、Fe 等无机元素；兼性厌氧，有氧条件下，将可发酵性糖类通过有氧呼吸作用彻底氧化为 CO_2 和 H_2O，释放大量能量供细胞生长；无氧条件下，使可发酵性糖类通过发酵作用（EMP 途径）生成酒精和 CO_2，释放较少能量供细胞生长；最适生长温度为 25 ℃，发酵最适温度为 10～25 ℃；最适发酵 pH 值为 4.5～6.5。

2. 葡萄酒酵母

葡萄酒酵母属于啤酒酵母的椭圆变种，简称椭圆酵母，主要区别在于它能发酵棉子糖和蜜二糖。其可作啤酒酿造底层发酵，或作饲料和药用酵母，常用于葡萄酒和果酒的酿造。

（1）葡萄酒酵母的形态特征

葡萄酒酵母细胞呈椭圆形或长椭圆形，大小为（3～10）μm×（5～15）μm，不运动；单倍体细胞或双倍体细胞都能以多边出芽方式进行无性繁殖，形成有规则的假菌丝；在不利的环境条件下进行有性繁殖。

（2）葡萄酒酵母的培养特征

葡萄汁固体培养，菌落呈乳黄色，不透明，有光泽，表面光滑湿润，边缘整齐；

随培养时间延长，菌落颜色变暗。葡萄汁液体培养变浊，表面形成泡沫，聚凝性较强，培养后期菌体沉降于容器底部。

（3）葡萄酒酵母的生理生化特点

葡萄酒酵母为化能异养型，可发酵葡萄糖、果糖、半乳糖、蔗糖、麦芽糖、麦芽三糖以及1/3的棉子糖，不发酵蜜二糖、乳糖和甘油醛，也不发酵淀粉、纤维素等多糖；不分解蛋白质，不还原硝酸盐，可同化氨基酸和氨态氮；需要B族维生素和P、S、Ca、Mg、K、Fe等无机元素；兼性厌氧，有氧条件下，将可发酵性糖类通过有氧呼吸作用彻底氧化为CO_2和H_2O，释放大量能量供菌体繁殖；无氧条件下，使可发酵性糖类通过发酵作用（EMP途径）生成酒精和CO_2，释放较少能量供细胞繁殖；最适生长温度为25℃，发酵最适温度为15～25℃；最适发酵pH值为3.3～3.5；耐酸、耐乙醇、耐高渗、耐二氧化硫能力强于啤酒酵母；葡萄酒发酵后乙醇含量达16%以上。

3. 卡尔酵母

卡尔酵母属于典型的下面酵母，又称卡尔斯伯酵母或嘉士伯酵母，常用于啤酒酿造、药物提取以及维生素测定。

（1）卡尔酵母的形态特征

其细胞呈椭圆形，大小为（3～5）μm×（7～10）μm，通常分散独立存在，不运动；单倍体细胞或双倍体细胞大多都以单端出芽方式进行无性繁殖，能形成不规则的假菌丝，但无真菌丝；采用特殊方法培养才能进行有性繁殖形成子囊孢子。

（2）卡尔酵母的培养特征

麦芽汁固体培养，菌落呈乳白色，不透明，有光泽，表面光滑湿润，边缘整齐；随培养时间延长，菌落颜色变暗，失去光泽。麦芽汁液体培养，表面产生泡沫，液体变浑浊，培养后期菌体沉降于容器底部，因此又称下面酵母。

（3）卡尔酵母的生理生化特点

卡尔酵母为化能异养型，能发酵葡萄糖、果糖、半乳糖、蔗糖、麦芽糖、蜜二糖、麦芽三糖和甘油醛以及全部的棉子糖，不发酵乳糖以及淀粉、纤维素等多糖；不分解蛋白质，不还原硝酸盐，可同化氨基酸和氨态氮；需要B族维生素以及P、S、Ca、Mg、K、Fe等无机离子；兼性厌氧，有氧条件下，将可发酵性糖类通过有氧呼吸作用彻底氧化为CO_2和H_2O，释放大量能量供菌体繁殖；无氧条件下，使可发酵性糖类通过发酵作用（EMP途径）生成酒精和CO_2，释放较少能量供细胞繁殖；最适生长温度为25℃，啤酒发酵最适温度为5～10℃；最适发酵pH值为4.5～6.5，真正发酵度为55%～60%

（二）假丝酵母属

假丝酵母属为半知菌亚门、芽孢菌纲、隐球酵母目、隐球酵母科，细胞为球形、卵形、腊肠形，能形成假菌丝，无性繁殖为多边芽殖，未发现有性繁殖。

1. 热带假丝酵母

热带假丝酵母是最常见的假丝酵母，具有很强的氧化烃类的能力，它是生产石油蛋白的重要菌种。此外，热带假丝酵母还可利用农副产品和工业废弃物生产菌体蛋白，既扩大了饲料蛋白来源，又减少了工业废水对环境的污染。

2. 产朊假丝酵母

产朊假丝酵母又称产蛋白假丝酵母或食用圆酵母，富含蛋白质和维生素 B，常作为生产食用或饲用单细胞蛋白（SCP）以及维生素 B 的菌株。

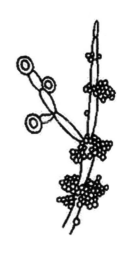

图 3 – 15 假丝酵母

（1）产朊假丝酵母的形态特征

产朊假丝酵母细胞呈圆形、椭圆形或腊肠形，大小为（3.5 ~ 4.5）μm×（7.0 ~ 13.0）μm，多以多边出芽方式进行无性繁殖，形成假菌丝；没有发现有性生殖和有性孢子，属于半知菌类酵母菌。

（2）产朊假丝酵母的培养特征

麦芽汁固体培养，菌落呈乳白色，表面光滑湿润，有光泽或无光泽，边缘整齐或菌丝状；玉米固体培养产生原始状假菌丝；葡萄糖酵母汁蛋白胨液体培养，表面无菌膜，液体混浊，管底有菌体沉淀。

（3）产朊假丝酵母的生理生化特点

产朊假丝酵母为化能异养型，能发酵葡萄糖、蔗糖和 1/3 的棉子糖，不发酵半乳糖、麦芽糖、乳糖、蜜二糖。能同化尿素、铵盐和硝酸盐，不分解蛋白质和脂肪。兼性厌氧，有氧条件下，进行有氧呼吸；无氧条件下，进行酒精发酵。最适生长温度为 25 ℃，最适生长 pH 值为 4.5 ~ 6.5。

该菌具有较强的分解糖的能力，能发酵葡萄糖、蔗糖、棉子糖；菌体蛋白含量高达干重的 60% 左右，并含有大量的赖氨酸、维生素和多种微量元素。在发酵工业中，常采用富含半纤维的糖蜜、土豆淀粉、纸浆废液、稻草、稻壳、玉米芯、木屑、啤酒废渣等水解液和糖蜜为主要原料培养产朊假丝酵母，生产食用或饲用单细胞蛋白和维生素 B。

3. 解脂假丝酵母

解脂假丝酵母分解脂肪和蛋白质的能力很强，主要用于石油发酵，生产食用和饲用蛋白，此外，还可生产维生素和柠檬酸等。

4．红酵母属

该属酵母菌细胞为球形、卵圆形、圆筒形，多端出芽繁殖，菌落特别黏稠，有产生色素（赤色、橙色、灰黄色）的能力。代表品种有粘红酵母和胶红酵母，它们在食品上生长，可形成赤色斑点。该属酵母菌具有积聚高量脂肪的能力，细胞内脂肪含量高达干物质的60%，故也称脂肪酵母，但蛋白质产量比其他酵母低；常污染食品，在粮食、肉和酸泡菜上形成红斑使食品变色、败坏。

5．毕赤氏酵母属

与酵母属同属酵母科，该属菌能耐高浓度酒精，并使之氧化，是饮料酒的污染菌，常在饮料酒和酱油表面形成一层白色干燥的菌醭。

6．汉逊氏酵母属

该属亦属酵母科，细胞为球形、卵形或圆柱形，常形成假菌丝，孢子为帽子形或球形，对糖有强的发酵作用，但是主要产物不是酒精而是酯，能氧化酒精，在液体中繁殖，可产生浮膜，也能耐高浓度的酒精，常使酒类和酱油产生变质并形成浮膜，如粉状毕赤氏酵母菌。因此它是常见的饮料酒类的污染菌。异常汉逊氏酵母是酒类的污染菌，常在酒的表面生成白色干燥的菌醭。

（三）酵母菌在食品工业中的应用

啤酒酿造以大麦、水为主要原料，以大米或其他未发芽的谷物、酒花为辅助原料；大麦经过发芽产生多种水解酶类制成麦芽；借助麦芽本身多种水解酶类将淀粉和蛋白质等大分子物质分解为可溶性糖类、糊精以及氨基酸、肽、胨等低分子物质制成麦芽汁；麦芽汁通过酵母菌的发酵作用生成酒精和CO_2以及多种营养物质和风味物质；最后经过过滤、包装、杀菌等工艺制成CO_2含量丰富、酒精含量仅3%～4%、富含多种营养成分、具有酒花芳香、苦味爽口的饮料酒即成品啤酒。

啤酒是世界上产量最高、发展速度最快的酒种。当今世界啤酒工业发展的特点是设备大型化、操作自动化、产业规模集团化。啤酒的种类，根据酵母品种可分为上面发酵啤酒和下面发酵啤酒；根据颜色可分为淡色啤酒和浓色啤酒；根据生产方式可分为鲜啤酒、纯鲜啤酒和熟啤酒；根据消费对象又可分为低醇啤酒和低糖啤酒等。

图3-16　啤酒

1．啤酒酵母的扩大培养

（1）工艺流程

斜面原种→活化（25 ℃，1～2 d）→2个100 mL富士瓶（25 ℃，1～2 d）→2个

1000 mL 巴士瓶（25℃，1~2 d）→2 个 10 L 卡氏罐（25℃，1~2 d）→200 L 汉森式种母罐（15℃，1~2 d）→2 t 扩大罐（10℃，1~2 d）→10 t 繁殖槽→（8℃，1~2 d）→主发酵。

（2）技术要点

①温度控制。培养初期，采用酵母菌最适生长温度 25℃培养，之后每扩大培养 1 次，温度均要有所降低，使酵母菌逐步适应低温发酵的要求。

②接种时间。每次扩大培养均采用对数生长期后期的种子液接种，一般泡沫达到最高将要回落时为对数生长期。

2. 啤酒酿造工艺

（1）工艺流程

原料大麦→清选→分级→浸渍→发芽→干燥→麦芽及辅料粉碎→糖化→过滤→麦汁煮沸→麦汁沉淀→麦汁冷却→接种→酵母繁殖→主发酵→后发酵→过滤→包装→杀菌→贴标→成品。

（2）技术要点

①麦芽制造。麦芽制造的目的是使大麦产生各种水解酶并使胚乳细胞适当溶解，便于糖化时淀粉和蛋白质等大分子物质分解；另外，麦芽经过干燥处理能产生特有的色、香、味。

大麦经过清选、分级后，进入浸麦槽进行浸麦，一般淡色麦芽的浸麦度达到 43%~46%时进入发芽箱发芽。淡色麦芽的发芽温度为 15℃，发芽 6~8 d 后，当根芽为麦粒的 1~1.5 倍、叶芽为麦粒的 3/4 时，发芽结束，进行干燥。干燥期间，控制温度逐渐升高，麦芽的含水量合理下降，制造淡色麦芽时，当麦层温度达 75℃时进入焙焦阶段。焙焦温度 85℃条件下，2.5~3.0 h 后，完成麦芽的干燥。干燥后经过除根处理即得成品麦芽。

②糖化与麦芽汁制造。麦芽汁制造俗称糖化。将粉碎的麦芽和未发芽的谷物原料与盐水混合，借助麦芽中的各种水解酶将淀粉和蛋白质等不溶性的大分子物质分解为可溶性的糖类糊精、氨基酸、肽、胨等低分子物质，为酵母菌的繁殖和发酵提供必需的营养物质。糖化方法分为浸出糖化法、煮出糖化法和复式糖化法。目前国内制造淡色啤酒普遍采用双醪二次煮出糖化法，该方式是将粉碎的辅助原料和部分麦芽粉放入糊化锅与 50℃温水混合，保温 15 min，煮沸 30 min，使辅料糊化，同时，另一部分麦芽粉放入糖化锅与 35~37℃温水混合，保温 30 min 后升温至 50℃，继续保温 30~60 min,进行蛋白质分解，然后将这两部分糖化醪液在糖化锅内混合，63~67℃保温糖化。取部分糖化醪液在糊化锅内进行第二次煮沸，再并醪回糖化锅，使糖化醪升温至

75~78 ℃灭酶，然后过滤，即得原麦芽汁。将原麦芽汁煮沸 50~60 min，期间分阶段添加酒花，促进酒花有效物质的浸出和蛋白质凝固、沉淀。麦芽汁煮沸后先冷却至 50 ℃促进热凝固物形成，再快速冷却至 25 ℃促进冷凝固物形成，最后冷却至接种温度 6~8 ℃，完成麦芽汁制造。

③接种与酵母增殖。冷却麦芽汁加入酵母繁殖槽，接种 6 代以内回收的酵母泥 0.5%（或扩大培养的种子液），控制品温 6~8 ℃，好氧培养 12~24 h，待起发后入发酵池（罐）进行主发酵。

④主发酵。主发酵也称前发酵，可分为 4 个时期。入发酵池（罐）后 4~5 h，酵母菌产生的 CO_2 使麦芽汁饱和，在麦芽汁表面出现白色、乳脂状气泡，称为起泡期。此时不需人工降温，保持 2~3 d。随着发酵的进行，酵母菌厌氧代谢旺盛，使泡沫层加厚，温度升高，发酵进入高泡期。此时需开动冰水人工降温，最高发酵温度不超过 9 ℃，保持 2~3 d。发酵 5~6 d 后，泡沫开始回缩，颜色变深，称为落泡期。此时需开动冰水逐渐降温，维持 2 d，发酵 7~8 d 后，泡沫消退，形成泡盖（由酒花树脂、蛋白质多酚复合物、泡沫和死酵母构成），称为泡盖形成期。此时应急剧降温至 4~5 ℃，使酵母沉降，并打捞泡盖、回收酵母，结束主发酵。在主发酵过程中，酵母菌通过旺盛的厌氧代谢，使大部分可发酵性糖转化为酒精和 CO_2，同时形成主要的代谢产物和风味物质。

⑤后发酵。后发酵的主要作用是使残糖继续发酵，促进 CO_2 在酒液中饱和，同时利用酵母内酶还原双乙酰，并且利用 CO_2 排除酒液中的生青物质（双乙酰、H_2S、乙醛），使啤酒成熟。后发酵前期：4~5 ℃散口发酵 3~5 d，还原双乙酰，排出生青物质；后期：0~2 ℃、0.5~1.0 kg/cm² 加压发酵，饱和 CO_2，时间为 1~3 个月。

⑥后处理。后发酵结束，酒液经过过滤、装瓶、热杀菌（60 ℃，30 min）处理，称为熟酒，而不经过热杀菌的啤酒称为鲜啤酒。

3. 果酒酿造

果酒酿造是以多种水果如葡萄、苹果、梨、橘子、山楂、杨梅、猕猴桃等为原料，经过破碎、压榨，制取果汁；果汁通过酵母菌的发酵作用形成原酒；原酒再经陈酿、过滤、调配、包装等工艺制成酒精含量 8.5% 以上、含多种营养成分的饮料酒。在各种果酒中，葡萄酒是主要品种，其产量在饮料酒种中居世界第二位。

（1）酒母的扩大培养（以葡萄酒酵母为例）

①工艺流程

图 3-17　果酒

斜面原种→活化（接 10 mL 葡萄汁，25 ℃，1~2 d）→2 个 500 mL 三角瓶（扩培比 1:12.5，25 ℃，1~2 d）扩培→10 L 卡氏罐（扩培比 1:12，25 ℃，1~2 d）扩培→200 L 酒母罐（扩培比 1:23，20~25 ℃，1~2 d）扩培→主发酵。

②技术要点

温度控制：由于果酒发酵温度在 15~30 ℃ 之间，因而酒母扩大培养温度一般控制在 25 ℃ 或略低即可。

接种时间和通风供氧控制：与啤酒酵母的扩大培养控制相同。

培养基的制备：

试管液体培养基和三角瓶液体培养基：新鲜澄清葡萄汁分装后，0.1 MPa 灭菌 20 min 备用；卡氏罐培养基：新鲜澄清葡萄汁进罐后，常压湿热灭菌 1 h，冷却后加入亚硫酸，使 SO_2 含量达 80 mg/L，4~8 h 后接种；酒母罐培养基：酒母罐经硫黄熏蒸 4 h 后，注入已灭菌的葡萄汁，加入亚硫酸，使 SO_2 含量达 100~150 mg/L，摇匀过夜后接种。

（2）果酒酿造工艺

①工艺流程

水果→分选→洗涤→破碎→压榨→果汁→成分调整→添加 SO_2，接种酒母→前发酵→后发酵→陈酿→冷、热处理→过滤→调配→灌酒→杀菌→贴标→成品。

②技术要点

水果处理：水果的分选在田间采收时进行，分品种采收，按级别运送到酒厂，分选时应摘除果柄、去除腐烂部分和果核；然后入洗果池，先用洗涤剂和化学药剂洗涤，后用清水洗净；洗净后进行破碎和压榨，得到果汁或果浆。

果汁成分调整：为了使果酒达到规定的酒精度，需要对果汁进行糖分调整。一般通过添加白砂糖使果汁含糖量达到 20%~24%，如此可使果酒的酒精度达到 12%~14%（体积分数）。同时为了抑制杂菌生长，提高 SO_2 的防腐效果，促进酒体澄清，也需对果汁进行酸度调整。一般通过加入柠檬酸或酒石酸调整果汁 pH 值至 3.3~3.5。

前发酵：前发酵的目的是进行酒精发酵，产生芳香物质，浸提色素物质。其方法有分离发酵法和混合发酵法两种。分离发酵法是水果经破碎、压榨后，仅有果汁入发酵池进行发酵；而混合发酵法是水果破碎后不经压榨，将果汁、果浆、皮渣一起入发酵池进行发酵。

后发酵：后发酵的作用是使残糖继续发酵，酒液澄清，酸度降低，风味改善。前发酵菌液入后发酵池后，添加亚硫酸，使 SO_2 含量达到 80~100 mg/L；控制品温在 16~20 ℃，进行后发酵；持续 1 个月左右，当残糖降至 2 g/L 时，后发酵结束。后发酵之后的发酵酒称为原酒。

陈酿：原酒经过一定时间的贮存和工艺处理称为陈酿。陈酿的目的是进一步使酒体澄清、风味协调。陈酿的时间依果酒品种不同而异，一般在一年以上。原酒入贮酒池后，如果原酒酒精度低于16%，则需用白兰地酒或脱臭酒精调整酒精度至16%，然后封盖进行陈酿。陈酿温度一般为8~15℃，湿度为85%~90%。陈酿期间，需进行数次倒池，以除去酒脚，并注意添池防止污染；还要采用冷处理（-7~-4℃，5~6 d）或热处理（65~70℃，15 min）的方法促进酒液澄清，改善酒体风味，提高酒的稳定性，加速原酒老熟。

后处理：陈酿成熟的果酒经过过滤后，按照成品酒的质量要求，用白兰地、水果白酒、砂糖和柠檬酸对果酒的酒度、糖度、酸度进行调配，使风味更加协调；然后罐装、杀菌、贴标，制成成品果酒。

4. 白酒酿造

白酒是以高粱、大米等谷物、薯类为原料，用曲作为糖化剂和发酵剂，经淀粉糖化、酒精发酵、蒸馏、陈酿、勾兑等工艺制成的。其酒精含量较高，具有独特的芳香和风味，种类众多，按生产工艺分为固态法白酒（固态制曲，固态发酵）、液态法白酒（液态发酵，液态蒸馏）、半固态法白酒（前期固态发酵，后期适时投水，发酵转为半固态）；

图3-18　白酒

按酿酒原料分为粮食酒（以高粱、玉米、谷物等粮食为原料发酵而成）、薯类酒（以甘薯、薯干等薯类为原料发酵而成）、代用原料酒（以含淀粉的非食用植物为原料发酵而成）；按使用的糖化发酵剂分为大曲酒、小曲酒、麸曲酒；按酒度分为高度酒（酒度超过50°的酒）、降度酒（酒度在40°~50°之间的酒）、低度酒（酒度在40°以下的酒）；按酒的香型度分为酱香型（以贵州茅台为代表）、浓香型（以泸州老窖特曲为代表）、清香型（以汾酒为代表）、米香型（以广西桂林三花酒为代表）、其他香型（包括兼香型白酒，代表为兼香型白云边；凤香型白酒，代表为西凤酒；药香型白酒，代表为董酒；豉香型白酒，代表为豉味玉冰烧；芝麻香型白酒，代表为景芝老白干；特型白酒，代表为四特酒）。

（1）酒曲的主要种类

①大曲：大曲是固态发酵法酿造大曲白酒的糖化发酵剂。它以小麦、大麦或豌豆为曲料，经过粉碎、加水拌料、踩曲制坯、堆积培养，依靠自然界带入的各种酿酒微

生物（包括细菌、霉菌和酵母菌）在其中生长繁殖制成成曲，再经贮存后制成陈曲。大曲有高温曲（制曲温度在 60 ℃以上）、中温曲（制曲温度不超过 50 ℃）、低温曲等类型。目前国内绝大多数著名的大曲白酒均采用高温曲生产，如茅台、泸州老窖、西凤酒、五粮液等。

②麸曲：麸曲是固态发酵法酿造麸曲白酒的糖化剂。它以麸皮为主要曲料，以新鲜酒糟为配料，经过润水、蒸煮、冷却后，接入糖化种曲，再经通风培养制成成曲。

③小曲（米曲）：小曲（米曲）是半固态发酵法酿造小曲白酒（米酒）的糖化发酵剂。它以米粉或米糠为原料，添加或不添加中草药，经过浸泡、粉碎，接入纯种根霉或酵母菌或二者混合种曲，再经制坯、入室培养、干燥等工艺制成。小曲根据是否添加中草药，分为药小曲（俗称酒药）和无药白曲，其制作方法大同小异。

④液体曲：液体曲可作为液态发酵法酿酒制醋的糖化剂。将曲霉菌的种子液接入发酵培养基中，在发酵罐中进行深层通气培养，得到的含有丰富酶系的培养液称为液体曲。

（2）白酒的酿造通用工艺流程

我国的白酒生产主要有固态发酵和液态发酵两种，固态发酵的大曲、小曲、麸曲等工艺中，麸曲白酒在生产中所占比重较大，故此处仅简述麸曲白酒的工艺。

原料粉碎：原料粉碎的目的在于便于蒸煮，使淀粉充分被利用。根据原料特性，粉碎的细度要求也不同，薯干、玉米等原料，通过 20 孔筛者占 60% 以上。

配料：将新料、酒糟、辅料及水配合在一起，为糖化和发酵打基础。配料要根据瓶子的大小、原料的淀粉量、气温、生产工艺及发酵时间等具体情况而定，配料得当与否的具体表现，要看入池的淀粉浓度、配料的酸度和疏松程度是否适当，一般以淀粉浓度 14% ~16%、酸度 0.6 ~0.8、润料水分 48% ~50% 为宜。

蒸煮糊化：利用蒸煮使淀粉糊化，有利于淀粉酶的作用，同时还可以杀死杂菌。蒸煮的温度和时间视原料种类、破碎程度等而定，一般常压蒸料 20 ~30 min。蒸煮的要求为外观蒸透，熟而不黏，内无生心即可。

将原料和发酵后的香醅混合，蒸酒和蒸料同时进行，称为"混蒸混烧"。前期以蒸酒为主，甑内温度要求 85 ~90 ℃，蒸酒后，应保持一段糊化时间。若蒸酒与蒸料分开进行，称之为"清蒸清烧"。

冷却：蒸熟的原料，用扬渣或晾渣的方法，使料迅速冷却，使之达到微生物适宜生长的温度，若气温在 5 ~10 ℃，品温应降至 30 ~32 ℃，若气温在 10 ~15 ℃，品温应降至 25 ~28 ℃，夏季要降至品温不再下降为止。扬渣或晾渣还可起到挥发杂味、吸收氧气等作用。

拌醅：固态发酵麸曲白酒是采用边糖化边发酵的双边发酵工艺，扬渣之后，同时加入曲子。酒曲的用量视其糖化力的高低而定，一般为酿酒主料的 8% ~ 10%，酒母用量一般为总投料量的 4% ~ 6%（即取 4% ~ 6% 的主料作培养酒母用）。为了利于酶促反应的正常进行，在拌醅时应加水（工厂称加浆），控制入池时醅的水分含量为 58% ~ 62%。

入窖发酵：入窖时醅料品温应在 18 ~ 20 ℃（夏季不超过 26 ℃），入窖的醅料既不能压得过紧，也不能过松，一般掌握在每立方米容积内装醅料 630 ~ 640 kg 为宜。装好后，在醅料上盖上一层糠，用窖泥密封，再加上一层糠。

发酵过程主要是掌握品温，并随时分析醅料水分、酸度、酒量、淀粉残留量的变化。发酵时间的长短，根据各种因素来确定，有 3 d、4 ~ 5 d 不等。一般当窖内品温上升至 36 ~ 37 ℃ 时，即可结束发酵。

蒸酒：发酵成熟的醅料称为香醅，它含有极复杂的成分。通过蒸酒把醅中的酒精、水、高级醇、酸类等有效成分蒸发为蒸气，再经冷却即可得到白酒。蒸馏时应尽量把酒精、芳香物质、醇甜物质等提取出来，并利用掐头去尾的方法尽量除去杂质。

酒的老熟和陈酿：酒是具有"生命力"的，糖化、发酵、蒸馏等一系列工艺的完成并不能说明酿酒全过程就已终结，新酿制成的酒品并没有完全完成体现酒品风格的物质转化，酒质粗劣淡寡，酒体欠缺丰满，所以新酒必须要在特定环境中窖藏。经过一段时间的贮存后，醇香和美的酒质才最终形成并得以深化。通常将这一新酿制成的酒品进行窖香贮存的过程称为老熟和陈酿。

勾兑调味：勾兑调味工艺是将不同种类、陈年和产地的原酒液半成品（白兰地、威士忌等）或选取不同档次的原酒液半成品（中国白酒、黄酒等）按照一定的比例，参照成品酒的酒质标准进行混合、调整和校对的工艺。勾兑调味能不断获得均衡协调、质量稳定、传统地道的酒品。

酒品的勾兑调味被视为酿酒的最高工艺，创造出酿酒活动中的一种精神境界。从工艺的角度来看，酿酒原料的种类、质量和配比存在着差异，酿酒过程中包含着诸多工序，中间发生许多复杂的物理、化学变化，转化产生几十种甚至几百种有机成分，其中有些机理至今还未研究清楚，而勾兑师的工作便是富有技巧地将不同酒质的酒品按照一定的比例进行混合调校，在确保酒品总体风格的前提下得到整体均匀一致的市场品种标准。

5. 面包制作

面包是一种营养丰富、组织蓬松、易于消化的方便食品。它以面粉、糖、水为主要原料，利用面粉中的淀粉酶水解淀粉生成的糖类物质，经过酵母菌的发酵作用产生

图 3-19　面包

醇、醛、酸类物质和 CO_2；在高温焙烤过程中，CO_2 受热膨胀使面包形成多孔的海绵结构并具备松软的质地。面包的种类很多，主要分为主食面包和点心面包。点心面包又根据配料不同，分为果子面包、鸡蛋面包、牛奶面包、蛋黄面包和维生素面包等。

（1）菌种及发酵剂类型

早期面包制造主要是利用自然发酵法，而现代面包制造大多采用纯种发酵剂发酵。面包发酵剂菌种是啤酒酵母，应选择发酵力强、风味良好、耐热、耐酒精的酵母菌株。

面包发酵剂类型有压榨酵母和活性干酵母两种。压榨酵母又称鲜酵母，是酵母菌经液体深层通气培养后再经压榨而制成的，发酵活力高，使用方便，但不耐贮藏。活性干酵母是压榨酵母经低温干燥或喷雾干燥或真空干燥而制成的，便于贮藏和运输，但活性有所减弱，需经活化后使用。

（2）面包生产工艺

面包生产工艺分为一次发酵法和两次发酵法，目前我国的面包生产多采用两次发酵法，其生产工艺流程为：配料→第一次发酵→面团→配料和面→第二次发酵→切块→揉搓→成形→放盘→饧皮→烘烤→冷却→包装→成品。

6. 单细胞蛋白（SCP）的开发

（1）应用微生物生产 SCP 的优点

细胞的蛋白质含量高达 50% 左右，并含有多种氨基酸、维生素、矿物元素和粗脂肪等营养成分，易被人畜消化吸收；微生物繁殖快，短时间可获得大量产品；微生物对营养要求适应性强，可利用多种廉价原料进行生产；微生物的生长条件完全受人工控制，可在工厂中大量生产。

（2）开发 SCP 常用菌种及其使用的主要原料

开发 SCP 的微生物主要是酵母菌，其次是藻类。用于生产 SCP 的原料有以下几类：

①工农业生产的废弃物和下脚料，如纸浆废液、啤酒废渣、味精废液、淀粉废液、豆制品废液。

②碳水化合物类，如淀粉质和纤维质的水解糖液。

③碳氢化合物类，如甲烷、乙烷、丙烷及短链烷烃。

④石油产品类，如甲醇、乙醇等醇类物质。

⑤无机气体类，如 CO_2、H_2 等。

（3）SCP 的生产工艺

生产 SCP 的菌种大多是酵母菌，原料多为石油产品和工农业生产的有机废液。采用的发酵罐有传统的搅拌式发酵罐、通气管式发酵罐、空气提升式发酵罐等。投入发酵罐中的物料有生长良好的种子、水、基质、营养物、氨等，培养过程中需控制培养液的 pH 及维持一定温度。在单细胞蛋白的生产中，为使培养液中营养成分充分利用，可将部分培养液连续送入分离器中，上清液回入发酵罐中循环使用。菌体分离方法的选择可根据所采用离心机的类型而定，比较难分离的菌体可加入絮凝剂以提高其絮凝力，便于分离。

作为动物饲料的单细胞蛋白，可收集离心后的浓缩菌体，洗涤后进行喷雾干燥或滚筒干燥；作为人类食品则需除去大部分核酸，将所得菌体水解，以破坏细胞壁，溶解蛋白质、核酸，分离、浓缩、抽提、洗涤、喷雾干燥后得到食品蛋白。

三、食品工业中的霉菌及其应用

（一）毛霉属

毛霉属属于接合菌亚门、接合菌纲、毛霉目、毛霉科，在自然界广泛分布于空气、土壤和各种物体上，在高温、高湿以及通风不良的条件下生长良好，常引起粮食、水果和蔬菜等食品的腐败变质。毛霉为中温菌，生长适温为 30 ℃，但毛霉对温度的适应性很宽，一般在 -4~33 ℃ 的范围内均可生长，如总状毛霉最低生长温度为 -4 ℃ 左右，最高为 32~33 ℃。毛霉喜高湿，孢子萌发的最低水活度为 0.88~0.94，故在水活度较高的食品和原料上易分离到。该菌有很强的分解蛋白质和糖化淀粉的能力，因此常被用于酿造、发酵食品等工业。

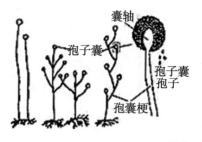

图 3-20 毛霉

1. 毛霉的生物学特性

毛霉具有很强的分解蛋白质和糖化淀粉的能力，如有名的鲁氏毛霉最初是从我国的小曲中分离出来的，它是最早被用作糖化淀粉制造酒精的菌种；鲁氏毛霉和总状毛霉还能分解大豆蛋白，用于制造豆腐乳和豆豉。

其菌落蓬松呈棉絮状，常蔓延生长不成形；初期为白色或灰白色，后变为灰褐色；

菌丛高度可由几毫米至十几厘米，有的具有光泽。其菌丝形态为菌丝无隔；分气生、基生，后者在基质中分布较均匀，吸收营养。无性繁殖产生孢囊孢子，有性繁殖产生接合孢子。气生菌丝发育到一定阶段，即产生垂直向上的孢囊梗；梗顶端膨大形成孢子囊，孢子囊成熟后，囊壁破裂释放出孢囊孢子；囊轴呈椭圆形或圆柱形；孢囊孢子为球形、椭圆形或其他形状，单细胞、无色、壁薄而光滑，无色或黄色；有性孢子（接合孢子）为球形，黄褐色，有的有突起。

根据孢囊梗的形态，毛霉可分为以下三种类型：①单枝毛霉群。孢囊梗直立，单生，如高大毛霉。②总状分枝毛霉群。孢囊梗总状分枝，如总状毛霉。③假轴状分枝毛霉群。孢囊梗假轴状分枝，如鲁氏毛霉。

大多数毛霉具有分解蛋白质的能力，同时也具有较强的糖化能力。因此，在食品工业上毛霉主要用来进行糖化和制作腐乳，也可用于淀粉酶的生产。如雅致放射毛霉用于腐乳的生产，可使腐乳产生芳香的物质及蛋白质的分解物（氨基酸、鲜味）；鲁氏毛霉等可用于有机酸和酒精工业原料的糖化和发酵；鲁氏毛霉、总状毛霉、大毛霉等常用于生产淀粉酶。当然，污染到果实、果酱、蔬菜、糕点、乳制品、肉类等食品上的毛霉，在条件适宜的情况下生长繁殖后也可导致这些食品发生腐败变质。

2. 常见的毛霉菌种

（1）高大毛霉

高大毛霉在培养基上的菌落初期为白色，随培养时间的延长，逐渐变为淡黄色，有光泽，菌丝高达 3~12 cm 或更高；孢子囊柄直立不分枝；孢子囊壁有草酸钙结晶。此菌能产生 3-羟基丁酮、脂肪酶，还能产生大量的琥珀酸，对甾族化合物有转化作用。

（2）总状毛霉

它是毛霉中分布最广的一种，几乎在各地的土壤中、生霉的材料上、空气中和各种粪便上都能找到。其菌丝呈灰白色，直立而稍短，孢子囊柄总状分枝；孢子囊球形，黄褐色，接合孢子球形，有粗糙的突起，形成大量的厚垣孢子，菌丝体、孢子柄囊甚至囊轴上都有，形状、大小不一，光滑，无色或黄色。我国四川的豆豉即用此菌制成。另外，总状毛霉能产生 3-羟基丁酮，并对甾族化合物有转化作用。

（3）鲁氏毛霉

此菌种最初是从我国小曲中分离出来的，也是毛霉中最早被用于淀粉菌法制造酒精的个种。其菌落在马铃薯培养基上呈黄色，在米饭上略带红色，孢子囊柄呈假轴状分枝，厚垣孢子数量很多，大小不一，黄色至褐色，接合孢子未见。鲁氏毛霉能产生蛋白酶，有分解大豆的能力，我国多用它来做豆腐乳。此菌还能产生乳酸、琥珀酸及甘油等，但产量较低。

（二）根霉属

根霉属广泛分布在自然界中，常引起谷物、瓜果、蔬菜及其他食品腐败。根霉与毛霉类似，能产生大量的淀粉酶，故用作酿酒、制醋业的糖化菌。有些根霉还用于甾体激素、延胡索酸和酶剂制的生产。

1. 根霉的生物学特性

根霉与毛霉同科异属，菌丝分枝状、单细胞，细胞内无横隔，在培养基上生长时，生长迅速，有发达的菌丝体，气生菌丝白色、蓬松，如棉絮状；菌丝伸入培养基质内，长成分枝状的假根，假根的作用是吸收营养；而连接假根，靠近培养基表面向横里匍匐生长的菌丝称为匍匐菌丝；由假根着生处向上长出直立的 2~4 根孢囊梗，孢囊梗不分枝，梗的顶端膨大形成孢囊，同时产生横膈，囊内形成大量孢囊孢子。根霉的有性生殖能产生接合孢子。除有性根霉为同宗接合外，其他根霉都是异宗接合。

根霉能产生糖化酶，使淀粉转化为糖，是酿酒工业上常用的发酵菌。有些菌种也是甜酒酿、甾体激素、延胡索酸和酶制剂等物质制造的应用菌。另一方面，根霉也常常引起粮食及其制品的霉变，如米根霉、华根霉等。

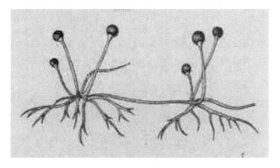

图 3 – 21 根霉

2. 常见的根霉菌种

（1）米根霉

这个种在我国酒药和酒曲中常看到，在土壤、空气，以及其他各种物质中亦常见。其菌落疏松，初期为白色，后变为灰褐色到黑褐色，匍匐枝爬行，无色；假根发达，指状或根状分枝，褐色，孢囊梗直立或稍弯曲，2~4 根；群生尚未发现其形成接合孢子，发育温度为 30~35 ℃，最适温度为 37 ℃，41 ℃亦能生长。此菌有淀粉酶、转化酶，能产生乳酸、反丁烯二酸及微量的酒精；产 L（＋）乳酸量最强，达 70% 左右；是腐乳发酵的主要菌种。

（2）黑根霉

黑根霉亦名匍枝根霉，一切生霉的材料上都有它，尤其是在生了霉的食品上，更容易找到它。瓜果、蔬菜等在运输和贮藏中的腐烂，都与匍枝根霉有关。

其菌落初期为白色，老熟后呈灰褐色至黑褐色；匍匐枝爬行，无色，假根非常发达，根状，棕褐色；孢囊梗着生于假根处，直立，通常 2~3 根群生；囊托大而明显，楔形；菌丝上一般不形成厚垣孢子，接合孢子球形，有粗糙的突起，直径 150 ~

220 μm。此菌的生长适温为 30 ℃，37 ℃不能生长，有酒精发酵力，但极微弱，能产生反丁烯二酸；能产生果胶酶，常引起果实的腐烂和甘薯的软腐。

（3）华根霉

此菌多出现在我国酒药和药曲中，这个种耐高温，于 45 ℃能生长，菌落疏松或稠密，初期为白色，后变为褐色或黑色，假根不发达，短小，手指状；孢子囊柄通常直立，光滑，浅褐色至黄褐色；不生接合孢子，但生多数的厚垣孢子，发育温度为 15 ~ 45 ℃，最适温度为 30 ℃。此菌淀粉液化力强，有溶胶性，能产生酒精、芳香酯类、左旋乳酸及反丁烯二酸，能转化甾族化合物。

（三）红曲霉属

红曲霉属在分类上属于子囊菌亚门、不整囊菌纲、散囊菌目、红曲科。红曲霉能产生淀粉酶、蛋白酶、柠檬酸、乙醇和麦角甾醇等，有的能产生红色色素、黄色色素和降血脂成分等。因此，红曲霉用途很广，常用来制成红曲作为食品着色剂或调味剂，还可用来酿酒、制醋、制腐乳等。近年来，人们发现红曲具有非常好的保健功能，一些研究单位将其开发成功能性食品和药品。市场上销售的血脂康就是用红曲提取的有效成分制成的。

1. 红曲霉的生物学特性

红曲霉在麦芽汁琼脂上生长良好，菌落初为白色，老熟后变为粉红色、紫红色或灰黑色等，因种而异；通常都能产生红色色素；菌丝具有横隔膜、多核，分枝多且不规律；菌丝不分化分生孢子梗；分生孢子着生在菌丝及其分枝的顶端，单生或成链。红曲霉生长温度范围为 26 ~ 42 ℃，最适温度为 32 ~ 35 ℃，最适 pH 值为 3.5 ~ 5.0，能利用多种糖类和酸类作为碳源，能同化硝酸钠、硝酸铵和硫酸铵，而以有机氮为最好氮源。

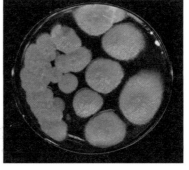

图 3 - 22　红曲霉

2．常见的红曲霉菌种

常见的红曲霉菌种为紫红曲霉。紫红曲霉在固体培养基上菌落成膜状的蔓延生长物，菌丝体最初呈白色，以后呈红色、红紫色，色素可分泌到培养基中闭囊壳为橙红色、球形，子囊球形，含 8 个子囊孢子；子囊孢子卵圆形，光滑，无色或淡红色分生孢子着生在菌丝及其分枝的顶端。

（四）曲霉属

曲霉属属于不整子囊菌纲、散囊菌目、散囊菌科，广泛分布于土壤、空气、谷物和各类有机物品中，在湿热相宜条件下引起皮革、布匹和工业品发霉及食品霉变。同时，曲霉亦是发酵工业和食品加工方面应用的重要菌种，如黑曲霉是化工生产中应用最广的菌种之一，用于柠檬酸、葡萄糖酸、淀粉酶和酒类的生产；米曲霉具有较强的淀粉酶和蛋白酶活力，是酱油、面酱发酵的主发酵菌。曲霉具有分解有机质的能力，在酿造、制药等方面常常被作为糖化应用的菌种。当然，污染该属霉菌也可引起多种食品发生霉变。此外，曲霉属中的某些种还可引起人类的食物中毒，如黄曲霉产生的黄曲霉毒素。

1．曲霉的生物学特性

曲霉菌丝呈黑、棕、黄、绿、红等多种颜色，菌丝有横隔膜，为多细胞菌丝，营养菌丝匍匐生长于培养基的表层，无假根；附着在培养基的匍匐菌丝分化出具有厚壁的足细胞；在足细胞上长出直立的分生孢子梗；孢子梗的顶端膨大成顶囊；在顶囊的周围有辐射状排列的次生小梗，小梗顶端产生一串分生孢子，不同菌种的孢子呈绿、黄、橙、褐、黑等各种颜色，故菌落颜色多种多样，而且比较稳定，是分类的主要特征之一。

2．常见的曲霉菌种

（1）米曲霉

米曲霉菌落生长快，10 d 直径达 5～6 cm，质地疏松，初白色、黄色，后变为褐色至淡绿褐色；背面无色；分生孢子头呈放射状，直径为 150～300 μm，也有少数为疏松柱状；分生孢子梗为 2 mm 左右；近顶囊处直径可达 12～25 μm，壁薄，粗糙；顶囊近球形或烧瓶形，通常 40～50 μm；小梗一般为单层，12～15 μm，偶尔有双层，也有单、双层小梗同时存在于一个顶囊上；分生孢子幼时呈洋梨形或卵圆形，老后大多变为球形或近球形，一般 4.5 μm，粗糙或近于光滑。

（2）黄曲霉

该菌为中温性、中生性霉菌；生长温度为 6～47 ℃，最适温度为 30～38 ℃；生长的最低水活度为 0.8～0.86；分布很广泛，在各类食品和粮食上均能出现。有些菌种产生黄曲霉毒素，使食品和粮食污染，黄曲霉毒素毒性很强，有致癌致畸作用。该菌产毒的最适温度为 27 ℃，最适水活度为 0.86 以上。有些菌株具有很强的糖化淀粉、分解蛋白质的能力，因而被广泛用于白酒、酱油和酱的生产。

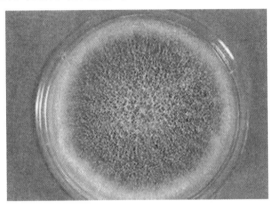

图 3 - 23　黄曲霉

其菌落生长快，柔毛状，平坦或有放射状沟纹；初为黄色，后变为黄绿或褐绿色；反面无色或略带褐色；有的菌株产生灰褐色的菌核。

其菌体分生孢子梗壁粗糙或有刺，无色；分生孢子头为半球形、柱形或扁球形；小梗一层或两层，在同一顶囊上有时单、双层并存；顶囊近球形或烧瓶状；分生孢子球形，表面光滑或粗糙。

（3）黑曲霉

该菌是接近高温性的霉菌，生长适温为 35 ~ 37 ℃，最高可达 50 ℃；孢子萌发的水活度为 0.80 ~ 0.88，是自然界中常见的霉腐菌。

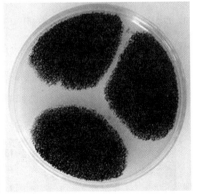

图 3 - 24　黑曲霉

其菌落菌丝密集，初为白色，扩散生长，培养时间延长，菌丝变为褐色，分生孢子形成后由中央变黑，逐步向四周扩散；有的有放射状沟纹；背面无色或黄褐色。

其菌体分生孢子梗壁厚，光滑，长达 1 ~ 3 mm；分生孢子头球形，放射状或裂成几个放射的柱状，黑色或褐色，顶囊球形，直径 45～75 μm，小梗一层或两层，褐色，覆盖整个顶囊表面，梗基大，有时有横膈；分生孢子球形，直径为 4～5 μm，表面粗糙，褐至黑色，菌核球形，白色，直径约 1 mm。

该菌具有多种活性强大的酶系，可用于工业生产。如淀粉酶用于淀粉的液化、糖化，以生产酒精、白酒或制造葡萄糖和糖化剂；酸性蛋白酶用于蛋白质的分解或食品消化剂的制造及皮毛软化；果胶酶用于水解聚半乳糖醛酸、果汁澄清和植物纤维精炼。柚酶和陈皮苷酶用于柑橘类罐头去苦味或防止白浊；葡萄糖氧化酶用于食品脱糖和除氧防锈。黑曲霉还可以生产多种有机酸，如抗坏血酸、柠檬酸、葡萄糖酸和没食子酸等，某些菌系可转化甾族化合物，还可用来测定锰、铜、钼、锌等微量元素和作为霉腐试验菌。

（五）青霉属

青霉属在自然界中广泛分布。一般在较潮湿、冷凉的基质上易分离到它。其中的许多是常见的有害菌，能破坏皮革、布匹以及引起谷物、水果及其他、食品等变质。青霉能生长在各种食品上而引起食品的变质；某些青霉还可产生毒素，如展青霉可产生棒曲霉素，不仅造成果汁的腐败变质，而且可引起人类及其他动物中毒。也有些青霉菌是重要的工业菌株，在医药、发酵、食品工业上被广泛用来生产抗生素和多种有机酸，如生产柠檬酸、糖酸、纤维素酶和常用的抗生素——青霉素，如点青霉。

1. 青霉的生物学特性

其菌落呈圆形，局限、扩展、极度扩展，因种而异，表面平坦或有放射状沟纹或有环状轮纹，有的有较深的皱褶，使菌落呈纽扣状，有的表面有各种颜色的渗出液，具有霉味或其他气味，四周常有明显的淡色边缘。菌落质地有四种典型状态：绒状、絮状、绳状、束状。菌落正面有青绿色、蓝绿色、黄绿色、灰绿色、米棕色或灰白色等多种颜色。这些颜色都与青绿色很接近，这是该属属名的由来。其正面的颜色不仅相似，而且很不稳定，将随着培养时间及其他培养条件的改变而改变。因此，青霉菌菌落反面的颜色在分类鉴定上有一定意义。

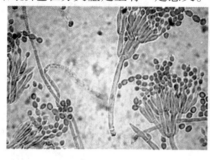 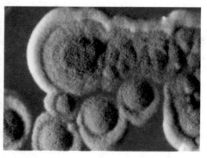

图 3 - 25　青霉

其菌丝呈分枝状，有横隔，分气生菌丝和基内菌丝。大部分青霉菌只有无性世代，产生分生孢子，个别为有性世代，产生子囊孢子。进行无性繁殖时，在菌丝上向上长出芽突，单生直立或密集成束，即为分生孢子梗。分生孢子梗向上长到一定程度，顶端分枝，每个分枝的顶端又继续生出一轮次生分枝称梗基；在每个梗基的顶端，产生一轮瓶状小梗；每个小梗的顶端产生成串的分生孢子链。分枝、梗基、小梗构成帚状分枝；帚状分枝与分生孢子链构成帚状穗（青霉穗）。分生孢子呈球形、卵形或椭圆形，光滑或粗糙。

2. 常见的青霉菌种

（1）橘青霉

该菌属于不对称组、绒状亚组、橘青霉系。一般大米产区都有此菌发生。它危害大米使其黄变（如泰国黄变米），有毒，其霉素是橘青霉素。该菌生长适温为 25 ~ 30 ℃，最高生长温度为 37 ℃；生长的最低水活度为 0.80 ~ 0.85。

其菌落生长局限，10 ~ 14 d 直径可达 2 ~ 2.5 cm；有放射状沟纹；绒状，有的稍带絮状；艾绿色到黄绿色；有窄白边；渗出液淡黄色；反面呈黄色至褐色。

其菌体呈帚状枝典型的双轮生，不对称；分生孢子梗多数由基质长出，壁光滑，带黄色，长 50 ~ 200 μm；梗基 2 ~ 6 个，轮生于分生孢子梗上，明显散开，端部膨大；小梗 6 ~ 10 个，密集而平行，基部圆瓶形；分生孢子链为分散的柱状；分生孢子呈球形或近球形，2.2 ~ 3.2 μm，光滑或接近光滑。

（2）娄地青霉

该菌属于不对称组、绒状亚组、娄地青霉系，是中温、中生性菌类。它具有分解油脂和蛋白质的能力，可用于制造干酪，其菌丝含有多种氨基酸，主要是天冬氨酸、谷氨酸、丝氨酸等。该菌能将甘油三酯氧化成甲基酮。

其菌落通常扩展蔓延，绒状，无轮纹，一般薄，大量的短分生孢子梗从匍匐的菌丝或恰在琼脂表面下的埋伏型菌丝上发生，菌落边缘呈蛛网状，分生孢子区典型地呈暗黄绿色，菌落反面常呈现绿色至近黑色。

其菌体的分生孢子梗气生部分显著地粗糙或呈小瘤状，帚状枝的各细胞部分通常同样粗糙，帚状枝不对称，不规则分枝，产生的分生孢子呈长而纠缠的链或黏着成疏松的柱状，分生孢子壁较厚且光滑，在视野呈现暗黄至绿色。

（六）霉菌在食品工业中的应用

霉菌在食品加工工业中用途十分广泛，许多用于酿造发酵食品、食品原料，如豆腐乳、豆豉、酱、酱油、柠檬酸等都是在霉菌的参与下生产加工出来的。绝大多数霉菌能把加工所用原料中的淀粉、糖类等碳水化合物、蛋白质等含氮化合物及其他种类的化合物进行转化，制造出多种多样的食品、调味品及食品添加剂。不过，在许多食品制造中，除了利用霉菌以外，还要有细菌、酵母菌的共同作用才能完成。在食品酿造业中，常常以淀粉质为主要原料，淀粉只有转化为糖才能被酵母菌及细菌利用。

1. 酱油酿造

酱油是人们常用的一种食品调味料，营养丰富，味道鲜美，在我国已有两千多年的历史。它是用蛋白质原料（如豆饼、豆粕等）和淀粉质原料（如麸皮、面粉、小麦等），利用曲霉及其他微生物的共同发酵作用酿制而成的。

酱油生产中常用的霉菌有米曲霉、黄曲霉和黑曲霉等，应用于酱油生产的曲霉菌株应符合如下条件：不产黄曲霉

图 3-26　酱油

毒素；蛋白酶和淀粉酶活力高，有谷氨酰胺酶活力；生长快速，培养条件粗放，抗杂菌能力强；不产生异味，制曲酿造的酱制品风味好。

（1）生产菌

酱油生产所用的霉菌主要是米曲霉，其次还有黄曲霉和黑曲霉等，常用的米曲霉菌株有 AS 3.951（沪酿 3.042），UE328、UE336，AS 3.863，渝 3.811 等。生产中常常是两菌种以上复合使用，以提高原料蛋白质及碳水化合物的利用率，提高成品中还原糖、氨基酸、色素以及香味物质的水平。除曲霉外，还有酵母菌和乳酸菌参与发酵，它们对酱油香味的形成也起着十分重要的作用。

（2）生产工艺

酱油生产分种曲、成曲、发酵、浸出提油、成品配制几个阶段。

①种曲制造工艺流程：麸皮、面粉加水混合→蒸料→冷却→接种→装匾→曲室培养。

②成曲制造工艺流程：原料→粉碎→润水→蒸料→冷却→接种→通风培养→成曲。

③发酵：在酱油发酵过程中，根据醪醅的状态，有稀醪发酵、固态发酵及固稀发酵之分；根据加盐量的多少，又分有盐发酵、低盐发酵和无盐发酵三种；根据加温状况不同，又可分为日晒夜露与保温速酿两类。目前酿造厂中用的最多的是固态低盐发酵，其工艺流程为：成曲→打碎→加盐水拌和（12～13 Bé，55 ℃左右的盐水，含水量50%～55%）→保温发酵（50～55 ℃，4～6 d）→成熟酱醅。

④浸出提油工艺流程：

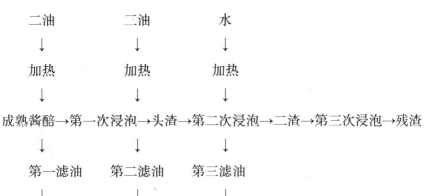

二油　　　　　　二油　　　　　　水
↓　　　　　　　↓　　　　　　　↓
加热　　　　　　加热　　　　　　加热
↓　　　　　　　↓　　　　　　　↓

成熟酱醅→第一次浸泡→头渣→第二次浸泡→二渣→第三次浸泡→残渣
　　　　　　↓　　　　　　　　↓　　　　　　　↓
　　　　第一滤油　　　　第二滤油　　　第三滤油
　　　　　　↓　　　　　　　　↓　　　　　　　↓
　　　　头油　　　　　　二油　　　　　　三油

⑤成品配制：以上提取的头油和二油并不是成品，必须按统一的质量标准进行配兑，调配好的酱油还须经灭菌、包装，并经检验合格后才能出厂。

2. 酱类酿制

酱类包括大豆酱、蚕豆酱、面酱、豆瓣酱及其加工制品，营养丰富，易于消化吸收，具特有的色、香、味，是一种受欢迎的大众化调味品，我国远在周朝就开始利用自然界的霉菌做豆酱，之后豆酱传到日本及东南亚。

（1）生产菌

用于酱类生产的霉菌主要是米曲霉，生产上常用的有沪酿 3.042、中科 3.951 等，这些

图 3 - 27　面酱

曲霉具有较强的蛋白酶、淀粉酶及纤维素酶的活力，它们把原料中的蛋白质分解为氨基酸，淀粉变为糖类，在其他微生物的共同作用下生成醇、酸、酯等，形成酱类特有的风味。

（2）生产工艺

酱的种类较多，酿造工艺各有特色，所用调味料也各不相同。以下以面酱为例简要介绍其制作工艺。

面酱采用标准面粉酿制，也可在面粉中掺 25% ~50% 的新鲜豆腐渣。面酱制造可分为制曲和制酱两部分。

制曲工艺流程：面粉、水→捏合→蒸料→补水→冷却→接种→装入室匾→倒匾→翻曲→倒匾→出曲。

制酱工艺流程：成曲→堆积升温→拌水→入缸→酱醅保温发酵→加盐磨细→面酱。

3．腐乳发酵

腐乳是我国著名的民族特色食品之一，有1000多年的制造历史，是营养丰富、味道鲜美、风味独特、价格便宜、深受大家喜爱的佐餐食品。腐乳是用豆腐胚、食盐、黄酒、红曲、面曲、玫瑰、砂糖及花椒、辣椒等香辛料制成的。

（1）生产菌

腐乳目前采用人工纯种培养，大大缩短了生产周期，不易污染，常年都可

图 3-28　腐乳

生产。现在用于腐乳生产的菌种主要是霉菌，如腐乳毛霉、鲁氏毛霉、总状毛霉、华根霉等，但克东腐乳是利用微球菌，武汉腐乳是用枯草杆菌进行酿造的。

（2）工艺流程

大豆→洗净→浸泡→磨浆→过滤→点浆→压榨→豆腐→切胚→接种培养→毛胚→加敷料→腌胚→装坛→后发酵（3~6个月）→成品。

4．柠檬酸发酵

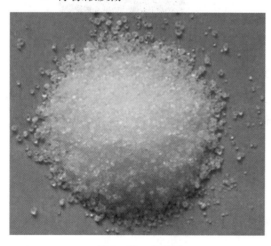

图 3-29　柠檬酸

柠檬酸的化学式为 $C_6H_8O_7$。果实中含有一定的柠檬酸，其中以柑橘、菠萝、柠檬、无花果等含量较高。另外，棉叶、烟叶内也有较高的含量。我国1968年以薯干为原料，采用深层发酵法生产柠檬酸成功，至20世纪70年代中期，柠檬酸工业已初步形成了生产体系，柠檬酸的产量也有很大提高，20世纪70年代发酵液浓度达到12%，20世纪80年代提高到14%，目前提高到16%。柠檬酸主要用于食品工业，作酸味料，常用在饮料、果汁、果酱、水果糖等食品中，也可用作油脂抗氧化剂。

（1）生产菌

能产生柠檬酸的微生物种类很多，其中包括青霉、曲霉、毛霉和假丝酵母等。目前生产上常用产酸能力强的黑曲霉。另外泡盛曲霉、斋藤曲霉、橘青霉等的产酸能力也都很强。

（2）生产工艺

柠檬酸发酵可分为固体发酵和液体发酵两大类。液体发酵又分浅盘发酵法和液体深层发酵法。目前世界各国多采用液体深层发酵法进行生产。

柠檬酸生产的全部过程包括试管斜面菌种培养、种子扩大培养、发酵和提炼四个阶段。

其一般工艺流程如下：

①以薯干粉为原料的深层发酵工艺流程：

$$斜面菌种←麸曲瓶←种子$$
$$↓$$

薯干粉→调浆→灭菌（间歇或连续）→冷却→发酵→发酵液→提取→成品

$$↑$$
$$通无菌空气$$

②以薯渣为原料的固体发酵工艺流程：

$$试管斜面→三角瓶菌种→种曲$$
$$↓$$

薯渣→粉碎→蒸煮→摊凉→接种→装盘→发酵→出曲→提取→成品

$$↑$$
$$米糠$$

◾ 任务二　微生物酶制剂及其在食品工业中的应用 ◾

酶是一种生物催化剂，具有催化效率高、反应条件温和及专一性强等特点，已经日益受到人们的重视，应用也越来越广泛。生物界中已发现多种生物酶，在生产中广泛应用的有淀粉酶、蛋白酶、果胶酶、脂肪酶、纤维素酶、葡萄糖异构酶、葡萄糖氧化酶等十几种。利用微生物生产酶制剂要比从植物瓜果、种子，动物组织中获得更容易。因为动植物来源有限，且受季节、气候和地域的限制，而微生物不仅不受这些因素的影响，而且种类繁多、生长速度快、加工提纯容易、加工成本相对较低。

一、主要酶制剂及产酶微生物

（一）淀粉酶

淀粉酶是水解淀粉物质的一类酶的总称，广泛存在于动植物和微生物中。它是最早实现工业化生产并且迄今为止应用最广、产量最大的一类酶制剂。

1. 淀粉酶的主要类型

按照水解淀粉方式的不同可将淀粉酶分为四大类：α - 淀粉酶、β - 淀粉酶、糖化酶和异淀粉酶。

2. 淀粉酶的主要生产菌

（1）α - 淀粉酶的生产菌

工业上大规模生产和应用的α - 淀粉酶主要来自细菌和曲，特别是枯草芽孢杆菌。具有实用价值的α - 淀粉酶生产菌有枯草芽孢杆菌 JD - 32、枯草芽孢杆菌 BF7658、淀粉液化芽孢杆菌、嗜热脂肪芽孢杆菌、嗜热硬脂芽孢杆菌溶淀粉变种、糖化芽孢杆菌、马铃薯芽孢杆菌、嗜热糖化芽孢杆菌、多粘芽孢杆菌。

霉菌α - 淀粉酶大多采用固体曲法生产，细菌α - 淀粉酶则以液体深层发酵为主。枯草芽孢杆菌 BF7658 是我国产量最大、用途最广的一种液化性α - 淀粉酶生产菌，其生产的α - 淀粉酶最适 pH 值为 6.5 左右，pH 值低于 6 或高于 10 时，酶活性显著降低，最适温度为 65 ℃左右，60 ℃以下稳定。在淀粉浆中酶的最适温度为 80 ~ 85 ℃，90 ℃

保温 15 min，保留酶活 87%。

（2）β-淀粉酶的生产菌

目前生产 β-淀粉酶的菌种中研究较多的是多粘芽孢杆菌、巨大芽孢杆菌、蜡状芽孢杆菌、环状芽孢杆菌和链霉菌等。

（3）糖化酶的生产菌

糖化酶的生产菌种各国不一。美国主要采用臭曲霉，丹麦主要采用黑曲霉，日本主要采用拟内孢霉和根霉。我国糖化酶的生产主要采用黑曲霉变异株 UV-11，目前该菌株已广泛应用在糖化酶的生产上。

（4）异淀粉酶的生产菌

可产异淀粉酶的生产菌有酵母菌、产气杆菌、假单胞菌、放线菌、埃希氏杆菌、诺卡氏菌、乳酸杆菌、小球菌等。我国异淀粉酶生产多采用产气气杆菌 10016。

3. 淀粉酶在食品工业中的应用

（1）淀粉的糖化和液化

目前在以淀粉为原料生产味精、啤酒、面包酵母、淀粉糖、酒精等的工业中，广泛采用淀粉经糖化和液化的方法。

①酶法液化代替高压蒸煮生产酒精

过去生产酒精多采用高压蒸煮淀粉原料（糊化），经糖化后进行酒精发酵。酶法液化是利用 α-淀粉酶液化淀粉质原料，从而取代高压蒸煮。

②双酶水解淀粉质粗原料发酵谷氨酸

大部分生产谷氨酸的厂家都以酸水解淀粉获得的葡萄糖为原料。这条工艺路线不仅要消耗大量的盐酸（反应 pH 值为 2），且需要高压设备（2.9×10^5 Pa），并浪费粮食。一般从原料到糖液损失淀粉 30% 左右。

用酶法水解淀粉代替酸水解淀粉的原理和葡萄糖酶法生产一样。淀粉质粗原料先经淀粉酶液化，再用糖化酶糖化，糖液压滤，进行离子交换去除杂质后，即可配料进行谷氨酸发酵。

这种酶法生产工艺革新了高温酸水解工艺，从而提高了原料利用率，可节约粮食 24%~30%，使成本下降 6%，应在国内大力推广应用。

③啤酒酿造

生产啤酒的原料，若先采用 α-淀粉酶液化，可以提高原料中淀粉的利用率，缩短糖化时间，增加辅助原料的用量，从而节约麦芽用量。以往啤酒生产的配料为 25% 碎米 + 75% 麦芽；采用 α-淀粉酶液化后（100 U/g 淀粉，94 ℃，pH 值为 6.0~6.4，液化 40 min），再以麦芽糖化，其配料为 45% 碎米 + 55% 麦芽。

麦芽浸出率为71% ~76%，而碎米浸出率多达90%以上，用大麦制作麦芽时有效成分也要损耗一部分。所以，采用α-淀粉酶能提高原料的利用率，即由每吨酒耗粮183 kg下降到167 kg，产品质量也有所提高，口味醇香，保存期也较长。

④在其他行业中的应用

糊精生产：用α-淀粉酶液化法生产糊精，有节约原料、简化设备的优点，同时酶法生产的糊精还可以代替阿拉伯树胶合成的粘贴胶水。

酱油酿造：在酱油酿造过程中，若适量应用α-淀粉酶，可使原料用40%小麦（或麸皮）改为20%小麦（或麸皮），增加15%碎米。但碎米需先经a-淀粉酶液化，再经糖化酶糖化，最后把酶解的糖液拌入常规生产的成曲中，入池发酵。这样不仅可节约部分小麦，还可增加酱油的色泽和香味。

生产粉丝：在漏粉之前的拌料过程中加入一定数量的α-淀粉酶，并以醋酸调节至适当的pH值，可以防止漏粉时断头，且成品的韧性也有所提高。

（2）酶法生产葡萄糖

实践证明，酶法生产葡萄糖与酸法生产葡萄糖相比有以下优点：可利用粗淀粉；投料淀粉的浓度高，可达30% ~50%，而酸法仅为25%；水解后DE（葡萄糖值）高，可达98%以上，酸法仅为90%；催化过程中不产生具苦味的龙胆二糖，产品质量好；不需要高温高压设备和耐酸设备。

生产工艺如下：

精制淀粉→淀粉乳→加α-淀粉酶→高温液化→酶灭活→加糖化酶→糖化→糖化液→过滤→浓缩→脱色→离子交换→精致浓缩→结晶→干燥→成品

（二）果胶酶

1. 果胶酶的主要种类

果胶酶是能分解果胶质的多种酶的总称，不同来源的果胶酶特点也不同，下面主要介绍微生物来源的聚半乳糖醛酸酶（PG）、聚半乳糖醛酸裂解酶（PGL）、聚甲基半乳糖醛酸裂解酶（PMGL）和果胶酯酶（PE）。

（1）PG（内切酶）

PG可以水解D-半乳糖醛酸α-1，4糖苷键。在多种水果和霉菌中均发现内切-PG存在，酵母和细菌中发现较少。许多霉菌在产生内切-PG的同时，亦产生外切-PG、PGL和PE。霉菌所产生的内切-PG反应速度较快，其最适pH值为2.5~5.5，大多数在4~5之间。霉菌内切-PG最高峰降解率达5%~90%，产物为单半乳糖醛酸和双半乳糖醛酸。

（2）PGL

此类酶通过切断果胶分子 α-1，4 糖苷键，生成具有不饱和键的半乳糖醛酸酯。一些植物软腐病菌、食品腐败以及霉菌均能产生内切-PGL。终产物一般为饱和双半乳糖醛酸和三半乳糖醛酸，也有少量单半糖醛酸。多粘芽孢杆菌能产生胞外内切-PGL。

多酶梭状芽孢杆菌外切-PGL 最适 pH 值为 8.5，钙离子对该酶具有激活作用。该酶可将聚半乳糖醛酸降解为不饱和单半乳糖醛酸。

（3）PMGL

此类酶可以切断果胶分子 α-1，4 糖苷键。臭曲霉 PMGL 是内切型酶，该酶最适 pH 值为 5.2，对 95% 酯产生果胶作用，降解率为 27.5%，产物为 2~8 个糖醛酸单位的不饱和的甲基半乳糖酸低聚物。

（4）PE

此类酶能够使果胶中的甲酯水解生成果胶酸。一些霉菌、细菌和植物在产生 PG 的同时，亦能产生 PE。此类酶的专一性很强，对果胶的水解作用比对非半乳糖醛酸酶快 1000 倍。

各种微生物产生的果胶酶种类如表 3-1 所示：

表 3-1　各种微生物产生的果胶酶种类

酶源	PE	PG	PGL	PMGL
多种芽杆菌				
多酶梭状芽孢杆菌				
甘蓝黑腐病黄杆菌				
多种欧氏植病杆菌	+			
多种假单胞菌				
产气单胞胞菌			+	
链霉菌	+		+	
多种青霉菌		+	+	
多种轮枝孢霉		+	+	+
马铃薯丝核菌	+	+		+
栖碱拟草根每		+		
苹果褐腐病核盘霉		+		
曲霉菌		+		
孢壁酵母		+		
三叶草毛盘孢霉	+	+		+

注：+ 表示能产能。

2. 果胶酶的主要生产菌

能够产生果胶酶的微生物有很多，工业生产中采用的是真菌。大多数真菌种生产的果胶酶都是复合酶，而某些微生物却能产生单一果胶酶，如斋藤曲霉主要产生内聚半乳糖醛酸酶，镰刀霉菌主要产生原果胶酶。

3. 果胶酶在食品工业中的应用

（1）果胶酶在澄清型果汁、蔬菜汁的生产中的应用

水果和蔬菜中富含果胶质，这使果蔬汁的过滤操作困难，并使果蔬汁混浊，因而在澄清型果汁、蔬菜汁生产过程中为了提高出汁率、加快过滤速度、防止混浊，常常通过加果胶酶的方法分解果胶，以得到透明的果蔬汁。应用果胶酶生产澄清型果汁、蔬菜汁的生产工艺如下：

水果或蔬菜→榨汁→瞬间加热杀菌→冷却→酶处理（45 ℃，1~3 h）→糖化液→离心分离→过滤→浓缩→瞬间加热杀菌（90 ℃以上）→包装→成品。

（2）果胶酶在果酱、果冻、果糕、奶糖等的生产中的应用

其应用主要是利用果胶物质和糖共存能形成果冻这一特点。形成果冻必须用高浓度糖，但这又会使果味失真。若加入果胶酶把果胶物质分解成果胶酸，同时加入适量钙盐，那么即使较低浓度的糖也能形成稳定果冻，这种低糖果冻具有接近天然果实的风味。另外，在制造浓缩果汁和果珍粉时，当果汁浓缩到一定程度并由于果胶物质的存在而影响加工时，若加入果胶酶把果胶物质水解，则可制成高浓度的果汁和果珍粉。

（3）果胶酶用于提高橘子罐头的质量

果胶酶可代替碱用于橘子脱囊衣。把新鲜的橘瓣置于一定浓度的果胶酶溶液中，保持35~40 ℃的温度，维持 pH 值在 1.5~2.0，经过 3~8 min，橘子的囊衣即可脱掉。酶法工艺避免了碱法的破坏作用，可保持橘子的天然风味，提高橘子罐头的质量。

（4）果胶酶在葡萄酒和果露酒制造中的应用

目前在葡萄酒和果露酒的酿制过程中，引起压汁以及过滤困难和混浊的主要原因是存在果胶。利用 PE 和 PG 的协同作用，可使果胶融化降解，黏度下降，悬浮物沉淀，从而使酒液澄清。

（三）纤维素酶

1. 纤维素酶的主要类型与生产菌

（1）纤维素酶的主要类型

纤维素酶是可降解纤维素生成葡萄糖的一类酶的总称。有许多微生物可以产生纤维素酶，如一些真菌、放线菌和细菌等，多数细菌的纤维素酶可在细胞内形成紧密的酶复合物，而真菌的纤维素酶均可分泌到细胞外。

（2）纤维素酶的生产菌

能产生纤维素酶的微生物见表3-2。

表3-2　产生维生素酶的微生物

菌种名	最适 pH 值
产黄纤维素单胞菌	5.5
嗜热纤维梭状芽孢杆菌	5.3～5.5
弯曲高温单胞菌	6.0
绿色木霉	5.3
康氏木霉	4.0～5.0
耐热性嗜热侧孢	5.5
嗜热毛壳	5.0
氧孢镰刀霉的变种	6.0
斑纹曲霉	4.0～4.5

2. 纤维素酶在食品工业中的应用

（1）用于果品、蔬菜加工

纤维素酶用于果品、蔬菜加工能使果品、蔬菜的组织软化，提高营养价值，改善风味；用于果汁压取则有利于细胞内物质渗出，增加出汁率。

（2）用于大豆去皮

以大豆为原料的发酵食品，外表皮直接影响蒸煮和成品的色泽。因此制造白色的豆酱或纳豆时常常用纤维素酶来对大豆去种皮。

（3）用于酿造、发酵工业

用生果实酿酒时，加入纤维素酶后，出酒率可提高7.6%，最高可达29.5%。酱油酿造过程中，在入池发酵时加入纤维素酶（固体盒曲的加入量为酱油的2%左右），成品酱油的氨基酸含量可提高12%，糖分提高18%。另外，加入纤维素酶后，酱油的色泽好，不需要外加糖色。

（四）蛋白酶

蛋白酶是可水解蛋白质肽键的一类酶的总称。按降解多肽的方式不同，可将蛋白酶分成内肽酶和端肽酶两类。前者可把大分子质量的多肽链从中间切断，形成分子质量较小的朊或胨；后者又可分为羧肽酶和氨肽酶，它们分别从多肽的游离羧基末端或游离氨基末端逐一将肽链水解，生成氨基酸。在微生物的生命活动中，内肽酶的作用是初步降解大的蛋白质分子，使蛋白质便于进入细胞内，属于胞外酶；端肽酶则常存在于细胞内，属于胞内酶。工业上应用的蛋白酶多属于胞外酶。每一种酶都有其作用的最适 pH 值。为了便于掌握，目前蛋白酶的分类多以产生菌的最适 pH 值为标准，分为中性蛋白酶、碱性蛋白酶和酸性蛋白酶。

1. 蛋白酶的主要类型及其生产菌

（1）酸性蛋白酶的性质及其生产菌

①性质

酸性蛋白酶是蛋白酶中的一类，它在很多方面与动物胃蛋白酶和凝乳蛋白酶相似，其作用的最适 pH 值在酸性范围内（pH2～5），除胃蛋白酶外，都是由真菌产生，如黑曲霉酸性蛋白酶等。一般其分子质量为 35 ku，酶分子中酸性氨基酸含量低，它对巯基试剂、金属螯合剂、重金属盐和二异丙基氟磷酸不敏感。酸性蛋白酶的活性中心含有两个羧基，PBPB（对 - 溴苯甲酰甲基溴）或重氮试剂可使其不可逆地失活。

②生产菌

已用于生产酸性蛋白酶的微生物菌株有黑曲霉、米曲霉、方斋藤曲霉、泡盛曲霉、宇佐美曲霉、金黄曲霉、栖土曲霉、微紫青霉、娄地青霉、丛簇青霉、拟青霉、微小毛霉、德氏根霉、华氏根霉、少孢根霉、白假丝酵母、枯草芽孢杆菌等。我国生产酸性蛋白酶的菌株有黑曲霉 A. S3. 301、A. S3. 305 等。

（2）中性蛋白酶的性质及其生产菌

①性质

大多数微生物中性蛋白酶是金属酶，分子质量为 35～40 ku，等电点 pI 值为 8～9，是微生物蛋白酶中最不稳定的酶，很易自溶，即使在低温冷冻干燥下，也会造成分子质量的明显减少。

代表性的中性蛋白酶是枯草杆菌的中性蛋白酶。该酶在 pH 值为 6～7 时稳定，超出这一范围迅速失活。以蛋白为底物时，枯草杆菌中性蛋白酶最适 pH 值为 7～8，曲菌的中性蛋白酶最适 pH 值为 6.5～7.5。

②生产菌

生产菌有枯草芽孢杆菌、巨大芽孢杆菌、酱油曲霉、米曲霉和灰色链霉菌等。

（3）碱性蛋白酶的性质及其生产菌

①性质

碱性蛋白酶是一类作用最适 pH 值在 9～11 范围内的蛋白酶，因其活性中心含有丝氨酸，所以又称丝氨酸蛋白酶。碱性蛋白酶的作用位置要求在水解肽键的羧基侧具有芳香族或疏水性氨基酸（如酪氨酸、苯丙氨酸、丙氨酸等），它比中性蛋白酶有更强的水解能力。此外，碱性蛋白酶还具有水解酯键、酰胺键和转肽的能力。

②生产菌

可产生碱性蛋白酶的菌株很多，但用于生产的菌株主要是芽孢杆菌属的几个种，如地衣芽孢杆菌、解淀粉芽孢杆菌、短小芽孢杆菌、嗜碱芽孢杆菌和灰色链霉菌、费氏链霉菌等。

2. 蛋白酶在食品工业中的应用

（1）酱油酿造

低盐固态发酵法生产酱油的两个主要工艺过程——制曲和酱醅发酵都是在敞开条件下进行的，不可避免地会带入大量的杂菌，这些杂菌大多数是产酸微生物。因而当酱油开始发酵后，pH 值会逐渐下降，使米曲霉产生的中性蛋白酶的作用受到一定抑制，而且米曲霉所产生酸性蛋白酶的活性低，因此原料中的蛋白质不能充分分解。如果将米曲霉与黑曲霉进行多菌种制曲，能弥补米曲霉的不足，从而提高原料全氮的利用。

（2）豆浆脱腥

大豆含蛋白质 43%，大豆蛋白含有人体必需的 8 种氨基酸，赖氨酸含量超过其他植物性蛋白。豆浆食品深受消费者的欢迎，但是豆乳含有乙醇、乙醛、成醛、庚醛、氯乙烯等物质，这是其具有豆腥味的重要原因。在豆浆加工中加入中性蛋白酶，能在一定程度上消除豆腥味。

（3）酶法制明胶

采用酶法制胶，其生产周期可缩短到 10 d，胶原纤维的得率可由 60% 提高到 80%，复水溶胶后，明胶收率可由 50% 提高到 100%。

（4）其他

从表 3-3 可以看出，一种酶可以由多种微生物产生，而一种微生物也可以产生多种酶，因此可以根据不同条件利用微生物来生产酶制剂。其生产一般分为菌种选育及扩培、产酶培养、酶的分离和纯化、制剂化和稳定化几个过程。

表 3-3　微生物酶制剂及其在食品工业中的应用

酶	在食品工业中的用途	来源
脂肪酶	用于干酪和奶油，增进香味，大豆脱腥等	酵母菌、霉菌
半纤维素酶	大米、大豆、玉米脱皮，提高果汁澄清度，提高速溶食品溶解度	霉菌
葡萄糖氧化酶	用于蛋白质脱葡萄糖以防止褐变，食品除氧，防腐	霉菌
葡萄糖异构酶	将葡萄糖转化为果糖	细菌、放线菌
蔗糖酶	制造转化糖，防止高浓度糖浆中蔗糖析出，防止果糖发沙	酵母菌
橙皮苷酶	防止柑橘罐头的白色沉淀	霉菌
柚柑酶	去果汁苦味	霉菌
乳糖酶	供乳糖酶缺乏症婴儿的乳制品制造，防止乳制品中乳糖析出	酵母菌、霉菌
单宁酶	食品脱涩	霉菌
凝乳糖	防止水果制品变色，白葡萄酒脱去红色	霉菌
胺氧化酶	胺类脱臭	酵母菌、细菌
菊糖酶	果糖制造	细菌、霉菌
蜜二糖酶	分解甜菜制糖中的棉子糖	霉菌

二、微生物酶制剂的生产

（一）菌种选择

任何生物都能在一定的条件下合成某些酶，但并不是所有的细胞都能用于酶的发酵生产。一般说来，能用于酶发酵生产的细胞必须具备如下几个条件：

酶的产量高：高产细胞可以通过筛选、诱变或采用基因工程、细胞工程等技术而获得；

容易培养和管理：要求产酶细胞容易生长繁殖，并且适应性较强，易于控制，便于管理；

产酶稳定性好：在通常的生产条件下，能够稳定地用于生产，不易退化。一旦细胞退化，要经过复壮处理，使其恢复产酶性能；

利于酶的分离纯化：发酵完成后，需经分离纯化过程，才能得到所需的酶，这就要求产酶细胞本身及其他杂质易于和酶分离；

安全可靠：要使用的细胞及其代谢物安全无毒，不会影响生产人员和环境，也不会对酶的应用产生其他不良影响。

（二）产酶培养

酶的发酵生产以获得大量所需的酶为目的。为此，除了选择性能优良的产酶细胞以外，还必须满足细胞生长、繁殖和发酵产酶的各种工艺条件，并要根据发酵过程的变化进行优化控制。

1. 固体培养法

固体培养指以麸皮或米糠为主要原料，另外添加谷糠、豆饼等为辅助原料，经过对原料发酵前处理，在一定的培养条件下微生物进行生长繁殖代谢产酶。固体培养法比液体培养法产酶量高，同时还具有原料简单、不易污染、操作简便、酶提取容易、节省能源等优点。其缺点是不便自动化和连续化作业、占地多、劳动强度大、生产周期长。

2. 液体培养法

液体培养法的优点是占地少、生产量大、适合机械化作业、发酵条件容易控制、不易污染，还可大大减轻劳动强度。其培养方法有分批培养、流加培养和连续培养三种，其中前两种培养法广为应用，后者因污染和变异等关键性技术问题尚未解决，应用受到限制。在深层液体培养中，pH 值、通气量、温度、基质组成、生长速率、生长期及代谢产物等都对酶的形成和产量有影响，要严加控制。深层培养的时间通过监测培养过程的酶活来确定，一般较固体培养周期（1~7 d）短，仅需 1~5 d。

3. 产酶条件的控制

提高微生物酶活性和产率的途径是多方面的，其中控制营养和培养条件是最基本，也是最重要的途径。改变培养基成分，常常能提高酶活性；改变培养基的氢离子浓度和通气等条件，可以调节酶系的比例；改变代谢调节或遗传型，可以使酶的微生物合成产生成千倍的变化。上述的这些措施，对于微生物产酶的影响并非孤立的，而是相互联系、相互制约的。所谓最佳培养条件与培养基的最佳组成，都是保证酶合成达到最高产率的控制条件。通常，菌种的生长与产酶未必是同步的，产酶量也并不完全与微生物生长旺盛程度成正比。为了使菌体最大限度地产酶，除了根据菌种特性或生产条件选择恰当的产酶培养基外，还应当为菌种在各个生理时期创造不同的培养条件。例如细菌淀粉酶生产采取"低浓度发酵，高浓度补料"，蛋白酶生产采取"提高前期培养温度"等不同措施，提高了产酶水平。

（三）分离提纯

微生物酶的提取方法，因酶的结合状态与稳定性的不同以及应用部门对产品纯度要求的不同，而有一定的区别。如果提取到的酶是一种可溶于水的复杂混合物，则需要进一步加以纯化。

1. 盐析法

$MgSO_4$、$(NH_4)_2SO_4$、Na_2SO_4、NaH_2PO_4是常用的盐析用中性盐。其盐析蛋白质的能力随蛋白质的种类而不同，但一般说来这种能力按上述顺序依次增大。一般含有多价阴离子的中性盐盐析效果好。但实际上$(NH_4)_2SO_4$是最常用的盐析剂，这是因为它的溶解度在较低温度下也是相当高的。有的酶只有在低温下稳定，而低温下Na_2SO_4、NaH_2PO_4的溶解度很低，常常不能达到使这种酶盐析的浓度。

2. 有机溶剂沉淀法

（1）有机溶剂的选择

有机溶剂沉淀蛋白质的能力随蛋白质的种类及有机溶剂的种类而不同，对曲霉淀粉酶而言，有机溶剂的沉淀能力为丙酮＞异丙醇＞乙醇＞甲醇。这个顺序还受温度、pH、盐离子浓度影响，不是一成不变的。

（2）有机溶剂的用量

有机溶剂的沉淀能力受很多因素影响，特别是溶存盐类的影响尤为显著。当存在少量中性盐（0.1～0.2 mol/L 以上）时能产生盐溶作用。蛋白质在有机溶剂水溶液中的溶解度升高。多价阳离子如Ca^{2+}、Zn^{2+}与蛋白质结合，能使蛋白质在水或有机溶剂中的溶解度降低，因而可以降低使酶沉淀的有机溶剂的浓度。

三、微生物食品添加剂在食品工业中的应用

食品添加剂指一类"为改善食品品质和色、香、味以及为防腐、保鲜和加工工艺的需要而加入食品中的化学合成或者天然物质"。微生物由于自身的特点而在生产食品添加剂方面具有许多独到的优点：生产周期短、效率高；生产原料便宜，一般为农副产品，成本低；培养微生物不受季节、气候影响；微生物反应条件温和，生产设备简单；有较易实现的提高微生物产品质量和数量的方法。

（一）微生物多糖应用于增稠剂、乳化剂的生产

微生物多糖以其安全、无毒、理化性质独特等优良特性，越来越受到人们的关注。到目前为止，已大量投产并得到广泛应用的微生物多糖主要有黄原胶、结冷胶、短梗霉多糖、热凝胶，它们已作为乳化剂、悬浮剂、增稠剂、稳定剂、胶凝剂等广泛应用于食品工业中。

表 3-4　常见微生物多糖在食品中的应用及生产菌种

产品	生产菌种	生产过程	应用	应用领域
黄原胶	野油菜黄单胞杆菌	以碳水化合物为主要原料经发酵产生的一种胞外多糖	增稠剂、乳化剂、稳定剂	果汁饮料、调味品、肉制品、面制品
结冷胶	少动鞘脂单胞菌	以某些无机盐为原料，在中性条件下，进行有氧发酵而产生的细胞外多糖胶质	悬浮剂或在食品中形成薄膜	面制品、乳制品、糖果、饮料
短梗霉多糖	出芽短梗霉	以淀粉为碳源，各种氨盐为氮源及一些无机盐条件下，在 pH 值为 6、28 ℃左右进行发酵产生的胞外多糖	品质改良剂、被膜剂	肉制品、大豆产品、面包、糕点
热凝胶	Alcalingenes faecalis Var. myxogenes10c 的细菌		凝胶剂、增稠剂、稳定剂、持水剂	面制品、水产品、冰激凌

（二）微生物在食品防腐剂生产中的应用

通过微生物代谢生产的天然防腐剂有乳酸链球菌生产的乳链球菌素、链霉菌生产的纳他霉素、曲霉发酵产生的曲酸、枯草芽孢杆菌提取的枯草杆菌素和白色链霉菌生产的 ε－聚赖氨酸等。微生物防腐剂具有安全、天然、健康的特点，而且微生物生长迅速，合成速度快，生长基因稳定，产生菌对其抗菌物质具有自身免疫性。

乳酸链球菌素是由乳酸链球菌分泌的一种多肽，对于乳制品、罐藏果蔬食品、啤酒、葡萄酒等中的细菌有明显的抑制作用。

纳他霉素主要由三种链霉菌（纳塔尔链霉菌、恰塔努加链霉菌、褐黄孢链霉菌）经发酵、提取、精制获得，可以抑制乳酪制品、果蔬原料、肉类制品、焙烤食品等中

的真菌的侵染。

曲酸是米曲霉好氧发酵的一种具有抗菌作用的有机酸，可以抑制酱油、豆瓣酱、酒类发酵中的细菌和真菌污染。

ε-聚赖氨酸是从白色链霉菌的发酵液中分离得到的，一类由 L-赖氨酸中 ε-氨基和 α-羟基通过酰胺键结合而成的多聚氨基酸，对海产品、酿造品、方便食品中的霉菌、酵母菌、细菌都有明显的抑制作用，且抑菌效率高，一般在浓度大于或等于 50 μg/mL 时就能起作用。

（三）微生物应用于增鲜剂的生产

微生物应用于增鲜剂的生产应用主要有味精、酵母降解提取物（酵母浸膏）及其他，如果汁保鲜剂——葡萄糖氧化酶等。

酵母抽提物被誉为第 3 代调味剂，是以新鲜的面包酵母、啤酒酵母或圆酵母为原料，采用生物酶解技术，将酵母细胞内的蛋白质、核酸等进行生物降解精制而成的复合型天然调味料。

（四）微生物应用于食品色素的生产

很多真菌、细菌等微生物在菌体生长过程中能够生成不同颜色和结构的色素，其中以红曲色素、β-胡萝卜素和天然蓝色素等的研究最为广泛。

（五）微生物应用于营养强化剂（如烟酰胺）、功能食品添加剂（如 γ-亚麻酸）的生产

采用丙酸棒杆菌产生的腈水合酶将 3-氰基吡啶转化为烟酰胺，也称维生素 B_3。卷枝毛霉和深海被孢霉可产生大量的 γ-亚麻酸（GLA），在食品中主要作为营养强化剂，应用于饮料、糖果等的生产中。

知识拓展

海洋微生物是一类种类繁多的可再生的遗传基因库，是获取新型酶的重要资源。近年来，借助于海洋生物高新技术手段，海洋酶研究得到了快速发展而成为各国优先发展的新领域。已发现的海洋微生物酶包括：溶菌酶、唾液酸酶、氢化酶、谷氨酰胺酶、葡萄糖脱氢酶、甲基化酶、脂肪酶、DNA 聚合酶、木聚糖酶、环糊精酶、纤维素酶、甘露聚糖酶、果胶裂解酶、氨单价氧化酶等。目前，日本海洋科学技术中心深海微生物研究组有关酶的在研项目涉及低温酶、碱性酶，包括蛋白酶、淀粉酶、木聚糖酶、海藻酸裂解酶、普鲁兰酶、脂肪酶等。海洋微生物长期生活在海水环境中，适应这种环境产生的酶的主要特征是具有较低的活化能和低温下的酶活力。

研究表明：

1. 海洋低温微生物中的蛋白质在低温下能保持结构上的完整和催化功能，不易发生冷变性现象。而中温菌的蛋白质是冷不稳定的，随温度降低，活性也逐渐降低。

2. 海洋低温蛋白酶的蛋白质分子能形成相对松散且更具弹性的结构，蛋白结构容许利用更少的能量投入就产生具有催化效能的构象变化，其酶类比那些来自中温物种的酶类在低温条件下具有更高的催化效力。

3. 海洋低温酶促进的反应在 0～20 ℃的温度范围内就可完成。而在此温度范围内，由室温生物衍生出来的酶的催化活性已迅速降低。

4. 海洋低温微生物酶类代谢反应所需的活化自由能与中温型同系物相比具有更低的数值，并且与其适应温度成比例。上述性质使得低温活性酶在工业应用和基础研究等诸多方面引起人们强烈的兴趣，从而赋予海洋微生物酶不同于陆源微生物酶的独特应用前景。

技能一　黄酒的酿造

一、实验目的

掌握黄酒酿造的主要工艺。

二、实验原理

糯米的淀粉几乎全部是支链淀粉。支链淀粉结构疏松，易于蒸煮糊化。将糯米作为黄酒酿造的主要原料，利用边糖化边发酵的方式，酿制黄酒。

黄酒发酵是在霉菌、酵母菌及细菌等多种微生物的共同参与下进行的复杂的生物化学过程。在主发酵阶段主要进行糖化和发酵作用，后发酵阶段主要形成风味物质。

三、实验材料与仪器

蒸锅、电磁炉、天平、电子秤、小盆、纱布、安琪酒曲、安琪酿酒酵母、恒温箱、温度计、玻璃棒、量筒、酒精、保鲜膜等。

四、实验方法与步骤

1. 工艺流程

糯米→洗米→浸米→沥干→蒸煮→摊冷（或淋水）→拌曲→落缸糖化→前发酵→后发酵→压榨→澄清→煎酒→贮酒

2. 操作步骤

（1）洗米

称取糯米 200～250 g，用自来水淘洗 2～3 遍。

（2）浸米

将大米放入不锈钢盆中，加水浸泡 24 h 左右，水温、室温控制在 20 ~ 30 ℃（或为室温），中间搅拌 3 次，水面应高出米面 5 ~ 6 cm。

（3）蒸煮

将两层纱布放于蒸格上，将沥干水分后的糯米平铺于纱布上，放于蒸锅中，蒸煮 15 ~ 20 min。用手碾压糯米检查，蒸饭以米饭"外硬内软、内无生心、疏松不糊、透而不烂、均匀一致"为宜。

（4）冷却

淋饭冷却法：用清洁的冷水从蒸熟的米饭上面淋下，使其降温至 30 ℃左右。

摊饭冷却法：将饭摊放于擦净并消毒的实验台上，用玻璃棒翻拌，使米饭自然冷却。

（5）拌曲

用清洁的冷水溶解酒曲，再加入冷却到 30 ℃左右的米饭中（均匀地撒在米饭上，稍微留下一点最后用），拌匀后，放于发酵容器中，压实，中间掏其自身高度 2/3 左右见深的窝（成喇叭形状，上宽下窄），饭面上再撒一些酒曲，并将容器上边缘的水分擦干净。操作不便时可以蘸少许清洁冷水，但是不宜太多。

（6）主发酵

将容器盖上盖或保鲜膜，放于恒温箱中于 38 ℃下保温 36 ~ 48 h 后，窝内出现甜液，待甜液达窝的 4/5 时，加水冲缸（加入 30 ℃的无菌水）。

将其置于 28 ℃恒温箱中发酵 1 周，进入主发酵阶段，此时温度上升较快。二氧化碳的冲力使发酵醪表面积聚一层厚饭层，阻碍热量的散发和新鲜氧气的进入，因此必须及时开耙（搅拌）控制酒醪的品温，促进酵母增殖使酒醪糖化发酵趋于平衡。

等缸心温度为 29 ~ 30 ℃时开头耙（约 8 ~ 15 h），此后每隔 35 h 进行第二次、第三次、第四次开耙，使酒醪品温控制在 26 ~ 30 ℃。

（7）后发酵

从主发酵缸转入后发酵酒坛，进行后发酵。后发酵的温度控制在 15 ~ 20 ℃，时间为 1 个月左右。

（8）过滤、压榨、澄清、煎酒（巴氏杀菌：65 ℃水浴 20 min）、包装。

五、结果报告

1. 测定糖化后的还原糖的含量。

2. 测定发酵结束后的酒精度、还原糖含量。

六、思考题

1. 如何控制黄酒发酵过程中的温度？

2. 实验操作中如何避免杂菌污染？

技能二　凝固型酸乳的加工

一、实验目的

1. 掌握凝固型酸乳的加工工艺。

2. 熟悉高压均质机、高压灭菌锅、超净工作台和恒温培养箱等设备的使用。

3. 了解凝固性酸乳的质量评定。

二、实验原理

利用乳酸菌在适当的条件下发酵产生乳酸，使乳的 pH 降低，导致乳凝固并形成酸味。

三、实验材料与仪器

1. 材料

新鲜乳或复原乳、保加利亚乳杆菌、嗜热链球菌、脱脂乳培养基。

2. 仪器设备

高压均质机、高压灭菌锅、酸度计、酸性 pH 试纸、超净工作台、恒温培养箱等。

四、实验内容与步骤

1. 脱脂乳培养基制备

脱脂乳用三角瓶和试管分装，置于高压灭菌器中，121 ℃，灭菌 15 min。

2. 菌种活化与培养

用灭菌后的脱脂乳将粉状菌种溶解，用接种环接种于装有灭菌乳的三角瓶和试管中，42 ℃恒温培养直到凝固。取出后置于 5 ℃下 24 h（有助于风味物质的提高），再进行第二次、第三次接代培养，使保加利亚乳杆菌和嗜热链球菌的滴定酸度分别达 110 °T 和 90 °T 以上。

3. 母发酵剂混合扩大培养

将已活化培养好的液体菌种以球菌∶杆菌为 1∶1 的比例混合，接种于灭菌脱脂乳中恒温培养；接种量为 4%，培养温度 42 ℃，时间 3.5 ~ 4.0 h；制备成母发酵剂，备用。

4. 工艺流程

原料乳→加糖→预热→均质→杀菌→冷却→接种→装瓶→培养→冷却→成品。

5. 操作要点

（1）加糖

原料中加入 5% ~ 7% 的砂糖。

（2）均质

均质前将原料乳预热至 53 ℃，20 ~ 25 MPa 下均质处理。

（3）杀菌

均质料乳杀菌温度为 90 ℃ ，时间 15 min。

（4）冷却

杀菌后迅速冷却至 42 ℃左右。

（5）接种

接种量为 4%。比例为杆菌:球菌 = 1:1。

（6）培养

接种后装瓶，置于 42 ℃恒温箱中培养至凝固，约 3 ~ 4 h。

五、质量评定

1. 感官指标

（1）组织状态

凝块均匀细腻，无气泡，允许有少量乳清析出。

（2）滋味和气味

具有纯乳酸发酵剂制成的酸牛乳特有的滋味和气味。无酒精发酵味、霉味和其他外来的不良气味。

（3）色泽

色泽均匀一致，呈乳白色或稍带微黄色。

2. 微生物指标

大肠菌群数≤90 个/100 mL，不得有致病菌。

3. 理化指标

脂肪≥3.0%（扣除砂糖计算），全乳固体≥11.5%，酸度 70 ~ 110 °T，砂糖≥5.0%，汞（以 Hg 计）≤0.01 × 10^{-6}。

六、思考题

根据实际操作过程撰写实验报告（产品加工要点、步骤、结果分析等）。

复习思考题

一、名词解释

乳酸菌　　发酵剂　　微生物酶制剂　　果胶酶

二、填空题

1. 食品生产上的主要醋酸菌种有_____ 、_____ 、_____ 、_____ 、_____。

2. 目前我国谷氨酸发酵最常见的生产菌种是_____和_____。

3. 食品工业中常用的酵母菌有_____、_____、_____和_____。

4. 酒精含量在_____（体积分数）以上的果酒为高度果酒。

5. 微生物酶制剂在食品工业中的应用有_____、_____、_____、_____、_____。

6. 食品工业中常用的乳酸菌有_____属、_____属、_____属、_____属、_____属的细菌。

7. 酸牛乳发酵时，发酵温度应控制在_____左右。

三、选择题

1. 干酪种类目前已达（　　）余种

A. 100　　　　　B. 200　　　　　C. 400　　　　　D. 800

2. 用果实、果汁或果皮经酒精浸泡、兑制而成的酒是（　　）。

A. 蒸馏酒　　　B. 露酒　　　　C. 汽酒　　　　D. 啤酒

3. 生产 SCP 的菌种大多是（　　）。

A. 酵母菌　　　B. 谷氨酸菌　　C. 醋酸菌　　　D. 青霉

4. 瓜果蔬菜等在运输和贮藏中的腐烂、甘薯的软腐病，都与（　　）有关。

A. 华根霉　　　B. 匐枝根霉　　C. 黄曲霉　　　D. 青霉

5. 常引起皮革、布匹变霉的真菌是（　　）

A. 华根霉　　　B. 匐枝根霉　　C. 黄曲霉　　　D. 青霉

四、简述题

1. 简述传统的酸奶制作工艺步骤。

2. 简述微生物酶制剂在食品保鲜中的应用。

3. 简述微生物食品添加剂在食品中的应用。

4. 简述霉菌在食品工业中的应用。

5. 简述面包的生产工艺。

6. 简述果胶酶在食品工业中的应用。

项目四 **食品腐败变质与食品保藏**

【知识目标】

1. 了解微生物污染的来源及途径。

2. 理解引起腐败变质的原理及引起腐败的环境条件。

3. 熟悉食品腐败变质的症状、判断及引起变质的微生物类群。

4. 掌握腐败食品的处理方法、防腐剂的抑菌效果测定及食品的防腐与保藏措施。

【技能目标】

1. 能对腐败食品进行初步判断及处理。

2. 能从加工、储藏、运输等环节控制食品污染，防止或减少食品腐败变质。

3. 能对食品进行防腐及杀菌处理。

微生物广泛分布于自然界，因此食品不可避免地会受到一定类型和数量的微生物污染，当环境条件适宜时，它们就会迅速生长繁殖，造成食品的腐败与变质，不仅降低了食品的营养和卫生质量，而且还可能危害人体的健康。

食品腐败变质指食品受到各种内外因素的影响，造成其原有化学性质、物理性质和感官性状发生变质，进而导致降低或失去其营养价值和商品价值的过程。如鱼肉的腐臭、油脂的酸败、水果蔬菜的腐烂和粮食的霉变等。

食品腐败变质的原因较多，有物理因素、化学因素和生物性因素，如动植物食品组织内酶的作用，昆虫、寄生虫以及微生物的污染等。其中由微生物污染所引起的食品腐败变质是最为重要和普遍的。

任务一　食品的微生物污染及其控制

一、污染食品的微生物来源与途径

（一）污染食品的微生物来源

1. 内源性污染

凡是作为食品原料的动植物体在生活过程中，由于本身带有的微生物而造成的食品污染称为内源性污染，也称第一次污染。如畜禽在生活期间，其消化道、上呼吸道和体表总是存在一定类群和数量的微生物。当受到沙门氏菌、布氏杆菌、炭疽杆菌等病原微生物感染时，畜禽的某些器官和组织内就会有病原微生物的存在；当家禽感染了鸡白痢、鸡伤寒等传染病，病原微生物可通过血液循环侵入卵巢，蛋黄在形成时被病原菌污染，因此其所产卵中也含有相应的病原菌。

2. 外源性污染

食品在生产加工、运输、贮藏、销售、食用过程中，通过水、空气、人、其他动物、机械设备及用具等而发生的微生物污染称外源性污染，也称第二次污染。

（二）微生物污染食品的途径

自然环境中微生物无处不在，空气、土壤、江河、湖泊、海洋等都有数量不等、种类不一的微生物存在。在动植物的体表及其与外界相通的腔道中也有多种微生物存在。因此，我们在食品的取材、加工、包装、运输过程中都不可避免地面临着微生物污染的问题，微生物污染食品的途径主要有以下几种：

1. 水污染途径

在食品的生产加工过程中，水既是许多食品的原料或配料成分，也是清洗、冷却、冰冻不可缺少的介质。另外，设备、地面及用具的清洗也需要大量用水，特别是果蔬加工过程中，从洗涤、漂烫到灭菌等加工工艺的过程都需要大量用水，所以水的卫生质量与食品的卫生质量有密切关系。

自然界中的江、河、湖、海等各种淡水与咸水水域中都生存着相应的微生物。各种天然水源包括地表水和地下水，不仅是微生物的污染源，也是微生物污染食品的主要途径。淡水水域中的微生物可分为两大类型。一类是清水型水生微生物，这类微生物习惯于在洁净的湖泊和水库中生活，以自养型微生物为主，可被看作水体环境中的土居微生物，如硫细菌、铁细菌、衣细菌及含有光合色素的蓝细菌、绿硫细菌和紫细菌等；也有部分腐生性细菌，如色杆菌属、无色杆菌属和微球菌属的一些种就能在低含量营养物的清水中生长。霉菌中也有一些水生性种类，如水霉属和绵霉属的一些种可以生长于腐烂的有机残体上。此外还有单细胞和丝状的藻类以及一些原生动物常在水中生长，通常它们的数量不大。另一类是腐败型水生微生物，它们是随腐败的有机物质进入水域，获得营养而大量繁殖的，是造成水体污染、传播疾病的重要原因。其中数量最大的是 G⁻ 细菌，如变形杆菌属、大肠杆菌、产气肠杆菌和产碱杆菌属等，还有芽孢杆菌属、弧菌属和螺菌属中的一些种。水体受到土壤和人畜排泄物的污染后，肠道菌的数量会增加，如大肠杆菌、粪链球菌和魏氏梭菌、沙门氏菌、产气荚膜芽孢杆菌、炭疽杆菌、破伤风芽孢杆菌。污水中还会有纤毛虫类、鞭毛虫类和根足虫类原生动物。进入水体的动植物致病菌，通常因水体环境条件不能完全满足其生长繁殖的要求，而难以长期生存，但也有少数病原菌可以生存达数月之久。

海水中也含有大量的水生微生物，主要是细菌，它们均具有嗜盐性。近海中常见的细菌有假单胞菌、无色杆菌、黄杆菌、微球菌属、芽孢杆菌属和噬纤维菌属，它们能引起海产动植物的腐败，有的是海产鱼类的病原菌。海水中还存在可引起人类食物中毒的病原菌，如副溶血性弧菌。由于不同水域中的有机物和无机物种类和含量、温度、酸碱度、含盐量、含氧量及不同深度光照度等存在差异，因而各种水域中的微生物种类和数量呈明显差异。通常水中微生物的数量主要取决于水中有机物质的含量，有机物质含量越多，其中微生物的数量也就越大。

地面水除受自然水系的微生物污染外，还可能受到环境的污染。自来水是天然水净化消毒后而供饮用的，在正常情况下含菌较少，但如果自来水管出现漏洞，管道中压力不足以及暂时变成负压，则会引起管道周围环境中的微生物渗漏进入管道，使自来水中的微生物数量增加。在生产中，即使使用符合卫生标准的水源，由于方法不当也会导致微生物的污染。如在屠宰加工场中的宰杀、除毛、开膛取内脏的工序中，皮毛或肠道内的微生物可通过用水的散布而造成畜体之间的相互感染。生产中所使用的水如果被生活污水、医院污水或厕所粪便污染，水中微生物数量会骤增，水中不仅会含有细菌、病毒、真菌、钩端螺旋体，还可能会含有寄生虫。用这种水进行食品生产会造成严重的微生物污染，同时还可能造成其他有毒物质对食品的污染，因此，食品生产用水必须符合饮用水标准。

2. 空气污染途径

空气中不具备微生物生长繁殖所需的营养物质和充足的水分条件，加之经常接受来自日光的紫外线照射，所以空气不是微生物生长繁殖的场所。然而空气中也确实含有一定数量的微生物，这些微生物是随风飘扬而悬浮在大气中或附着在飞扬起来的尘埃或液滴上的。

空气中的微生物主要为霉菌、放线菌的孢子和细菌的芽孢及酵母。不同环境空气中微生物的数量和种类有很大差异。街道等公共场所及畜舍、屠宰场等通气不良处的空气中微生物的数量较高。空气中的尘埃越多，所含微生物的数量也就越多。室内污染严重的空气中微生物数量可达 10^6 个/m^3，空气中的微生物主要来自土壤、水、动植物的脱落物和呼吸道、消化道的排泄物，它们可随着灰尘、水滴的飞扬或沉降而污染食品。人体的痰沫、鼻涕与唾液的小水滴中所含有的微生物包括病原微生物，当有人讲话、咳嗽或打喷嚏时均可直接或间接污染食品。人在讲话或打喷嚏时，距人体 1.5 m 内的范围是直接污染区，大的水滴可悬浮在空气中达 30 min 之久，小的水滴可在空气中悬浮 4 ~ 6 h。因此食品暴露在空气中被微生物污染是不可避免的，而且食品受空气中微生物污染的程度与空气污染的程度呈正相关。

3. 土壤污染途径

土壤中含有大量的可被微生物利用的碳源及氮源，还含有大量的硫、磷、钾、钙、镁等无机元素及硼、钼、锌、锰等微量元素，加之土壤具有一定的保水性、通气性及适宜的酸碱度（pH 3.5 ~ 10.5），温度也适宜微生物生长，而且表面土壤的覆盖有保护微生物免遭太阳紫外线的危害，因此，土壤素有"微生物的天然培养基"和"微生物大本营"之称。

土壤是食品中微生物污染最重要的来源。土壤中的微生物数量可达 10^7 ~ 10^9 个/g。土壤中的微生物种类十分庞杂，既有非病原的，也有病原的。其中细菌占有比例最大，可达70% ~ 80%，放线菌占5% ~ 30%，其次是真菌、藻类和原生动物。不同土壤中微生物的种类和数量有很大差异，地面下 3 ~ 25 cm 是微生物最活跃的场所，肥沃的土壤中微生物的数量和种类较多，果园土壤中酵母的数量较多。土壤中的微生物除了自身发展外，分布在空气、水和动植物体的微生物也会不断进入土壤中，许多病原微生物就是随着动植物残体以及人和其他动物的排泄物进入土壤的。所以食品在生产、加工、运输、储藏及烹饪环节直接接触土壤，沾染微生物就容易发生腐败；如果污染了病源性微生物，如炭疽芽孢菌、破伤风菌、肠道致病菌等，就会对人类健康造成更大的危害。

4. 人及其他动物接触污染途径

人体及其他动物，如犬、猫、鼠等的皮肤、毛发、口腔、消化道、呼吸道均带有大量的微生物，如未经清洗的动物被毛、皮肤中微生物数量可达 $10^5 \sim 10^6$ 个/cm^2。当人或其他动物感染了病原微生物后，体内会存在不同数量的病原微生物，其中有些菌种是人畜共患病原微生物，如沙门氏菌、结核杆菌、布氏杆菌，这些微生物可以通过直接接触或通过呼吸道和消化道向体外排出而污染食品。

蚊、蝇及蟑螂等各种昆虫也都携带有大量的微生物，其中可能有多种病原微生物。实验证明，每只苍蝇带有数百万个细菌，80％的苍蝇肠道中带有痢疾杆菌，鼠类粪便中带有沙门氏菌、钩端螺旋体等病原微生物。食品在加工、运输、贮藏及销售过程中，如果被鼠、蝇、蟑螂等直接或间接接触，同样会遭到微生物污染。

另外，从事食品生产的人员，如果他们的身体、衣帽不经常清洗，不保持清洁，就会有大量的微生物附着其上，通过皮肤、毛发、衣帽与食品接触而造成食品污染。

5. 机械与设备污染途径

各种加工机械设备本身没有微生物所需的营养物质，但在食品加工过程中，由于食品的汁液或颗粒黏附于内表面，食品生产结束时如果机械与设备没有得到彻底的清洗与灭菌，就会使原本少量的微生物得以大量生长繁殖，使得机械与设备成为微生物的污染源。在食品的生产加工、运输、贮藏过程中所使用的，带有不同数量的微生物而成为微生物污染食品的途径的各种机械与设备，在未经消毒或灭菌前，在后来的使用中，会通过与食品接触而造成食品的微生物污染。

6. 包装材料及原辅材料污染途径

（1）包装材料污染途径

各种包装材料如果处理不当也会带有微生物。通常一次性包装材料比循环使用的材料所带有的微生物数量要少，塑料包装材料由于带有电荷因而会吸附灰尘及微生物。已经过消毒灭菌的食品，如果使用的包装材料未经过无菌处理，则会造成重新污染。

（2）原辅料污染途径

健康的动植物原料不可避免地带有一定数量的微生物，如果在加工过程中处理不当容易使食品腐败变质。如动物原料在屠宰、分割、加工、贮存和肉的配销过程中的每一个环节，微生物的污染都可能发生；近海及内陆水域中的鱼可能受到人或其他动物的排泄物污染而带有病原菌，如副溶血性弧菌，如果后期贮藏不当，病原菌大量繁殖后可引起食物中毒。植物原料也同样，健康的植物在生长期与自然界广泛接触，其体表存在大量的微生物，特别是感染病后的植物组织内部会存在大量的病原微生物，这些病原微生物是在植物的生长过程中通过根、茎、叶、花、果实等不同途径侵入其组织内部的。植物原料在加工过程中，经过洗涤和清洁处理，可除去其表面上的部分微生物，但某些加工工序可使其受环境、机具及操作人员携带的微生物再次污染。

辅料如淀粉、佐料等，虽然只占食品总量的一小部分，但如果在运输、贮藏、处理过程中造成二次污染也会使食品腐败变质。

(三) 食品中微生物的消长

食品受到微生物的污染后，其中的微生物种类和数量会随着食品所处环境和食品性质的变化而不断地变化。这种变化所表现的主要特征就是食品中微生物出现的数量增多或减少，即食品微生物的消长。食品中微生物的消长在加工前后会出现一系列变化，通常有以下规律及特点。

1. 加工前

食品加工前，无论是动物性原料还是植物性原料都已经不同程度地被微生物污染，加之在运输、贮藏等环节中，微生物污染食品的机会进一步增加，因而食品原料中的微生物数量不断增多。虽然有些种类的微生物污染食品后因环境不适而死亡，但是从存活的微生物总数看，一般不表现减少而只有增加。这一微生物消长特点在新鲜鱼肉类和果蔬类食品原料中表现尤为明显，即使食品原料在加工前的运输和贮藏等环节中曾采取了较严格的卫生措施，但早前原料自身携带的微生物，如果不经过一定的灭菌处理仍会存在。

2. 加工过程中

在食品加工的整个过程中，有些处理工艺如清洗、加热消毒或灭菌等操作对微生物的生存是不利的。这些处理措施可使食品中的微生物数量明显下降，甚至可使微生物几乎完全消除。但如果原料中微生物污染严重，则会降低加工过程中微生物的下降率。在生产条件良好和生产工艺合理的情况下，在食品加工环节发生微生物的二次污染较少，因此，食品中所含有的微生物总数不会明显增多，除非残留在食品中的微生物在加工过程中有繁殖的机会，食品中的微生物数量就会出现骤然上升的现象。

3. 加工后

经过加工制成的食品，由于其中还残存有微生物或再次被微生物污染，在贮藏过程中如果条件适宜，微生物就会生长繁殖而使食品变质。在这一过程中，微生物的数量会迅速上升，但当数量上升到一定程度时不再继续上升，相反活菌数会逐渐下降。这是由于微生物所需营养物质的大量消耗，使变质后的食品不利于该微生物继续生长，微生物逐渐死亡，此时食品不能食用。如果已变质的食品中还有其他种类的微生物存在，并能适应变质食品的基质条件而得到生长繁殖的机会，那么就会出现微生物数量再度升高的现象。加工制成的食品如果不再受污染，同时残存的微生物又处于不适宜生长繁殖的条件，那么随着贮藏日期的延长，微生物数量就会日趋减少。

食品的种类繁多，加工工艺及方法和贮藏条件不尽相同，致使微生物在不同食品中呈现的消长情况也不可能完全相同，因此，充分掌握各种食品中微生物消长的规律及特点，对于指导食品的生产具有重要的意义。

二、食品企业卫生管理措施

要想控制食品微生物污染而造成的食品腐败，首先应该从源头上抑制微生物污染，其次是要严控加工及运输过程中因微生物的生长繁殖而造成的腐败变质。

1. 加强生产环境的卫生管理

（1）食品生产厂和加工车间必须符合卫生要求，应当保持整洁、卫生、通风。

（2）对加工车间、设备及用具及时清洗消毒，实行四过关（一洗、二刷、三冲、四消毒）。

（3）及时清除垃圾等污染源。

（4）食品管理人员、从业人员必须掌握有关的食品卫生基本要求；食品从业人员必须进行健康检查，取得健康证后方可上岗；车间应有专用的更衣室和洗手清洁设施；人员上岗前必须检查个人卫生，勤洗手，勤洗衣服，保持个人卫生。

（5）水源严格符合卫生标准。

2. 严格控制生产过程中的污染

（1）原材料采购要严格控制质量，并建立食品原材料隔离制度，防止交叉污染。

（2）食品生产加工工艺流程设置应当科学、合理，加工过程应当严格、规范，采取必要的措施防止食品交叉污染，特别是要建立食品加工设备和器具的定期清洗消毒制度，防止食品的二次污染。

（3）建立并执行食品加工人员健康管理制度，加强生产加工人员卫生要求及防污染控制，进入食品生产场所前应整理个人卫生，防止二次污染食品。

（4）食品生产加工场所周围不得有有害气体、放射性物质和扩散性污染源，不得有蚊虫，应设置相应的防鼠、防蚊蝇的有效措施，避免危及食品质量安全。

3. 注意贮藏、运输与销售卫生

（1）原料及成品贮藏应有食品储存的专用仓库，食品与非食品、原材料与成品存放应离地离墙，分类存放，仓库要保持清洁，应有防蝇、防鼠措施，并定期检查，仓库应通风良好。

（2）运输专车专用，车辆要定时清洗消毒。

（3）销售前应合理包装、保藏防止二次污染。

任务二　食品腐败变质

一、微生物引起食品腐败变质的原理

1. 食品中碳水化合物的分解

其主要变化指标是酸度升高，根据食品种类不同也表现为糖、醇、醛、酮含量升高或产气（CO_2），食品中会带有这些产物特有的气味。

食品中能分解碳水化合物引起腐败的微生物有：①酵母菌：大多数酵母不能直接分解淀粉、纤维素等大分子糖类，多数能利用有机酸、二糖、单糖等。因此，果汁、果酱、蜂蜜、果胶、酱油等食品易被酵母菌污染而变质；②霉菌：大多数霉菌具有分解含简单糖类食品及淀粉的能力，具有利用某些简单有机酸或醇的能力，但能分解大分子纤维素、果胶的霉菌很少；③细菌：细菌对淀粉、纤维素、半纤维素、果胶质都有分解能力，绝大多数细菌可以直接利用单糖、双糖，少数细菌可以直接利用有机酸和醇类。

2. 食品中蛋白质的分解

含蛋白质的食品可以被微生物分解成多肽和氨基酸，不同的氨基酸分解产生的腐败胺类和其他物质各不相同，甘氨酸产生甲胺，鸟氨酸产生腐胺，精氨酸产生色胺进而分解成吲哚，含硫氨基酸分解产生硫化氢和氨、乙硫醇等。胺类物质、NH_3和H_2S等具有特异的臭味。

食品中能分解蛋白质引起腐败的微生物有：①能产生胞外酶的细菌（如芽孢菌属、单胞菌属等），即使在无糖分存在的情况下，其也具有很强的分解能力；②霉菌，许多霉菌本身就有很强的蛋白质分解能力，当环境中存在较多糖类时，更能促进蛋白酶的形成，其分解蛋白质能力更强；③酵母菌，酵母菌分解蛋白质的能力较弱，只能使凝固的蛋白质缓慢分解，或促使乳制品凝固。

3. 食品中脂肪的分解

在解脂酶作用下脂肪分解成甘油和脂肪酸。脂肪酸可进而断链形成具有不愉快味

道的酮类或酮酸，不饱和脂肪酸的不饱和键还可形成过氧化物，脂肪酸也可再分解成具有特殊气味的醛类和醛酸，即所谓的"油哈"气味。

食品中能分解脂肪引起腐败的微生物主要为霉菌，有较多种类的霉菌可以分解脂肪；其次是细菌和酵母菌，但分解脂肪能力强的细菌和酵母菌不多，仅解脂假丝酵母具有较强的脂肪和蛋白质分解能力。

4. 有害物质的形成

微生物产生的毒素分为细菌毒素和真菌毒素，它们都能引起食物中毒，有些毒素还能引起人体器官的病变及癌症。

二、微生物引起食品腐败变质的环境条件

在某种意义上，引起食品变质，环境因素也是非常重要的。食品中污染的微生物能否生长，还要看环境条件，例如，天热时饭菜容易变坏，潮湿环境中粮食容易发霉等。影响食品变质的环境因素和影响微生物生长繁殖的环境因素一样，也是多方面的，在这里仅就影响食品变质的最重要的几个因素，例如温度、湿度和气体等进行讨论。

1. 温度对微生物生长的影响

根据微生物对温度的适应性，可将微生物分为三个生理类群，即嗜冷、嗜温、嗜热三大类。每一类群微生物都有最适宜生长的温度范围，但这三类微生物又都可以在 $20 \sim 30 \, ℃$ 之间生长繁殖，当食品处于这种温度的环境中时，各种微生物都可生长繁殖而引起食品变质。

（1）低温对微生物生长的影响

低温对微生物生长极为不利，但由于微生物具有一定的适应性，在 $5 \, ℃$ 左右或更低的温度（甚至 $-20 \, ℃$ 以下）仍有少数微生物能生长繁殖，使食品发生腐败变质，我们称这类微生物为低温微生物。低温微生物是引起冷藏、冷冻食品变质的主要微生物。能在低温下生长的微生物主要有假单孢杆菌属、黄色杆菌属、无色杆菌属等革兰氏阴性无芽孢杆菌，小球菌属、乳杆菌属、小杆菌属、芽孢杆菌属和梭状芽孢杆菌属等革兰氏阳性细菌，假丝酵母属、隐球酵母属、圆酵母属、丝孢酵母属等酵母菌，青霉属、芽枝霉属、葡萄孢属和毛霉属等霉菌。

食品中不同微生物生长的最低温度见表 4 - 1：

表 4 - 1　食品中微生物生长的最低温度

食　品	微生物	生长最低温度（℃）
猪　肉	细菌	- 4
牛　肉	霉菌、酵母菌、细菌	- 1 ~ 1.6
羊　肉	霉菌、酵母菌、细菌	- 1 ~ - 5
火　腿	细菌	1 ~ 2
腊　肠	细菌	5
熏肋肉	细菌	- 5 ~ - 10
鱼贝类	细菌	- 4 ~ - 7
草　莓	霉菌、酵母菌、细菌	- 0.3 ~ - 6.5
乳	细菌	0 ~ - 1
冰激凌	细菌	- 3 ~ - 10
大　豆	霉菌	- 6.7
豌　豆	霉菌、酵母菌	- 4 ~ 6.7
苹　果	霉菌	0
葡萄汁	酵母菌	0
浓桔汁	酵母菌	- 10

　　这些低温微生物能在低温条件下生长的机理还不完全清楚。但至少可以认为它们体内的酶在低温下仍能起作用。另外也观察到嗜冷微生物的细胞膜中不饱和脂肪酸含量较高，推测可能是由于它们的细胞质膜在低温下仍保持半流动状态，能进行活跃的物质传递。而其他微生物则由于细胞膜中饱和脂肪酸含量高，在低温下成为固体而不能履行其正常功能。但此类微生物新陈代谢活动极为缓慢，生长繁殖的速度也非常迟缓，因而它们引起冷藏食品变质的速度也较慢。

　　（2）高温对微生物生长的影响

　　高温，特别是温度在 45 ℃以上，对微生物生长来讲是十分不利的。在高温条件下，微生物体内的酶、蛋白质、脂质体很容易发生变性失活，细胞膜也易受到破坏，这样会加速细胞的死亡，温度愈高，死亡率也愈高。

　　然而，在高温条件下，仍然有少数微生物能够生长。通常把能在 45 ℃以上温度条件下进行代谢活动的微生物，称为高温微生物或嗜热微生物。嗜热微生物之所以能在高温环境中生长，是因为它们具有与其他微生物所不同的特性，如它们的酶和蛋白质的热稳定性比中温菌强得多；它们的细胞膜上富含饱和脂肪酸，饱和脂肪酸可以比不饱和脂肪酸形成更强的疏水键，从而使细胞膜能在高温下保持稳定；它们生长曲线独特，和其他微生物相比，延滞期、对数期都非常短，进入稳定期后，迅速死亡。

在食品中生长的嗜热微生物主要是嗜热细菌，如芽孢杆菌属中的嗜热脂肪芽孢杆菌、凝结芽孢杆菌，梭状芽孢杆菌属中的肉毒梭菌、热解糖梭状芽孢杆菌、致黑梭状芽孢杆菌，乳杆菌属和链球菌属中的嗜热链球菌、嗜热乳杆菌等。霉菌中的纯黄丝衣霉耐热能力也很强。

在高温条件下，嗜热微生物的新陈代谢活动加快，所产生的酶对蛋白质和糖类等物质的分解速度也比其他微生物快，因而使食品发生变质的时间缩短。由于它们在食品中经过旺盛的生长繁殖后，很容易死亡，所以在实际中，若不及时进行分离培养，就会失去检出的机会。高温微生物造成的食品变质主要是酸败，是由分解糖类产酸而引起的。

2. 气体成分对微生物生长的影响

微生物与 O_2 有着十分密切的关系。一般来讲，在有氧的环境中，微生物进行有氧呼吸，生长、代谢速度快，食品变质速度也快；在缺乏 O_2 的条件下，由厌氧性微生物引起的食品变质速度较慢。因此，O_2 的存在与否决定兼性厌氧微生物是否生长和生长速度的快慢。例如当水分活度（Aw）是 0.86 时，金黄色葡萄球菌在无氧情况下不能生长或生长极其缓慢，而在有氧情况下则能良好生长。

在食品原料内部生长的微生物绝大部分应该是厌氧性微生物，而在原料表面生长的则是需氧微生物。食品经过加工，物质结构改变，需氧微生物能进入组织内部，食品更易发生变质。

另外，H_2 和 CO_2 等气体的存在，对微生物的生长也有一定的影响，可通过控制它们的浓度来防止食品变质。

3. 湿度对微生物生长的影响

微生物在食品中生长繁殖需要有一定的水分，因此，空气中的湿度对微生物生长和食品变质有重要的影响。食品中的水分主要有两种存在形态，一种是结合态，另一种是游离态。影响微生物生长繁殖的主要是游离态水，因此，采用 Aw 值来反映食品中的水分含量与微生物引起食品变质的关系。水分活度决定着食品的发霉变质和保质期等重要参数，对食品的色香味、组织结构及稳定性都有影响，因此我们可以通过控制水分活度来延长食品保藏期。例如，脱水食品如果放在湿度大的地方容易吸潮，表面水分迅速增加，食品水分活度增加，加重腐败，因此脱水食品防潮非常重要。

三、食品腐败变质的判断、症状及引起变质的微生物类群

（一）食品腐败变质的判断

食品受到微生物的污染后，容易发生变质。那么如何鉴别食品的腐败变质呢？一

般是从感官、化学、物理和微生物四个方面来进行食品腐败变质的鉴定。

1. 感官鉴定

感官鉴定是以人的视觉、嗅觉、触觉、味觉来查验食品初期腐败变质与否的一种简单而灵敏的方法。食品初期腐败时会产生腐败臭味，发生颜色的变化（如褪色、变色、着色、失去光泽等），出现组织变软、变黏等现象，这些都可以通过感官检验来进行辨别。

图 4-1　食品腐败

（1）色泽

食品加工前和加工后本身均呈现一定的色泽，有微生物繁殖引起食品变质时，色泽就会发生改变，如食品腐败变质时常出现黄色、紫色、褐色、橙色、绿色、红色和黑色等。

（2）气味

食品本身有一定的气味，动植物原料及其制品因微生物的繁殖而产生极轻微的变质时，人们就能敏感地觉察到有不正常的气味产生。如氨、三甲胺、乙酸、硫化氢、乙硫醇、粪臭素等具有腐败臭味，这些物质在空气中的浓度为 $10^{-8} \sim 10^{-11}$ mol/m³ 时，人们就可以察觉到。此外，食品变质时，其他胺类物质、甲酸、乙酸、酮、醛、醇类、酚类化合物等也可被觉察到。

（3）口味

微生物造成食品腐败变质时也常引起食品口味的变化。而口味改变中比较容易分辨的是酸味和苦味。产生酸一般是碳水化合物含量多的低酸食品变质初期的主要特征。但对于原来酸味就高的食品，如番茄制品来讲，微生物造成酸败时，酸味稍有增高，辨别起来就不那么容易。另外，某些假单胞菌污染消毒乳后可产生苦味，蛋白质被大肠杆菌、小球菌等微生物作用也会产生苦味。

（4）组织状态

固体食品变质时，动植物性组织在微生物酶的作用下，组织细胞破败，细胞内容物外溢，食品的性状即出现变形、软化，如鱼肉类食品呈现肌肉松弛、弹性差，有时组织体表出现发黏等现象；乳粉、果酱等变质后常出现黏稠、结块等表面变形、湿润或发黏现象。

液态食品变质后会出现浑浊、沉淀、表面浮膜、变稠等现象，如鲜乳因微生物作用引起变质而出现凝块、乳清析出、变稠等现象，有时还会产气。

2. 化学鉴定

微生物的代谢可引起食品化学组成的变化，并产生多种腐败性产物，因此，我们可以通过理化分析来测定这些腐败产物，作为判断食品质量的依据。

一般含氨基酸、蛋白质类等，含氮量高的食品，如鱼、虾、贝类及肉类，在需氧性败坏时，常以测定挥发性盐基氮含量的多少作为评定的化学指标；对于含氮量少而含碳水化合物丰富的食品，在缺氧条件下腐败则经常测定有机酸的含量或 pH 值的变化作为指标。

3. 物理指标

食品的物理指标，主要是指食品浸出物量、浸出液电导度、折光率、冰点下降量、黏度上升量等指标，其中肉浸液的黏度测定尤为重要，能反映腐败变质的程度。

4. 微生物检验

对食品进行微生物检验的结果，可以反映食品是否发生变质以及被微生物污染的程度，同时，它还是判定食品生产的一般卫生状况以及食品卫生质量的一项重要依据。国家卫生标准中常用细菌总菌落数和大肠菌群的近似值来评定食品卫生质量，一般食品（除发酵食品外）中的活菌数达到 10^8 cfu/g 时，则可认为其处于初期腐败阶段。

（二）常见食品腐败变质的症状及引起变质的微生物类群

引起食品变质的腐败微生物是多种多样的，下面就生活中常见的几种食品腐败做一下具体介绍。

1. 果蔬及其制品的腐败变质

（1）果蔬的腐败变质

水果与蔬菜的物质组成特点是以碳水化合物和水为主，水分含量高，这是果蔬容易引起微生物变质的一个重要因素，其次，其 pH 决定了水果蔬菜中能进行生长繁殖的微生物的类群。但是，水果和蔬菜的表皮和表皮外覆盖着一层蜡质状物质，有防止微生物侵入的作用，因此一般正常的果蔬内部组织是无菌的。但是当果蔬表皮组织受到昆虫的刺伤或其他机械损伤时，微生物就会从此处侵入并进行繁殖，从而促进果蔬的腐烂变质，尤其是成熟度高的果蔬更易损伤。

图 4-2 腐烂的苹果

引起水果变质的微生物主要是霉菌、酵母菌及少数的细菌。最常见的现象是霉菌首先在果蔬表皮损伤处繁殖，或者在果蔬表面有污染物黏附的区域繁殖，侵入果蔬组织后，破坏组织壁的纤维素，进而分解果胶、蛋白质、淀粉、有机酸、糖类，继而酵母菌和细菌开始繁殖。由于微生物繁殖，果蔬外观上表现出深色的斑点，组织变得松软、发绵、凹陷、变形，逐渐变成浆液状甚至水液状，并产生各种不同的味道，如酸味、芳香味、酒味等。此外，果蔬直接接触外部环境，也会污染大量微生物，其中除大量的腐生微生物外，还有植物病原菌，还可能有来自人畜粪便的肠道致病菌和寄生虫卵。

（2）果蔬汁的腐败变质

果蔬在运输和加工过程中也会遭到微生物的侵染，如设备、管道、工作人员会带入微生物。因此，微生物污染引起的果蔬汁变质最常见而且也最易发生。在果汁中生存的微生物主要是酵母菌，其次是霉菌和极少数的细菌，微生物引起果汁腐败变质的现象主要有混浊、产生酒精及有机酸。

①混浊：大多数是酵母菌进行酒精发酵而造成的，也有可能是一些耐热性的霉菌造成的。

②产生酒精：引起果汁产生酒精而变质的微生物主要是酵母菌，如葡萄汁酵母菌、啤酒酵母菌等。此外，少数霉菌和细菌也可引起果汁产生酒精变质，如甘露醇杆菌、明串珠菌、毛霉、曲霉、镰刀霉中的部分菌种。但霉菌一般对 CO_2 敏感，故充入 CO_2 可以防止霉菌生长。

③产生有机酸：有机酸的变化可导致果汁变质。果汁中含多种有机酸，如酒酸、柠檬酸、苹果酸，它们以一定的含量形成了果汁特有的风味；微生物的生长繁殖分解或合成了某些有机酸，从而改变了它们的含量比例，因而使果汁原有的风味被破坏，有时甚至会产生一些不愉快的异味。引起有机酸变化的微生物主要有细菌及霉菌。

2. 罐藏食品的腐败变质

罐藏食品是将食品原料经一系列处理后，再装入容器，经密封、杀菌而制成的一种保藏形式特殊的食品。一般来说，罐藏食品可保存较长时间而不发生腐败变质，但是，有时由于杀菌不彻底或密封不良，也会遭受微生物的污染而变质。

引起罐藏食品腐败变质的微生物通常为嗜热菌、中温菌、不产芽孢菌、酵母菌和霉菌。

（1）芽孢杆菌：嗜热脂肪芽孢杆菌、凝结芽孢杆菌是引起罐头平酸腐败（产酸不产气腐败）的嗜热菌；枯草芽孢杆菌、巨大芽孢杆菌和蜡样芽孢杆菌是引起罐头平酸腐败的中温菌；也有少数中温芽孢细菌引起罐头腐败变质时伴随有气体产生，如多粘芽孢村菌、浸麻芽孢杆菌；TA 菌（如嗜热解糖梭菌）是一种分解糖、专性嗜热、产芽孢的厌氧菌；特别是厌氧的肉毒梭状芽孢杆菌，在食品中繁殖能产生肉毒毒素，且毒性很强，因此罐藏食品常常把能否杀死肉毒梭菌的芽孢作为灭菌标准。罐藏食品发生由芽孢杆菌引起的腐败，多是由于杀菌不彻底。

（2）非芽孢细菌：一类是肠杆菌，如大肠杆菌、产气杆菌、变形杆菌等；另一类是球菌，如乳链球菌、类链球菌和嗜热链球菌等，它们能分解糖类产酸，并产生气体造成罐头胀罐。不产芽孢的细菌耐热性不如产芽孢细菌，如果罐头中有不产芽孢的细菌，这常常是罐头密封不良，漏气而造成的，或是杀菌温度过低造成的。

（3）酵母菌：引起罐藏食品变质的酵母菌主要是球拟酵母属、假丝酵母属、啤酒酵母属。罐头食品加热杀菌不充分，或罐头密封不良会导致酵母菌残存于罐内。罐藏食品因酵母引起的变质，绝大多数发生在酸性或高酸性罐头食品，如水果、果浆、糖浆以及甜炼乳等制品当中。酵母菌多为兼性厌氧菌，发酵糖产生二氧化碳而造成腐败胀罐。

（4）霉菌：霉菌具有耐酸、耐高渗透压的特性，因此引起罐藏食品变质，常见于酸度高（pH 值 4.5 以下）的罐头食品中。但霉菌多为好氧菌，且一般不耐热，若罐头食品中有霉菌出现，说明罐头食品真空度不够、漏气或杀菌不充分而导致了霉菌（如青霉属、曲霉属等）残存。但也有少数几种霉菌耐热，如纯黄丝衣霉菌和雪白丝衣霉菌等较耐热、耐低氧，可引起水果罐头发酵产生 CO_2 而胀罐。

罐藏食品发生腐败变质后容易出现的现象有平听和胀罐。

（1）平听（包括平酸腐败及硫化物腐败）

①平酸腐败：又称平盖酸败，变质的罐头外观正常，内容物由于细菌活动而变质，呈轻、重不同的酸味。导致平盖酸败的微生物习惯上称为平酸菌。引起罐头平盖酸败的典型菌种有嗜热脂肪芽孢杆菌（较耐热，适宜生长温度为 49 ~ 55 ℃，可在 pH 6.8 ~ 7.2 时良好生长）、凝结芽孢杆菌（耐热性较差，适宜生长温度为 33 ~ 45 ℃，可在 pH 4.5 以下的酸性罐头中良好生长）。

②硫化物腐败：罐头外形正常或稍微膨胀，罐头内因分解含硫氨基酸而产生大量的黑色硫化物并伴随着臭味。引起硫化物腐败的微生物主要是致黑梭菌（适宜生长温度为 55 ℃）。

（2）胀罐（又称胖听）

一方面是由化学或物理原因造成的，如发生化学反应产生氢膨胀或者装罐太

图 4 - 3　胀罐

满；另一方面是由微生物生长繁殖而造成的，即 TA（不产硫化氢的嗜热厌氧菌）腐败产生 CO_2 和 H_2，中温梭状芽孢杆菌发生丁酸腐败产生 CO_2 和 H_2，中温需氧芽孢杆菌、不产芽孢细菌、酵母菌、霉菌发酵糖类产酸产气。

3. 乳的腐败变质

乳畜乳房内可能生有一些细菌，无菌操作挤出的乳汁，在 1 mL 中也有数百个细菌。乳房中的正常菌群主要是小球菌属和链球菌属。由于这些细菌可以适应乳房内的环境生存，故称乳房细菌。乳畜感染后，体内的致病微生物可通过乳房进入乳汁从而引起对人类的传染。常见的引起人畜共患疾病的致病微生物有结核分枝杆菌、布氏杆菌、炭疽杆菌、葡萄球菌、溶血性链球菌、沙门氏菌等。此外，挤乳过程中的环境、器具、操作人员如若不合标准也会造成一定的污染。挤出的乳在处理过程中，如不及时加工和冷藏，不仅会增加新的污染机会，而且会使原来存在于鲜乳中的微生物数量增多，这样很容易导致鲜乳变质，所以挤乳后应尽快进行过滤与冷藏。

自然界中多种微生物可以通过不同的途径进入鲜乳中，但在鲜乳中占优势的微生物主要是一些细菌、酵母菌和少数霉菌。

（1）乳酸菌：乳酸菌能利用乳中的碳水化合物进行乳酸发酵，产生乳酸，有些还同时具有分解蛋白质的能力。常见的乳酸菌有乳酸链球菌、乳脂链球菌、粪链球菌、液化链球菌、嗜热链球菌、嗜酸乳杆菌、干酪乳杆菌、乳酸乳杆菌、乳短杆菌等。

（2）胨化细菌：可使不溶解状态的蛋白质变成溶解状态。乳中常见的胨化细菌有枯草芽孢杆菌、地衣芽孢杆菌、蜡状芽孢杆菌、荧光假单胞菌、腐败假单胞菌等。

（3）脂肪分解菌：主要是一些革兰氏阴性无芽孢杆菌。

（4）酪酸菌：一类能分解碳水化合物，产生乳酸、CO_2 和 H_2 的细菌。

（5）酵母菌和霉菌：鲜乳中常见的酵母有脆壁酵母、霍尔姆球酵母等，常见的霉菌有乳卵孢霉、乳酪卵孢霉、灰绿青霉和黑曲霉等。

（6）产碱菌：这类细菌能分解乳中的有机酸、碳酸盐和其他物质，使牛乳的 pH 值上升，还可使牛乳变得黏稠，主要是革兰氏阴性的需氧性细菌，如粪产碱杆菌、黏乳产碱杆菌等。

（7）病原菌：鲜乳中含有的病原菌主要有结核杆菌、布氏杆菌、金黄色葡萄球菌和病原性大肠杆菌。

鲜乳的腐败变质会经过抑制期、乳链球菌期、乳酸杆菌期、真菌期以及腐败期等五个时期，经过这五个时期，牛奶会出现产生腐败臭味、产气、发黏和变色等现象。气体主要由细菌及少数酵母菌产生，这些微生物分解乳中的糖类，产酸并产生 CO_2 和 H_2；发黏现象是具有夹膜的细菌生长造成的；变色主要是由假单胞菌属、黄色杆菌属和酵母菌等一些种造成的。此外，乳类变质后还会出现酸度变大的现象，并且当酸度达到蛋白质的电点时，蛋白质开始凝固，出现"奶豆腐"样变化，即"结块"（烧煮后更明显），并有明显馊味。

4. 肉的腐败变质

屠宰前健康的畜禽具有健全而完整的免疫系统，能有效地防御和阻止微生物的侵入及在肌肉组织内的扩散，所以正常机体组织（包括肌肉、脂肪、心、肝、肾等）内部一般是无菌的。而畜禽体表、被毛、消化道、上呼吸道等器官中总有微生物存在，屠宰过程在空气中进行，因此宰杀、放血、脱毛、去皮及内脏分割等环节就可造成微生物的多次污染。另外，患病的畜禽的器官及组织内部可能有微生物存在，如病牛体内可能有结核杆菌、口蹄疫病毒等，这些微生物能够冲破机体的防御系统，扩散至机体的其他部位，此多为致病菌，都有可能使得肉受到污染而感染微生物。

参与肉类腐败过程的微生物是多种多样的，一般常见的有腐生微生物和病原微生物。腐生微生物包括细菌、酵母菌和霉菌，它们污染肉品，使肉品发生腐败变质。

（1）细菌：主要是需氧的革兰氏阳性菌，如蜡样芽孢杆菌、枯草芽孢杆菌和巨大芽孢杆菌等；需氧的革兰氏阴性菌有假单胞杆菌属、无色杆菌属、黄色杆菌属、产碱杆菌属、埃希氏杆菌属、变形杆菌属等；此外还有腐败梭菌、溶组织梭菌和产气荚膜梭菌等厌氧梭状芽孢杆菌。

（2）酵母菌和霉菌：包括有假丝酵母菌属、丝孢酵母属、曲霉属、芽枝霉属、毛霉属、根霉属和青霉属。

（3）病原菌：如沙门氏菌、金黄色葡萄球菌、结核分枝杆菌、炭疽杆菌和布氏杆菌等。它们对肉的主要影响并不在于使肉腐败变质，而在于传播疾病，造成食物中毒。

鲜肉腐败变质后会发生以下一系列变化：

（1）表面发黏：微生物生长形成菌苔、产生黏液使肉表面出现发黏、拉丝等现象。

（2）变色：微生物分解含硫氨基酸产生硫化氢，硫化氢与肌肉组织中的血红蛋白形成绿色的硫化氢血红蛋白，还有微生物生长产生色素等。

（3）产生异味：异味包括酸味、臭味、哈喇味。梭状芽孢杆菌、大肠杆菌以及乳酸菌等作用于鲜肉会产生甲酸、乙酸、丙酸、丁酸、乳酸和脂肪酸而形成酸味；蛋白质被微生物分解，产生硫化氢、硫醇、吲哚、粪臭素、氨和胺类等异味化合物而呈现异臭味，同时还可产生毒素。

（4）腐烂：腐烂主要是由梭状芽孢杆菌属中的某些种引起的，假单胞菌属、产碱杆菌属和变形杆菌属中的某些兼性厌氧菌也能引起肉类的腐烂。

5. 禽蛋的腐败变质

通常新产下的鲜蛋里是没有微生物的，新蛋壳表面有一层黏液胶质层，具有防止水分蒸发，阻止外界微生物侵入的作用。在蛋壳膜和蛋白中，存在一定的溶菌酶，也可以杀灭侵入壳内的微生物，故正常情况下鲜蛋可保存较长的时间而不发生变质。然而鲜蛋也会受到微生物的污染，当母禽不健康时，其机体防御机能减弱，外界的细菌可侵入到输卵管，甚至卵巢；而蛋产下后，蛋壳立即受到禽类、空气等环境中微生物的污染，如果胶质层被破坏，污染的微生物就会透过气孔进入蛋内，当保存的温度和湿度过高时，侵入的微生物就会大量生长繁殖，造成蛋的腐败。鲜蛋中常见的微生物有大肠菌群、无色杆菌属、假单孢菌属、产碱杆菌属、变形杆菌属、青霉属、枝孢属、毛霉属、枝霉属等。另外，蛋中也可能存在病原菌，如沙门氏菌、金黄色球菌。

禽蛋霉变后会发生以下一系列变化：

（1）腐败：主要是由细菌引起的鲜蛋变质。侵入到蛋中的细菌不断生长繁殖并形成各种相适应的酶，然后分解蛋内的各组成成分，首先蛋黄膜破裂，蛋黄流出与蛋白混合成为散黄蛋；而后微生物继续分解，蛋黄中的核蛋白和卵磷脂也被分解，产生恶臭的 H_2S 等气体和其他有机物，蛋液稀薄称为泄黄蛋；有

图 4 - 4　散黄蛋

时蛋液变质但并不产生酸臭味而是蛋液呈红色、呈浆状或有凝块出现，称为酸败蛋。

（2）霉变：霉菌菌丝经过蛋壳气孔侵入后，首先在蛋壳膜上生长起来，逐渐形成斑点菌落，造成蛋液粘壳，称为粘壳蛋，并且蛋内成分分解，有不愉快的霉变气味产生。

6. 鱼类的腐败变质

目前一般认为，新捕获的健康鱼类，其组织内部和血液中常常是无菌的，但在鱼体表面的黏液中、鱼鳃以及肠道内存在微生物。当然由于季节、渔场、种类不同，鱼类体表所附细菌数也有所差异。存在于鱼类中的微生物主要有假单孢菌属、无色杆菌属、黄杆菌属、不动杆菌属、拉氏杆菌属和弧菌属；淡水中的鱼还有产碱杆菌、气单孢杆菌和短杆菌属；另外，芽孢杆菌、大肠杆菌、棒状杆菌等也有发现。一般情况下，鱼类比肉类更易腐败，因为通常鱼类在捕获后，不是立即清洗处理，而是带着容易腐败的内脏和鳃一起进行运输，这样就容易引起腐败。其次，鱼体本身含水量高（约占70% ~80%），组织脆弱，鱼鳞容易脱落，细菌容易从受伤部位侵入，而鱼体表面的黏液又是细菌良好的培养基，因而造成鱼类死后很快就会发生腐败变质。

近海和内陆水域中的鱼可能会受到人或其他动物的排泄物污染，而带有病原菌如副溶血性弧菌。它们在鱼体上存在的数量不多，不会直接危害人类健康，但如贮藏不当，病原菌大量繁殖后可引起食物中毒。在鱼上发现的病原菌还可能有沙门氏菌、志贺氏菌、霍乱弧菌、红斑丹毒丝菌、产气荚膜梭菌，它们也是在环境中受到污染的。捕捞后的鱼类在运输、贮存、加工、销售等环节中，还可能进一步被陆地上的各种微生物污染。这些微生物主要有微球菌属和芽孢杆菌属，其次还有变形杆菌、大肠杆菌、赛氏杆菌、八叠球菌及梭状芽孢杆菌。

鱼类发生腐败变质后，会出现一系列的变化，如变质鱼体表面色泽灰暗，鳞片多脱落，鱼鳃呈灰褐色，有污浊黏液以及明显的腥臭味，鱼眼球塌陷，角膜破裂，鱼肉无弹性，腹部膨大松软，肛门突出，脊柱旁的大血管分解破裂，周围肉质呈红色，严重时出现鱼骨刺剥脱现象。

7. 糕点的腐败变质

糕点类食品由于含水量较高，糖、油脂含量较多，易发生霉变和酸败。引起糕点变质的微生物类群主要是细菌和霉菌，如沙门氏菌、金黄色葡萄球菌、粪肠球菌、大肠杆菌、变形杆菌、黄曲霉、毛霉、青霉、镰刀霉等。糕点变质主要是由于生产原料不符合质量标准，制作过程中灭菌不彻底和糕点包装贮藏不当。

四、食品腐败变质的处理

应在确保食用者健康的前提下最大限度地利用食品的经济价值，尽量减少经济损失，处理办法具体如下：

1. 严重腐败变质的食品：销毁或者其他工业用。

2. 轻度腐败变质的食品：经过适当的加工处理，将变质的主要部分去掉，可以食用。

3. 局部变质的食品：挑选去除变质部分，利用其他完好部位。

任务三　食品的防腐与保藏措施

一、食品的低温保藏

1. 冷藏保藏

一般的冷藏是指在不冻结状态下的低温贮藏。病原菌和腐败菌大多为中温菌，其最适生长温度为 20 ~ 40 ℃，在 10 ℃以下大多数微生物难于生长繁殖；大多数酶的适宜活动温度为 30 ~ 40 ℃，温度维持在 10 ℃以下，酶的活性将受到很大程度的抑制，冷藏的温度一般设定在 -1 ~ 10 ℃范围内，因此冷藏可延缓食品的变质。

在最低生长温度时，微生物生长非常缓慢，但它们仍在进行生命活动。如霉菌中的侧孢霉属、枝孢属在 -6.7 ℃还能生长；青霉属和丛梗孢霉属的最低生长温度为 4 ℃；细菌中假单孢菌属、无色杆菌属、产碱杆菌属、微球菌属等可在 -4 ~ 7.5 ℃下生长；酵母菌中的一种红色酵母在 -34 ℃冰冻温度时仍能缓慢发育，所以冷藏也只能是食品贮藏的短期行为（一般为数天或数周），鱼肉类冷藏时间较短，果蔬类冷藏期相对较长。

对于动物性食品，冷藏温度越低越好，但对新鲜的蔬菜水果来讲，如温度过低则将引起果蔬的生理机能障碍，使果蔬菜受到冷害（冻伤）。因此冷藏应按原料特性采用适当的低温，并且还应结合环境的湿度和空气成分进行调节。

2. 冷冻保藏

食品在冰点以上时，只能做较短期的保藏，较长期保藏需在 -18 ℃以下冷冻贮藏。当食品中的微生物处于冰冻状态时，细胞内游离水形成冰晶体，失去了可利用的水分，水分活性 Aw 值降低，渗透压提高，细胞内细胞质因浓缩而增大黏性，引起 pH 值和胶体状态的改变，从而使微生物的活动受到抑制，甚至死亡；微生物细胞内的水结为冰晶，冰晶体对细胞也有机械性损伤作用，也直接导致部分微生物的裂解死亡。冷冻保藏温度越低保藏期越长，冷冻保藏期可长达几个月至两年。

食品在冻结过程中，不仅损伤微生物细胞，鲜肉类、果蔬等生鲜食品的细胞也同样受到损伤，致使其品质下降。食品冻结后，其质量是否优良，受冻结时生成冰晶的形状、大小与分布状态的影响很大。如肉类在缓慢冻结中，冰晶先在溶液浓度较低的肌细胞外生成，结晶核数量少，冰晶生长大，损伤细胞膜，使细胞破裂，解冻时细胞质液外流而形成渗出液，导致肉类营养、水分和鲜味流失，口感降低，同时肌细胞的水分透过细胞膜形成冰晶，肌细胞脱水萎缩，解冻时细胞不可能完全恢复原状。果蔬等植物食品因含水分较高，结冰率更大，更易受物理损伤而使风味受到损失。而冻结时冰晶的大小与通过最大冰晶生成带的时间有关。冻结速度越快，形成的晶核越多，冰晶越小，且均匀分布于细胞内，不致损伤细胞组织，解冻后复原情况也较好。因此快速冻结有利于保持食品，尤其是生鲜食品的品质。

二、食品的高温灭菌

食品的腐败常常是由微生物和酶所致。食品通过加热杀菌和使酶失活，可久贮不坏，但必须不重复染菌，因此要在装罐装瓶密封以后灭菌，或者灭菌后在无菌条件下充填装罐。食品加热杀菌的方法很多，主要有巴氏消毒法、超高温瞬时杀菌、微波杀菌等。

1. 巴氏消毒

巴氏杀菌采用低温处理，一般灭菌条件为 62~65 ℃，保持 30 min；71 ℃，保持 15 min；80~90 ℃，保持 1 min。巴氏消毒法只能杀死微生物的营养体（包括病原菌），不能完全灭菌，常采用水浴、蒸汽或热水喷淋式连续杀菌。

2. 高温灭菌

其杀菌温度在水的沸点以上，常在 100~121 ℃，是果蔬罐头的基本杀菌法，杀菌后不存在能繁殖的微生物，达到所谓的"商业无菌"状态。此法因杀菌方式不同分为常压杀菌与加压杀菌。

常压杀菌在普通大气中进行，杀菌温度为水的沸点温度，常用于 pH 4.5 以下的酸性或高酸性果蔬罐头。加压杀菌在增加大气压的条件下进行，温度高于水的沸点，沸点通常为 105~121 ℃，适用于 pH 4.5 以上的蔬菜类罐头，常用的是高压蒸汽灭菌法。

3. 超高温瞬时灭菌

根据温度对细菌及食品营养成分的影响规律，热处理敏感的食品，可考虑采用超高温瞬时杀菌法，即 UHTST（ultra high temperature for short times）杀菌，简称 UHT，在 130~150 ℃条件下加热数秒，该杀菌法既可达到一定的杀菌要求，又能最大限度地保持食品品质。

4. 微波灭菌

微波灭菌是使食品中的微生物同时受到微波热效应与非热效应的共同作用，使其体内蛋白质和生理活动物质发生变异，而导致微生物体生长发育延缓和死亡，达到食品灭菌、保鲜的目的。

微波设备可对已包装、未包装的不同物品进行灭菌加工处理，可用于粮食制品类、奶制品、调味品、香精香料、方便面汤料、火锅调料及各种液体等的杀菌加工。

三、食品的高渗透压保藏

提高食品的渗透压可防止食品腐败变质，常用的有盐腌法和糖腌法。在高渗透压环境中，微生物细胞内的水分大量外渗，导致质壁分离；同时，随着盐浓度增加，微生物可利用的游离水减少，高浓度的 Na^+ 和 Cl^- 也可对微生物产生毒害作用；另外，高浓度盐溶液对微生物的酶活性有破坏作用，还可使氧难溶于盐水中，形成缺氧环境，因此可抑制微生物生长或使之死亡，防止食品腐败变质。

1. 盐腌保藏

食品经盐腌不仅能抑制微生物的生长繁殖，还可赋予其新的风味，故兼有加工的效果。食盐的防腐作用主要在于提高渗透压，使细胞原生质浓缩发生质壁分离；降低水分活性，不利于微生物生长；减少水中溶解氧，使好气性微生物的生长受到抑制等。

图 4-5 咸鸭蛋

各种微生物对食盐浓度的适应性差别较大。一般 18%～25% 盐浓度才能完全抑制微生物的生长，但是微生物在高渗透压环境并不会立即死亡，仍然可以生存一定时间。常见的盐腌食品有咸肉、咸鸭蛋、咸菜等。

2. 糖腌保藏

糖腌也是利用增加食品渗透压、降低水分活度，从而抑制微生物生长的一种贮藏方法。一般微生物在糖浓度超过 50% 时生长便受到抑制，但有些耐透性强的酵母和霉菌，在糖浓度高达 70% 以上仍可生长，70%～80% 的糖溶液可以抑制几乎所有微生物生长，若在糖的基础上添加少量酸（如食醋），微生物的耐渗透力将显著下降，如糖蒜。

图 4-6 草莓酱

果酱等因其原料果实中含有有机酸，在加工时又添加蔗糖，并经加热，在渗透压、酸和加热等三个因子的联合作用下，可得到非常好的保藏性。但有时果酱也会出现因微生物作用而变质腐败的现象，其主要原因是糖浓度不足。

四、食品的化学防腐保藏

防腐剂是能抑制或者杀死微生物，防止食品腐败变质的一类食品添加剂。要使食品有一定的保藏期，就必须采用一定的措施来防止微生物的感染和繁殖。采用防腐剂是防腐包藏的一种经济、有效和简捷的办法。

1. 山梨酸及其盐类

山梨酸和山梨酸钾为无色、无味、无臭的化学物质。山梨酸难溶于水，易溶于酒精，山梨酸钾易溶于水。它们对人有极微弱的毒性，是近年来各国普遍使用的安全防腐剂，也是我国允许使用的两种国家标准的有机防腐剂之一。

山梨酸分子能与微生物细胞酶系统中的巯基（-SH）结合，从而达到抑制微生物生长和防腐的目的。山梨酸及山梨酸钾对细菌、酵母和霉菌均有抑制作用，但对厌气性微生物和嗜酸乳杆菌几乎无效。其防腐作用较苯甲酸广，pH 5~6 以下使用适宜。效果随 pH 值增高而减弱，在 pH 3 时抑菌效果最好。在腌制黄瓜时可用于控制乳酸发酵。

2. 丙酸及其盐类

丙酸、丙酸钠、丙酸钙为最常用的防腐剂。丙酸的防真菌和霉菌效果在 pH 6.0 以下时优于苯甲酸，价格低于山梨酸，是理想的食品防腐剂之一，常用于防止面包霉变和发生黏丝病，并可避免对酵母菌的正常发酵产生影响。

丙酸为无色透明液体，具有特殊的刺激性气味，能与水混溶，溶于乙醇、氯仿和乙醚。丙酸是一元羧酸，它可以抑制微生物合成 β-丙氨酸而起抗菌作用，故在丙酸钠中加入少量 β-丙氨酸，其抗菌作用即被抵消，但对棒状曲菌、枯草杆菌、假单胞杆菌等仍有抑制作用。

丙酸钠为白色结晶或白色晶体粉末或颗粒，无臭或微带特殊臭味，易溶于水，溶于乙醇，微溶于丙酮，在空气中吸潮。丙酸钠对霉菌有良好的效能，而对细菌抑制作用比较小，对酵母菌无作用。丙酸钠起防腐作用的主要是未离解的丙酸，所以应该在酸性食品中使用。

丙酸钙为白色结晶或白色晶体粉末或颗粒，无臭或微带丙酸味。用作食品添加剂的丙酸钙为一水盐，对光和热稳定，有吸湿性，易溶于水，不溶于乙醇和醚类。丙酸钙的防腐性能与丙酸钠相同，在酸性介质中形成丙酸而发挥抑菌作用，其最适 pH 值应低于5.5。

3. SO₂和业硫酸盐

许多国家都允许用SO₂和一些亚硫酸盐来保藏食品，因为亚硫酸盐类具有使用方便、安全、稳定等优点，可抑制醋酸杆菌、多种酵母菌和霉菌，所以亚硫酸盐或亚硫酸氢盐常被应用于果汁半成品、干制品、果酒原料等。SO₂和亚硫酸盐的抑菌机制与其破坏蛋白质中的二硫键有关，也与SO₂和亚硫酸盐具有较强的还原力有关。

4. 硝酸盐和亚硝酸盐

硝酸盐和亚硝酸盐主要是作为肉的发色剂而被使用。亚硝酸与血红素反应，形成亚硝基肌红蛋白，使肉呈现鲜艳的红色。另外，硝酸盐和亚硝酸盐也有延缓微生物生长的作用，尤其是对防止耐热性的肉毒梭状芽孢杆菌芽孢的发芽，有良好的抑制作用。但亚硝酸在肌肉中能转化为亚硝胺，有致癌作用，因此在肉品加工中应严格限制其使用量，目前还未找到其完全替代物。

5. 乳酸链球菌素

乳酸链球菌素又称乳酸链球菌肽，是从乳酸链球菌发酵产物中提取的一类多肽化合物，食入胃肠道易被蛋白酶所分解，因而是一种安全的天然食品防腐剂。FAO（世界粮农组织）和WHO（世界卫生组织）已于1969年给予其认可，作为目前唯一允许作为防腐剂在食品中使用的细菌素和一种无毒的天然防腐剂，乳酸链球菌素对食品的色、香、味、口感等无不良影响，现已经广泛应用于乳制品、罐头制品、鱼类制品和酒精饮料中。

乳酸链球菌素的抑菌机制是作用于细菌细胞的细胞膜，抑制细菌细胞壁中肽聚糖的生物合成，使细胞膜和磷脂化合物的合成受阻，从而导致细胞内物质的外泄，甚至引起细胞裂解。

乳酸链球菌素作用范围相对较窄，仅对大多数革兰氏阳性菌具有抑制作用，如金黄色葡萄球菌、链球菌、乳酸杆菌、微球菌、单核细胞增生利斯特菌、丁酸梭菌等，且对芽孢杆菌、梭状芽孢杆菌孢子的萌发抑制作用比对营养细胞的作用更大。但乳酸链球菌素对真菌和革兰氏阴性菌没有作用，因而只适用于G⁺引起的食品腐败的防腐。

乳酸链球菌素在中性或碱性条件下溶解度较小，因此添加乳酸链球菌素防腐食品必须是酸性，这样在加工和贮存中室温、酸性下是稳定的。另外，乳酸链球菌素还能够辅助热处理，加入乳酸链球菌素可以降低热杀菌的时间。

五、食品的辐射保藏

食品的辐照保藏是指用放射线辐照食品，借以延长食品保藏期的技术。对辐射保藏的研究已有40多年的历史。辐射线主要包括紫外线、X射线和γ射线等，其中紫外线穿透力弱，只有表面杀菌作用，而X射线和γ射线（比紫外线波长更短）是高能电磁波，能激发被辐照物质的分子，使之引起电离作用，进而影响生物的各种生命活动，目前最常用于食品的为 γ 射线。

微生物受电离放射线的辐照，引起细胞膜、细胞质分子电离，进而引起各种化学变化，使细胞直接死亡；在放射线高能量的作用下，水电离为 OH^- 和 H^+，从而也间接引起微生物细胞的致死作用；微生物细胞中的脱氧核糖核酸（DNA）、核糖核酸（RNA）对放射线的作用尤为敏感，放射线的高能量导致 DNA 的较大损伤和突变，直接影响着细胞的遗传和蛋白质的合成。

放射线辐照由于具有节约能源（节约 70% ~ 97% 能源）、杀菌效果好、可改善某些食品品质、便于连续工业化生产等优点，目前已有 70 多个国家批准应用于食品保藏，并已有相当规模的实际应用。

1. 在粮食上的应用

1 kGy 照射可达到杀虫的目的。使大米发霉的各种霉菌接受 2 ~ 3 kGy 照射便可基本被杀死。辐射还能抑制微生物在谷物上产毒。

2. 在果蔬上的应用

许多果蔬都可利用辐射保藏，但是照射时必须选择合适的照射剂量。酵母菌是果汁和其他果品发生腐败的原因菌。抑制酵母菌的照射往往会造成果品风味发生改变，可先通过热处理，再用低剂量照射解决这一问题。

3. 在水产品上的应用

世界卫生组织、联合国粮农组织、国际原子能机构共同批准，允许使用 1 ~ 2 kGy 照射鱼类，减少微生物，延长 3 ℃以下的保藏期。

4. 在肉类上的应用

屠宰后的禽肉包封后再用 2 ~ 2.5 kGy 照射，能大量杀灭沙门氏菌和弯曲杆菌。对囊虫、绦虫和弓浆虫用冷冻和 0.5 ~ 1 kGy 照射结合的方法，能加速破坏这些寄生虫的感染力。

5. 在调味料上的应用

调味料往往被微生物和昆虫严重感染，尤其是霉菌和芽孢杆菌，调味料的一些香味成分不耐热，因此不能用加热消毒的方法处理，而用化学药物熏蒸，则容易残留药物。用 20 kGy 照射过的调味料制出的肉制品与未照射过的调味料制出的肉制品无明显差别。

 知识拓展

巴氏消毒奶和超高温瞬时灭菌奶

牛奶通过巴氏消毒，在 72 ℃的温度下加热 15 ~ 20 s，随即冷却。通过正确的冷却

和冷藏分销，巴氏消毒牛奶的保质期通常在 5 ~ 15 d。

超高温瞬时灭菌是将牛奶进行一个短时超高温处理，在 135 ℃ 下加热 3 s。最为重要的是，超高温瞬时灭菌是在密闭环境性下连续进行的，可以防止微生物的污染。

技能　食品防腐剂抑菌效果的测定

一、实验目的

了解山梨酸钾抑菌的基本原理；

了解不同浓度的山梨酸钾对不同微生物的抑菌效果；

掌握用滤纸片法测定食品防腐剂的抑菌效果。

二、实验原理

山梨酸钾是一种真菌抑制剂，防腐作用主要依靠未解离的分子，在 pH 6.0 以下，其对霉菌和酵母菌有明显的抑制作用，在 pH > 6.5 时无效。滤纸片的防腐剂向琼脂培养基扩散渗透，通过对试验菌的抑杀作用而影响微生物的生长繁殖，在滤纸片周围形成抑菌圈。依据抑菌圈的大小可以判断抑菌能力的强弱。

三、实验材料与仪器

1. 培养基及试剂

牛肉膏蛋白胨培养基、YPA 培养基（马铃薯葡萄糖琼脂培养基）、山梨酸钾溶液（0.20%、0.30%、0.40%、0.50%）。

2. 菌种

啤酒酵母、金黄色葡萄球菌。

3. 其他

滤纸片（直径 10 mm，干热灭菌）、无菌生理盐水 1 瓶、无菌培养皿、超净工作台、1 mL 移液枪、酒精灯、三角玻璃涂布棒等。

四、实验方法与步骤

1. 培养基的制备及灭菌

制备牛肉膏蛋白胨培养基，PDA 培养基（马铃薯葡萄糖琼脂培养基）并灭菌。

2. 制备菌悬液

用 5 ~ 10 mL 无菌生理盐水配制成浓度为 10^9 个/mL 的金黄色葡萄球菌和酵母菌的菌悬液。

3. 制平板

将熔化培养基倒入平皿内约 20 mL，待其凝固。

4. 涂布平板接种

用移液枪吸取0.2 mL菌液加到上述平板中，用无菌三角玻璃涂棒涂布均匀。酵母菌用PDA培养基，金黄色葡萄球菌用牛肉膏蛋白胨培养基。

5. 制备含添加剂圆滤纸片

将圆滤纸片4层叠为一组蘸取不同浓度的山梨酸钾，沥去多余溶液，并置于超净工作台内，在自然干燥的同时紫外线杀菌20~30 min。

6. 加无菌圆滤纸片

用无菌镊子将蘸有不同浓度山梨酸钾的圆滤纸片，以无菌操作放入含菌平培养基平板表面的不同区域，并标记食品添加剂的浓度，如下图：

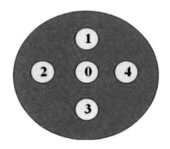

数字代表：

1：0.20%；2：0.30%；3：0.40%；4：0.50%；0：空白

7. 培养

将细菌平板放置于37 ℃培养箱中，倒置培养16~18 h，观察结果；真菌平板放置28 ℃培养箱中，倒置培养24~48 h，观察结果。

8. 结果判定

根据滤纸片周围有无抑菌圈及其直径大小（mm），来判断该菌对山梨酸钾的敏感程度。用直尺测量抑菌圈大小，并记录。

五、结果报告

1. 列出不同浓度的山梨酸钾对不同菌株的抑菌结果。

山梨酸钾浓度（%）		0.20　0.30　0.40　0.50
抑菌圈直径	啤酒酵母	
	金黄色葡萄球菌	

2. 根据实验结果分析山梨酸钾对各种微生物最佳抑菌的浓度范围。

六、思考题

1. 山梨酸钾抑菌的机理是什么？

2. 采用滤纸片法测定食品防腐剂对不同微生物的抑菌效果应注意哪些问题？

 **复习思考题**

一、名词解释

食品腐败变质　　平酸腐败　　TA 菌　　食品防腐剂

二、选择题

1. 下列属于低酸性罐头类型的是（　　）。

A. 芦笋罐头　　　B. 午餐肉罐头　　　C. 黄桃罐头　　　D. 果酱

2. 水果的 pH 值大多数在（　　）以下。

A. 5.5　　　　　B. 6.5　　　　　C. 3.5　　　　　D. 4.5

3. 下列不属于消毒或灭菌的方法有（　　）

A. 巴氏消毒　　　B. 辐射　　　　C. 冷藏　　　　D. 超高温瞬时灭菌

三、填空题

1. 污染食品的微生物来源有_____ 和_____。

2. 常用食品防腐剂有_____、_____、_____、_____、_____、_____。

3. 腐败变质罐头的外观有两种类型，一种是_____，另一种是_____。

4. 微生物引起果汁变质的现象有_____和_____。

5. 食品防腐与杀菌方法有_____、_____、_____、_____、_____。

四、简述题

1. 简述微生物污染食品的 6 条途径。

2. 简述微生物引起食品腐败变质的原理。

3. 简述食品企业卫生管理措施。

4. 简述食品腐败变质的基质条件。

5. 任选生活中的一例腐败变质食品（果蔬、罐头、果汁、肉或肉制品、蛋制品及乳制品等），分析其腐败变质过程、引起腐败变质的微生物，并列举防止其腐败变质的措施。

项目五 **微生物与食源性疾病**

【知识目标】

1. 了解食物中毒的概念、类型及流行学特点。

2. 熟悉食物中毒的机理。

3. 掌握食品安全的微生物指标及其卫生学意义。

【技能目标】

1. 能对引起简单食物中毒的微生物的大致种类进行简单分析。

2. 能对食源性疾病采取合理的防控措施。

3. 会对霉菌引起的食品进行去毒处理。

食源性疾病是指通过摄食而进入人体的有毒有害物质（包括生物性病原体）等致病因子所造成的疾病。食源性疾患的发病率居各类疾病总发病率的前列，在全世界范围内都是一个日益严重的公共卫生问题。从粮食生产到消费（"从农场到餐桌"），任何一个阶段都可能发生食品污染，也有可能是环境污染的结果，包括水、土壤或空气污染。

食源性疾病的主要流行特征为：发病突然，病例集中，可呈

散发或家庭多例感染，或在学校等集体用餐单位以集体性食物中毒形式表现。其中最常见的食源性疾病是细菌及细菌毒素、霉菌及霉菌毒素引起的食品中毒。

任务一 食品中毒性微生物及其引起的食物中毒

一、食物中毒概述

我国对食物中毒的定义一般认为，摄入了含有生物性、化学性有毒有害物质的食品或把有毒有害物质当作食品后出现的非传染性的急性或者亚急性疾病。

食物中毒按照病因可分为微生物食物中毒、动植物自然毒食物中毒和化学性食物中毒，其中以微生物食物中毒最为常见。根据引起食物中毒的微生物类群的不同，微生物食物中毒可以分为细菌性食物中毒和霉菌性食物中毒。

二、细菌性食物中毒

细菌性食物中毒是指吃了含有大量致病菌或细菌毒素的食品引起的以急性胃肠道疾病为主要特征的疾病。细菌性食物中毒占食物中毒事件的30%～90%，具有明显的季节性，多发生在5～10月份，中毒死亡率低，如能及时抢救，一般能痊愈，但肉毒杆菌毒素除外。

细菌性食物中毒按发病机理可分为感染型和毒素型，其中感染型中毒主要指细菌在食品中大量繁殖，摄取了这种带有大量活菌的食品，肠道粘膜受感染而发病，沙门氏菌、副溶血性弧菌、变形杆菌、致病性大肠杆菌等皆可引起此型；而毒素型中毒指由细菌在食品中繁殖时产生的毒素引起的中毒，摄入的食品中可以没有原来产毒的活菌，如肉毒毒素中毒、葡萄球菌肠毒素中毒。

（一）致病性大肠杆菌食物中毒

1. 致病菌

致病性大肠杆菌常见于人及其他动物肠道内，是通过环境污染进入食品中的，主要通过粪便传播。

2. 中毒食品及污染途径

（1）中毒食品

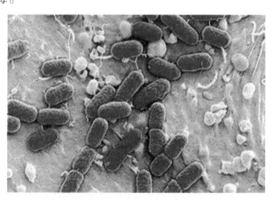

图 5 - 1　大肠杆菌

主要是动物性食品，如熟肉、蛋类。

（2）污染途径

粪肥灌溉而污染蔬菜，水质污染，畜禽屠宰过程中割破肠管污染肉质，鸡蛋粪便污染，厨师手带菌污染熟食，加热不彻底或生熟交叉污染等。

3. 中毒特点

潜伏期为 4~48 h，呈急性菌痢样症状：腹痛、腹泻、里急后重，体温升高，米泔水样便，伴剧烈腹痛与呕吐。

4. 预防措施

（1）避免饮用生水，少吃生菜等。吃生菜、水果要洗净，防止病从口入，要特别注意粪肥灌溉的蔬菜瓜果。

（2）肉类、奶类和蛋制品食用前应煮透，低温保藏，防止生熟交叉污染和熟后污染。

（3）动物粪便、垃圾等应及时清理并妥善处理，注意灭蝇、灭鼠，确保环境卫生；定期检疫监测，及时淘汰阳性畜群。

（二）沙门氏菌食物中毒

1. 致病菌

沙门氏菌天然存在于哺乳类、鸟类、两栖类、爬行类动物肠道内，鱼类、甲壳类和软体动物中不存在沙门氏菌，但如果环境受污染或捕捞后受污染，沙门氏菌会进入海产品内。

2. 中毒食品及污染途径

（1）中毒食品

多由动物性食品引起，特别是肉类，也可由鱼类、禽肉类、

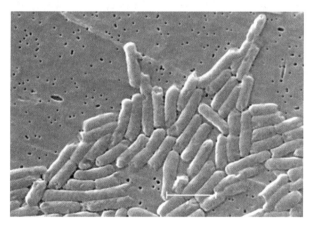

图 5-2 沙门氏菌

乳类、蛋及其制品引起，豆制品和糕点有时也会引起沙门氏菌食物中毒。

（2）污染途径

肉类的生前污染或者宰后污染；禽蛋蛋壳表面污染，后通过蛋壳气孔侵入蛋内；带菌牛产的带菌奶或奶被粪便污染；水源被污染的水产品。

3. 中毒特点

潜伏期较短，一般为 4~48 h，长者可达 72 h，大多集中在 48 h 内。主要症状为呕

吐、腹痛、腹泻、发烧。病程通常为 3～7 d，一般预后良好。

4. 预防措施

（1）防止食品被沙门氏菌污染，并严格执行生熟分开制度，避免交叉污染。

（2）准备下厨前及如厕后把手彻底清洗干净，避免污染食物。

（3）彻底加热：应使肉块的深部温度至少达到 80 ℃，并持续 12 min；烹饪蛋要待其蛋黄凝固后食用；避免饮用未经煮沸的生牛奶；剩菜剩饭要充分加热后食用。

（4）控制食品中沙门氏菌的繁殖：低温保藏或添加适当浓度的食盐。

（5）彻底消灭厨房等加工场所的苍蝇和老鼠。

（三）金黄色葡萄球菌食物中毒

1. 致病菌

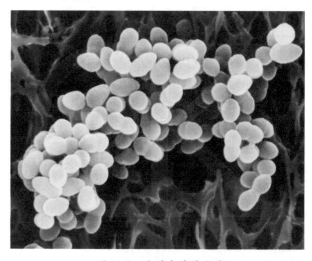

图 5 - 3　金黄色葡萄球菌

金黄色葡萄球菌是人类化脓感染中最常见的病原菌，可引起局部化脓感染，也可引起肺炎、伪膜性肠炎、心包炎等，甚至败血症、脓毒症等全身感染。

2. 中毒食品及污染途径

（1）中毒食品

主要是动物性食品，如畜肉类、奶及其制品，其次是淀粉类食品，如剩米饭等。

（2）污染途径

化脓性皮肤病、上呼吸道炎症及有口腔疾患的操作人员在工作期间不经意抓搔、掏鼻、抠耳朵后未经消毒直接入口食品，食用患乳房炎的乳牛的乳汁、带有化脓性感染的牲畜肉等。

3. 中毒特点

主要症状为急性胃肠炎症状，恶心、呕吐、中上腹痛和腹泻，并伴有头晕、头痛等，以呕吐最为显著。潜伏期为 1～5 h，体温一般正常或稍高，病程短，1～2 d 内恢复。

4. 预防措施

（1）防止食品原料和成品被污染，加强操作人员管理（化脓、皮疹、感冒、腹泻、有伤口的、上呼吸道感染的人员应暂时调离操作岗位）。

（2）防止葡萄球菌的生长与产毒：低温保藏，食品的杀菌处理，彻底加热。

（四）肉毒梭状芽孢杆菌食物中毒

1. 致病菌

肉毒梭菌产生的毒素叫肉毒毒素。目前已知的毒素中，肉毒毒素是毒性最强的一种，对人的致死量为 10～9 mg/kg 体重，其毒力比氰化钾大一万倍，为厌氧菌，必须在严格缺氧的条件下才能生长繁殖。

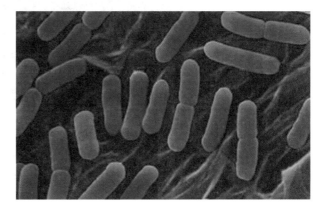

图 5-4　肉毒梭状芽孢杆菌

2. 中毒食品及污染途径

（1）中毒食品

罐头等自制发酵品中常见，如加热不当的罐装食品（通常是家庭自制的肉罐头、果蔬罐头等）、半加工的食品（如熏制、腌制）和发酵食品（如豆豉、面酱、腊肉、臭豆腐等）。

（2）污染途径

加工及储藏的方式不对，导致肉毒杆菌大量繁殖，产生肉毒毒素。

3. 中毒特点

腹泻、呕吐、腹疼、恶心、虚脱，继发为视力重叠、模糊，瞳孔放大、凝固，严重时呼吸道肌肉麻痹，导致死亡。

4. 预防措施

（1）水产品的加工可采取事先取内脏，通过保持盐水浓度为 10% 的腌制方法，并使水活度低于 0.85 或 pH 为 4.6 以下。

（2）彻底加热，火腿、腌肉等添加亚硝酸盐。

（3）常温储存的真空包装食品采取高压杀菌等措施，以确保抑制肉毒梭菌产生毒素，杜绝肉毒中毒病例的发生，若出现胖听一定不能食用。

（五）副溶血性弧菌食物中毒

1. 致病菌

该菌天然存在于海洋，需要有盐才能生存，在沿海水域中捕捞的鱼、贝类中常被检出。

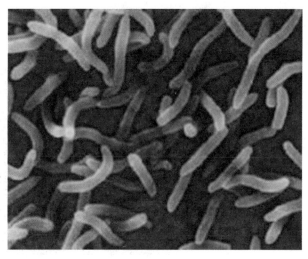

图 5 - 5　副溶血性弧菌

2. 中毒食品及污染途径

（1）中毒食品

在沿海地区的夏秋季节，人们常因食用大量被此菌污染的海产品而出现爆发性食物中毒。在非沿海地区，食用此菌污染的腌菜、腌鱼、腌肉等也常有中毒事件发生。

（2）污染途径

水资源污染或者带菌者的粪便污染。

3. 中毒特点

副溶血性弧菌部分菌株产生耐热性溶血毒素，除有溶血作用外，还有细胞毒、心脏毒、肝脏毒等作用。因此，临床以急性起病，有腹痛、吐泻、发热等特征，重症型常出现失水、休克症状。

4. 预防措施

（1）避免生食水产品，准备生食的水产品不能再用海水冲洗。

（2）彻底加热海产品，并防止加热后的海产品受到交叉污染。

（3）冷冻保藏，食用时可以加食醋浸泡 10 min 或拌食。

三、霉菌毒素及其引起的食物中毒

食品发霉是由霉菌引起的。霉菌种类很多，其中部分霉菌可产生毒性物质，即霉菌毒素，引起人和其他动物发生霉菌毒素中毒，其中最常见的是黄曲霉毒素，其他霉菌（如岛青霉及镰刀霉）也可能引起中毒，毒性作用表现为肝脏毒、肾脏毒、神经毒、光致敏性皮炎毒、造血组织毒等，部分霉菌毒素已证明具有致突变性及致癌性。

（一）霉菌毒素引起食物中毒的特点

1. 发生中毒与某些食物有联系，检查可疑食物或中毒者的排泄物，可发现毒素的存在，或从食物中分离出产毒菌株。

2. 发生中毒往往有季节性和地区性，但无感染性。

3. 霉菌毒素无免疫性。

4. 易引发维生素缺乏症，但补充维生素无效。

5. 一次性大量摄入霉菌毒素的食物，往往会发生急性或亚急性中毒，长期少量摄入会发生慢性中毒或者致癌。

（二）常见的毒素及其引起的食物中毒

1. 黄曲霉毒素

（1）污染食品的情况

黄曲霉毒素经常污染粮油及其制品。各种坚果，特别是花生和核桃中，以及大豆、稻谷、玉米、调味品、牛奶、奶制品、食用油（特别花生油）等制品中也经常发现黄曲霉毒素。一般在热带和亚热带地区，食品中黄曲霉毒素的检出率比较高。

图 5-6　霉变花生　　　　　　图 5-7　霉变玉米

（2）黄曲霉毒素的毒性

急性毒性：剧毒物，毒性是氰化钾的 10 倍，砒霜的 68 倍。

慢性毒性：动物生长迟缓，肝脏出现亚急性或慢性损伤。

三致作用：致癌、致畸、致突变。

2. 岛青霉毒素

（1）污染食品的情况

国外报道的"黄变米"主要含有青霉属，最常分离的霉菌有黄绿青霉、岛青霉、桔青霉等。"黄变米"是稻谷收割后，贮存中含水分过高，被霉菌污染后发生霉变所致，因为霉变呈黄色，故称"黄变米"。

（2）岛青霉毒素的毒性

主要为肝脏毒，急性中毒会引起肝

图 5-8　黄变米

萎缩，慢性中毒会引起肝纤维化、肝硬化或肝肿瘤，另外也有致癌性，但其致癌性比黄曲霉毒素小。

3．镰刀菌毒素

（1）污染食品的情况

镰刀菌毒素是镰刀菌属和个别其他菌属霉菌所产生的有毒代谢产物的总称。这些毒素主要是通过霉变粮谷而危害人畜健康。

（2）镰刀菌毒素的毒性

单端孢霉素类：急性毒性较强，以局部刺激症状、炎症甚至坏死为主，慢性毒性可引起白细胞减少，抑制蛋白质和 DNA 的合成。

玉米赤霉烯酮：具有类雌性激素样作用。

丁烯酸内酯：一种水溶性有毒代谢产物，血液毒，毒性也较大，可引起牛烂蹄病。

（三）防霉方式与去毒措施

1．防霉方式

（1）物理防霉

干燥防霉：风干、晒干或者加吸湿剂，密封。相对湿度不超过65% ~70%。

低温防霉：冷藏食品温度在4 ℃以下。

气调防霉：除氧或加入 CO_2、N_2 并密封控制。

（2）化学防霉

使用防霉化学药剂，如环氧乙烷、山梨酸钾等。

2．去毒措施

（1）物理去毒

挑选霉粒，加热处理，碾压水洗，吸附（白陶土或活性炭）去毒，紫外线照射去毒。

（2）化学去毒

酸碱处理，油碱炼去毒，溶剂提取，氧化剂处理，醛类处理。

（3）生物去毒

发酵去毒，其他微生物去毒。

任务二　污染食品引起的常见疫病

一、炭疽杆菌

1. 传染途径

炭疽杆菌属于需氧芽孢杆菌属，能引起羊、牛、马等动物及人类的炭疽病。牧民、农民、皮毛和屠宰工作者易受感染，损害肾脏功能，严重可致死。

图5-9　炭疽杆菌

2. 预防措施

（1）应防止家畜炭疽的发生，病畜应焚烧后深埋或者处死消毒后深埋。

（2）应确保宰杀动物的从业人员没有伤口，目前我国使用的炭疽活疫菌，做皮上划痕接种，免疫力可维持半年至一年。

（3）对带有炭疽芽孢的物品可以辐射灭菌。

二、结核分枝杆菌

1. 传染途径

呼吸道、消化道传播，如飞沫或痰液；通过餐具、用具传播；进食未经消毒的结核病牛乳或肉，感染会得结核病。

2. 预防措施

（1）结核病患者调离食品行业。

（2）牛奶实施巴氏消毒。

（3）婴儿接种卡介苗。

三、布鲁氏菌

1. 传染途径

布鲁氏菌病又称地中海弛张热、波浪热或波状热，是由布鲁氏菌引起的人畜共患性全身传染病。在国内，羊为主要传染源，牧民或兽医接羔为主要传播途径，皮毛、肉类加工、挤奶等可经皮肤黏膜受染，进食病畜肉、奶及奶制品可经消化道传染。不产生持久免疫，病后再感染者不少见，其临床特点为长期发热、多汗、关节痛及肝脾肿大等。该病进入慢性期可能引发多器官和系统损害。

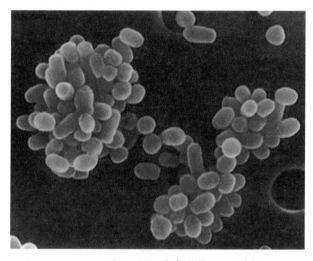

图 5-10 布鲁氏菌

2. 预防措施

（1）对病畜肉加强卫生检查，高温处理或盐腌处理。布鲁氏菌不耐热，60 ℃ 环境下 20 min 即死亡。

（2）对牛奶进行巴氏灭菌。

（3）对牛群注射疫苗，防止传播。

四、单核细胞增生李氏杆菌

1. 传染途径

单核细胞增生李氏菌是一种人畜共患病的病原菌，能引起人畜的李氏杆菌病，感染后主要表现为败血症、脑膜炎和单核细胞增多。人主要通过食入软奶酪、未充分加热的鸡肉、未再次加热的热狗、鲜牛奶、巴氏消毒奶、冰激凌、生牛排、羊排、卷心菜色拉、芹菜、西红柿、法式馅饼、冻猪舌等而感染，约85%～90%病例的发生是由被污染的食品引起的。该菌在 4 ℃ 的环境中仍可生长繁殖，是冷藏食品威胁人类健康的主要病原菌之一。

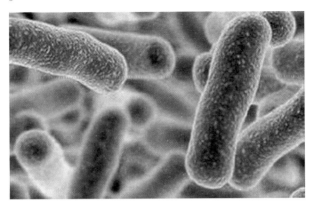

图 5-11 单核细胞增生李氏杆菌

2. 预防措施

（1）加强饮食卫生，不食用生牛奶、生肉等，熟食热后再吃。

（2）许多抗菌药（如氨苄青霉素加四环素）可体外抑制李氏杆菌生长。

任务三　食品安全的微生物指标

一、食品微生物指标的设定

根据食品卫生的要求，从微生物学的角度，对不同食品提出与食品有关的不同具体指标要求。我国卫生部颁布的食品微生物指标有菌落总数、大肠菌群和致病菌三项。

（一）菌落总数（cfu/g、cfu/mL、cfu/cm^2）

清洁状态的标志，预测食品可能存放的期限。

（二）大肠菌群（MPN/100 mL）

较为理想的粪便污染的指标菌群，作为肠道致病菌污染食品的指示菌。

（三）致病菌（不得检出）

食品中常见的致病菌有沙门氏菌、肉毒梭菌、志贺氏菌、变形杆菌、副溶血性弧菌、葡萄球菌、霉菌等。

二、致病菌限量范围

执行食品安全国家标准中的《食品中致病菌限量》（GB 29921－2013）的相关限量要求及检验方法。

知识拓展

1. 家里的大米、小米易生虫，特别是夏季，我们可用纱布把花椒、大蒜、茴香包起来放在米的表面、扎紧口袋，隔些时日翻晾一下，就可有效防止生虫或霉变。

2. 海鲜类易携带副溶血性弧菌以及寄生虫等，一定要沸水蒸煮 4～5 min 以后食用，并且食用生鱼片、醉蟹等一定要慎重。

3. 家家都会有一些干货食品，如香菇、木耳、笋干、虾米等，将它们存放在密封的容器内保存，避免吸潮，不要让太阳直接暴晒，以免降低食品的营养成分。

技能　肉中微生物的检验技术

一、实验目的

学习冷藏畜肉中细菌的检验方法。

二、实验原理

冷藏肉在贮藏期间，嗜冷微生物，如李氏菌可缓慢生长繁殖，使得肉中菌落总数增加，保存期短。通过对肉制品的细菌数目、染色特性进行镜检，可判断肉的品质，也为细菌、霉菌等的检验提供参考依据。

三、实验材料与仪器

1. 样品

冷藏畜肉。

2. 染色液和试剂

75% 乙醇、革兰氏染色液、甲醇、香柏油、二甲苯。

3. 仪器和用具

普通光学显微镜、无菌刀、无菌容器等。

四、实验方法与步骤

（一）样品采集

用无菌刀从家畜的不同部位、不同深度采样，每一点取样 50 ~ 100 g，放入无菌容器送检。

（二）样品处理及触片

取肉 3 cm^3 浸入 75% 乙醇并立即取出点燃，如此 2 ~ 3 次，然后从其表层 0.1 cm 及深层各剪取 0.5 cm^3 肉块在载玻片触片，留下印迹。

（三）革兰氏染色

将触片干燥后，先用甲醇固定，后进行革兰氏染色。

（四）镜检

革兰氏染色后的触片进行显微镜观察，每个触片观察 5 个以上视野，记录每个视野的球菌数和杆菌数，求出每个视野的球菌数和杆菌平均数。

五、结果报告

触片在显微镜视野中的细菌数

	1		2		3		4		5		5 个视野平均值	
	球菌	杆菌	球菌	杆菌	球菌	杆菌	球菌	杆菌	球菌	杆菌	球菌	杆菌
表层肉触片												
深层肉触片												

六、思考题

如何减少冷藏畜肉中微生物的数量？

 复习思考题

一、名词解释

食物中毒　　感染型食物中毒　　毒素型食物中毒　　黄变米

二、选择题

1. 致病性大肠杆菌食物中毒的潜伏期一般为（　　　）

A. 1～2 小时　　　B. 2～4 小时　　　C. 4～10 小时　　　D. 10 小时后

2. 肉毒梭菌食物中毒常见食品为（　　　）

A. 海产品　　　　B. 面制品　　　　C. 发酵制品　　　D. 果蔬

3. 下列不是物理防霉措施的是（　　　）

A. 干燥防霉　　　　　　　　　B. 低温防霉

C. 气调防霉　　　　　　　　　D. 环氧乙烷熏蒸防霉

三、填空题

1. 食物中毒按照其微生物类群不同可分为_____和 _____ 。

2. 黄变米毒素包括以下三类：_____、_____和 _____。

3. 我国卫生部颁布的食品微生物指标有_____、_____和 _____。

四、简述题

1. 简述预防致病性大肠杆菌中毒的措施。

2. 简述预防沙门氏菌中毒的措施。

3. 简述霉菌毒素引起食物中毒的特点。

4. 简述霉菌毒素的防霉措施。

5. 厦门市中医院门诊来了一对 60 多岁的老夫妻，他们吃了两顿陈米粥后，突然出现呕吐、腹泻等症状，经诊断为食物中毒。请你分析此案例，指出引起中毒的食品，并向病人提出防止此类食物中毒的方法。

参考文献

［1］周德庆. 微生物学教程［M］. 北京：高等教育出版社，2011.

［2］沈萍，陈向东. 微生物学［M］. 北京：高等教育出版社，2016.

［3］杨玉红，陈淑范. 食品微生物学［M］. 武汉：武汉理工大学出版社，2011.

［4］何国庆，贾英民，丁立孝. 食品微生物学（第2版）［M］. 北京：中国农业大学出版社，2009.

［5］吕嘉枥. 食品微生物学［M］. 北京：化学工业出版社，2007.

［6］翁连海. 食品微生物学基础与应用［M］. 北京：高等教育出版社，2005.

［7］雅梅，肖芳，乌仁塔娜，等. 食品微生物检验技术［M］. 北京：化学工业出版社，2012：16－31.

［8］巩汉坤，逯家富，等. 食品微生物学及实验技术［M］. 北京：化学工业出版社，2013：66－73.

［9］刘用成. 食品微生物检验技术［M］. 北京：中国轻工业出版社，2015：91－10.

［10］王尔茂，莫慧平，徐忠传，等. 食品微生物学［M］. 武汉：武汉理工大学出版社，2015：72－74.

［11］李志香，张家国. 食品微生物学及其技能训练［M］. 北京：中国轻工业出版社，2011：87－88.

［12］王庆国，刘天明. 酵母菌分类学方法研究进展［J］. 微生物学杂志，2007，27（3）：96－101.

［13］白逢彦. 酿酒酵母属的分类学研究进展［J］. 微生物学通报，2000，27（2）：139－142.

［14］戴绚丽，范立英，陶文初. 微生物在食品添加剂中的应用［J］. 现代农业科技，2008，16：339－341.

［15］冯静，施庆珊，欧阳友生，等. 醋酸菌多相分类研究进展［J］. 微生物学通报，2009，36（9）：1390－1396.

［16］高年发. 葡萄酒生产技术［M］. 北京：化学工业出版社，2005.

［17］李平兰. 食品微生物学教程［M］. 北京：中国林业出版社，2011.

［18］林稚兰，罗大珍. 微生物学［M］. 北京：北京大学出版社，2011.

［19］田辉，梁宏彰，霍贵成，等. 嗜热链球菌的特性与应用研究进展［J］. 生物技术通报，2015，31（9）：38－48.

［20］田晓菊. 酵母属在食品工业中的应用［J］. 中国酿造，2015，34（4）：13－16.

［21］汪雪雁. 双歧杆菌的研究进展［J］. 安徽农业大学学报，2000，27（2）：175－177.

［22］席会平，石明生. 发酵食品工艺学［M］. 北京：中国质检出版社，2013.

［23］张帆，王建华，刘立恒，杨雅麟，滕达. 嗜酸乳杆菌的培养条件及其生物学特性［J］. 食品与发酵工业，2005，31：43－46.